普通高等教育"十四五"规划教材

过程装备机械设计基础

谢宝玲　樊中免　温玉石　主编

中国石化出版社
·北京·

内 容 提 要

本教材突出过程装备类专业特色，从基础理论到应用，再到实例教学，能使学生更快掌握专业技能，充分体现了应用型人才培养的要求。本教材包含机械常用机构的类型、特点和应用；机械传动零部件的特点、类型、失效形式、设计准则、材料选用以及设计计算；轴系结构零部件中的轴承和轴的设计；联接零部件的选用等。书中选取了化工行业中常见的换热器、反应釜、泵等设备中的零部件作为例题、习题，由浅入深、循序渐进地分析讲解。

本教材适用于机械与化工设备相关专业的本科生教材，也适用于化工工艺类本科生的通识课教材，以及石油化工企业工程技术人员培训教材和阅读参考书。

图书在版编目(CIP)数据

过程装备机械设计基础／谢宝玲，樊中免，温玉石主编．--北京：中国石化出版社，2024.8．--(普通高等教育"十四五"规划教材)．--ISBN 978-7-5114-7611-1

Ⅰ.TQ051

中国国家版本馆 CIP 数据核字第 2024QZ1409 号

中国石化出版社出版发行

地址:北京市东城区安定门外大街 58 号
邮编:100011　电话:(010)57512500
发行部电话:(010)57512575
http://www.sinopec-press.com
E-mail:press@sinopec.com
宝蕾元仁浩(天津)印刷有限公司印刷
全国各地新华书店经销

*

787 毫米×1092 毫米 16 开本 15.75 印张 370 千字
2024 年 8 月第 1 版　2024 年 8 月第 1 次印刷
定价:52.00 元

前　言

随着新时代的到来，新一轮科技革命和产业变革对工程人才培养改革提出了新的要求，"新工科"建设规划的提出是新时代培养创新人才和复合应用型人才的必然要求。紧跟时代步伐，顺应实践发展，以新的理论指导新的实践。这为新时代"新工科"人才培养指明了方向，也对本教材的编写提出了更高的要求。

本教材在机械设计基础通识课程中加入了过程装备案例，内容精练，突出工程实践应用技能，以及工厂实践生产和技术应用。能够让学生快速适应岗位需求，承担岗位责任。本教材突出过程装备类专业特色，从基础理论到应用，到实例教学，能使学生更快掌握专业技能，充分体现了应用型人才培养的要求。本教材适用于机械类与化工设备相关的本科生教材，也适用于化工工艺类本科的通识课教材，以及石油化工企业工程技术人员培训教材和阅读参考书。

本教材包含机械常用机构的类型、特点和应用；机械传动零部件的特点、类型、失效形式、设计准则、材料选用以及设计计算；轴系结构零部件中的轴承和轴的设计；联接零部件的选用，等等。书中选取了化工行业中常见的换热器、反应釜、泵等设备中的零部件作为例题、习题，由浅入深、循序渐进地分析讲解，使学生在专业基础课上就能够接触到专业的常见设备、零部件知识。

本教材内容范围选取以技术需求为导向，所涉及的标准均为最新颁布的国家标准或行业标准。本教材为沈阳工业大学省级一流课程配套教材，由沈阳工业大学和大连工业大学联合编写。参加本教材编写工作的有沈阳工业大学谢宝玲（第 1 章、第 4 章、第 8 章、第 11 章）、樊中免（第 9 章、第 10 章）、温玉石（第 6 章、第 7 章）、张秀丽（第 3 章、第 5 章）和大连工业大学刘艳秋（第 2 章），全书由谢宝玲统稿。在本教材编写过程中得到了各界专家、学者、同行的支持和帮助，其中大连港油品码头公司李云龙、辽阳石油化纤公司储运 1 部于韬、王国峰参与了教材中的案例编写，硕士研究生夏舒、丁雄鹰、徐云升、黄振轩等参与了校对工作，在此一并表示感谢！

由于作者水平所限，书中难免存在疏漏和不足之处，敬请读者批评指正。

目　　录

第1章　绪论

1.1　课程研究的对象和内容

机械通常是机器和机构的总称。机器是人类在长期生产实践中创造的具有某种用途的设备，如机床、汽车、起重机、运输机、自动化生产线、机器人和航天器等；既能承担人力所不能或不便进行的工作，又能较人工生产大大提高劳动生产率和产品质量，还便于集中进行社会化大生产。生产的社会化和自动化已成为反映当今社会生产力发展水平的重要标志。

图1-1为单缸四冲程内燃机。燃气推动活塞做往复移动，经连杆转变为曲轴的连续转动。凸轮和顶杆是用来启闭进气阀和排气阀的。为了保证曲轴每转两周，进、排气阀各启闭一次，曲轴与凸轮轴之间安装了齿数比为 1：2 的齿轮。这样，当燃气推动活塞运动时，各构件便协调地动作，进气阀和排气阀有规律地启闭，加上汽化、点火等装置的配合，就把热能转换为曲轴回转的机械能。

机器的种类繁多，形式各不相同，但就其组成来说，一部完整的机器主要由四个部分组成，如图1-2所示。

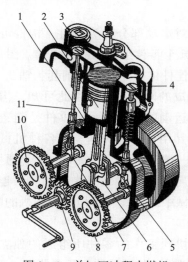

图1-1　单缸四冲程内燃机

1—气缸；2—活塞；3—进气阀；4—排气阀；5—连杆；
6—曲轴；7—凸轮轴；8、9、10—齿轮；11—顶杆

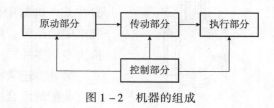

图1-2　机器的组成

1. 原动部分

原动部分是机器的动力来源，除最常用的电动机外，还有热力机(内燃机、汽轮机、

·1·

燃气机)、液压马达等。原动部分的作用是把其他形式的能转变为机械能，以驱动机器运动和做功。

2. 执行部分

执行部分又称工作部分，是直接完成机器预定功能的部分，如起重机的吊钩、车床的刀架、仪表的指针等。

3. 传动部分

传动部分是将原动部分运动和动力传递给执行部分的中间环节，在传递运动方面，它可以改变运动速度、转换运动形式等，从而满足执行部分的各种要求，如将高转速变为低转速、小转矩变为大转矩、回转运动变为直线运动等。

4. 控制部分

控制部分(操纵部分)的作用是控制机器的其他各部分，使操作者能随时实现或终止各自预定的功能，如机器的启停、运动速度和方向的改变等。一般来说，现代机械的控制部分包括机械控制系统和电子控制系统。随着科学技术和生产的发展，对机械的功能和高度自动化的要求日益增长，因此对控制系统的要求也越来越高。

原动部分、传动部分、执行部分就可以组成简单的机器，有的机器甚至只有原动部分和执行部分，如水泵、砂轮机等。但是对于较复杂的机器，除上述四个基本组成部分外，还有润滑、照明等辅助装置。

机器具有以下几个共同特征：①都是一种人为的实体组合；②各实体之间具有确定的相对运动；③在工作时能转换机械能(如内燃机、发电机等)或做有效的机械功(如洗衣机、缝纫机等)。

仅具有前两个特征的称为机构。若从结构和运动的观点来看，机器与机构两者之间并无区别。

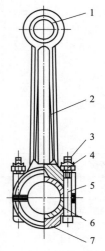

图 1-3　内燃机连杆
1—轴套；2—连杆体；3—开口销；
4—螺母；5—螺栓；
6—轴瓦；7—连杆盖

组成机构的各个相对运动部分称为构件。构件可以是单一的整体，也可以是由几个零件组成的刚性结构。图 1-3 所示的内燃机连杆就是由连杆体、连杆盖、轴套、轴瓦、螺栓、螺母及开口销等零件组成的刚性构件。由此可知，构件与零件的区别在于：构件是运动的最小单元，零件是制造的最小单元。机械中的零件按其用途可分为两类：各种机械中都经常使用的零件，如螺母、螺钉、键、弹簧等，称为通用零件；只在某些机械中使用的零件，如缝纫机中的曲轴、连杆，灌装机中的凸轮，纺织机械中的纺锭、织梭，汽轮机的叶片等，称为专用零件。

另外，还常把一组协同工作的零件所组成的独立制造或独立装配的组合体称为部件，如减速器、离合器等。

过程装备机械设计基础课程主要阐述一般机械中的常用机构和通用零件的工作原理、结构特点、基本的设计理论和计算方法等，同时，还扼要介绍与本课程有关的国家标准和规范，以及某些零件的选用原则和方法。课程的特色是有针对性地加入了常用机构和通用零件在过程装备中的应用。

为了学好该课程，首先要求学生必须掌握机械制图、工程力学、金属工艺学等先修课程中有关基础知识。学习本课程，可使学生获得认识、使用和维护机械设备的一些基本知识，并能培养学生初步掌握运用有关机械设计方面的手册，设计简单机械传动装置的方法，为学习有关专业机械设备课程及以后参与技术革新奠定必要的基础。

1.2 机械设计的基本要求和一般步骤

设计机器时，必须满足技术条件所规定的各项要求。对机器的要求首先是机器的全部职能、预定的使用寿命、制造和运转成本、质量与尺寸指标等。此外，还应考虑机器运输的可能性、操作方便性、外形美观等要求。本章将扼要阐明机械零件设计计算的共同性问题。

1.2.1 机械设计的基本要求

机械的种类虽然很多，但设计时所考虑的基本要求往往是相同的，这些基本要求有以下两个方面。

1. 运动和动力性能要求

根据预定的使用要求确定机械的工作原理，并据此选择机构类型和机械传动方式，达到以合理的机构组合来协调运动，实现预定动作。在运动分析的基础上，对机构进行动力分析，从而确定作用在各零件上的功率、扭矩和作用力等。

2. 工作可靠性要求

为了使机械在预定的工作期限内可靠地工作，防止因零件失效而影响其正常运行，零件应满足下列要求。

(1) 强度

强度是衡量零件抵抗破坏的能力，是保证零件工作能力的最基本要求。零件强度不足时，就会发生不允许的塑性变形，甚至造成断裂破坏，轻则使机械停止工作，重则发生严重事故。为保证零件有足够的强度，零件的工作应力不得超过许用应力，这就是零件的强度计算准则。

(2) 刚度

刚度是衡量零件抵抗弹性变形的能力。零件的刚度不足时，就会产生不允许的弹性变形，形成载荷集中等情况，影响机械的正常工作。例如，造纸机的辊子、机床的主轴如果没有足够的刚度，就会导致产品质量严重恶化。刚度计算准则要求零件工作时的弹性变形量(弯曲挠度或扭转角)不超过机械工作性能所允许的极限值(许用变形量)。

(3) 耐磨性

耐磨性是指零件抵抗磨损的能力。例如，齿轮的轮齿表面磨损量超过一定限度后，轮齿齿形有较大的改变，使齿轮转速不均匀，产生噪声和动载荷，严重时因齿根厚度减薄而导致轮齿折断。因此在磨损严重的条件下，以限制与磨损有关的参数(如零件接触表面间的压强和相对滑动速度)作为磨损计算的准则。

（4）耐热性

耐热性包括抗氧化、抗热变形和抗蠕变的能力。零件在高温（一般钢件为 300～400℃以上，轻合金和塑料件为 100～150℃以上）下工作时，会因强度削弱而降低其承载能力，同时会出现蠕变，增加塑性变形甚至发生氧化现象，从而大大影响机械的精度，进而使零件失效。另外，高温下润滑油膜容易破裂，导致润滑油的润滑能力降低甚至完全丧失。

对于不同用途的机械还可提出一些特殊要求。例如，对机床的要求是能长期保持其精度；对流动使用的机械（如钻探机、塔式起重机等）的要求是便于安装、拆卸和运输；对医药、食品、印刷、纺织和造纸等机械的要求是能保持清洁，不得污染产品。

1.2.2　机械设计的一般步骤

机械设计一般可分为以下几个步骤。

1. 提出设计要求

设计任务的提出，主要是根据社会和市场的需要，一定要有明确的目的。无论是设计新的机械产品，还是进行技术改造，总要达到某种技术、经济目的，如提高劳动生产率、提高产品质量与使用寿命、节约原材料、降低能耗或减轻劳动强度等。

2. 调查研究、分析对比、确定设计模型与方案

设计者要了解所设计对象的工作条件、环境、预计的生产能力、技术经济指标，以及是否具有特殊的技术要求等，如耐高温，耐腐蚀，材料、尺寸及质量的限制等，以作为设计的依据。同时要根据国家标准、规范做到产品系列化、部件通用化、零件标准化。

根据调查、分析与研究，拟订所设计的机器方案，这是设计中的重要阶段，应力求做到所设计的方案技术先进、使用可靠、经济、合理。

3. 结构设计

在方案确定以后，需经过必要的计算与分析来确定数学模型与计算公式，在进行校验之后，即可着手进行结构设计，绘制装配草图、装配图和部装图，最后根据装配图与结构设计绘制零件工作图。

4. 试验分析

图纸设计完成后，需要编制必要的技术文件，进行产品试制，经过试车获得预期的结果，否则需要反复进行修改，直至完善。

5. 使用与考核

产品在成批制造与投放市场后，需广泛征求用户意见，以求不断地提高和完善产品。

1.3　机械零件计算准则

机械设计应满足的要求：在满足预期功能的前提下，性能好、效率高、成本低，在预定使用期限内安全可靠、操作方便、维修简单和造型美观等。概括地说，所设计的机械零件既要工作可靠，又要价格低廉。

机械零件由于某种原因不能正常工作时，称为失效。在不发生失效的条件下，零件所能安全工作的限度，称为工作能力。通常此限度是对载荷而言的，所以习惯上又称其为承

载能力。

1.3.1　机械零件的主要失效形式

1. 整体断裂

机械零件在受拉、受压、受弯、受剪和受扭等外载荷作用下，由于某一危险截面上的应力超过零件的强度极限而发生的断裂；或者零件在受交变应力作用时，危险截面上发生的疲劳断裂，均属于整体断裂。

2. 残余变形过大

如果作用于零件上的应力超过材料的屈服极限，则零件将产生残余变形。当残余变形过大时，机器的运动精度将丧失，甚至不能运动。例如，对于机床上的零件，过大的残余变形将使机床的运动精度部分丧失，由此降低了加工精度。

3. 零件的表面破坏

零件的表面破坏主要是腐蚀、磨损和接触疲劳等。

腐蚀是发生在金属表面的一种电化学或化学侵蚀现象，其结果是使金属表面产生锈蚀。对于承受变应力的零件，还会引起腐蚀疲劳的现象，进而使零件表面遭到破坏。

磨损是两个接触表面在做相对运动的过程中表面物质丧失或转移的现象。所有做相对运动的零件的接触表面都有可能发生磨损。

在接触变应力条件下工作的零件表面，也有可能发生接触疲劳。

腐蚀、磨损和接触疲劳都是零件随工作时间的延续而逐渐发生的失效形式。

4. 破坏正常工作条件引起的失效

有些零件只有在一定的工作条件下才能正常工作。例如，液体摩擦的滑动轴承，只有在存在完整的润滑油膜时才能正常地工作；带传动和摩擦轮传动，只有在传递的有效圆周力小于临界摩擦力时才能正常工作；高速转动的零件，只有其转速与转动件系统的固有频率避开一个适当的间隔时才能正常工作，等等。如果破坏了这些必备的条件，零件将发生不同类型的失效。

据相关文献介绍，由于腐蚀、磨损和各种疲劳破坏所引起的零件失效占 74% 左右，而由于断裂所引起的零件失效只占 5% 左右，所以腐蚀、磨损和接触疲劳是引起零件失效的主要原因。

1.3.2　机械零件设计应满足的基本要求

1. 强度方面

强度是指零件抵抗破坏的能力。零件强度不足，将导致过大的塑性变形，甚至断裂破坏，使机器停止工作，甚至发生严重事故。采用高强度材料、增大零件截面尺寸、合理设计截面形状、采用热处理及化学处理方法、提高运动零件的制造精度，以及合理配置机器中各零件的相互位置等，均有利于提高零件的强度。

2. 刚度方面

刚度是指零件抵抗弹性变形的能力。零件刚度不足，将导致过大的弹性变形，引起载荷集中，影响机器的工作性能，甚至造成事故。例如，机床的主轴、导轨等，若刚度不足导致变形过大，将严重影响所加工零件的精度。

零件的刚度分为整体变形刚度和表面接触刚度两类。增大零件的截面尺寸或增大截面惯性矩、缩短支承跨距或采用多支点结构等措施，有利于提高零件的整体刚度。而增大零件接触贴合面及采用精细加工等措施，有利于提高零件的表面接触刚度。

一般情况下，满足刚度要求的零件也能满足其强度要求。

3. 寿命方面

机器寿命是指零件正常工作的期限。材料的疲劳、腐蚀及相对运动零件接触表面的磨损，是影响零件寿命的主要因素，此外，还有高温下的蠕变等。提高零件抗疲劳破坏能力的主要措施有减小应力集中、保证零件有足够的尺寸及提高零件的表面质量等。

4. 结构工艺性方面

机械零件结构工艺性是指在一定的生产条件下能方便、经济地生产出零件，并便于装配成机器。为此，应从零件的毛坯制造、机械加工及装配等生产环节，综合考虑零件的结构设计。

5. 可靠性方面

机械零件可靠度的定义与机器可靠度的定义相同。提高零件的可靠性应从工作条件（载荷、环境温度等）和零件性能两个方面考虑，使其随机变化尽可能小。加强零件使用中的维护与监测，也可提高零件的可靠性。

6. 经济性方面

零件的经济性主要取决于零件所用的材料和加工成本，因此提高零件的经济性主要从零件的材料选择和结构工艺性设计两个方面考虑，如采用相对廉价的材料代替贵重材料，采用轻型结构和少余量、无余量的毛坯，简化零件结构，改善零件的结构工艺性，以及尽可能采用标准化零部件等。

7. 零件质量大小方面

一般情况下，绝大多数机械零件要求尽可能地减小其质量。对于运输机械，减小零件质量就可以减小机械本身的运动质量，增加其有效运载量。另外，减小零件质量可以节约原材料。对于运动的零件，还可减小其运动惯性力，从而提高机器的整体动力性能。

1.4　机械零件的材料及热处理

在机械制造中，最常用的材料是钢和铸铁，其次是有色金属合金。非金属材料如塑料、橡胶等，在机械制造中也具有独特的使用价值。

1.4.1　机械零件常用材料

1. 钢

钢是指含碳量小于2%的铁碳合金，也是机械零件应用最广的材料，具有较好的强度、韧性、塑性等性能，并可通过热处理来改善其力学性能和加工性能。钢制零件的毛坯可由锻造、碾轧、冲压、焊接或铸造等方法获得。按化学成分，钢分为碳素钢和合金钢；按用途，钢又分为结构钢、工具钢和特殊钢。结构钢用于制造一般的零件，是机电设备中用得最多的材料之一；工具钢主要用于制造工具量具和模具刃具；特殊钢用于制造有不锈、耐热、耐酸等特殊要求的零件。碳素钢的力学性能主要取决于含碳量，含碳量低于0.25%的为低碳钢，其抗拉强度和屈服强度较低，但塑性和可焊性好；含碳量为0.25%~0.6%的是中碳钢，它有较高的强度，又有一定的塑性和韧性，综合力学性能较好；含碳量在0.6%以上的为高碳钢，其强度高、韧性低、弹性好、塑性差。

常用的碳素结构钢有Q215、Q235、Q255等，牌号中的数字表示其屈服强度，因为它主要保证力学性能，故一般不进行热处理，用以制造受载不大且主要处于静应力状态下的一般零件，如螺栓、螺母、垫圈等。常用的优质碳素结构钢有15钢、20钢、35钢、45钢等，它以万分比的含碳量作牌号，既保证力学性能，又保证化学成分，可进行热处理，用于制造受载较大，或承受一定的冲击载荷或变载的较重要的零件，如一般用途的齿轮、蜗杆、轴等。

合金钢是在优质碳素结构钢中掺入适当的合金元素冶炼而成的。例如，锰（Mn）能提高钢的强度和韧性；钼（Mo）的作用类似锰，但影响面更大；镍（Ni）可提高钢的强度而不降低其韧性；硅（Si）可提高钢的弹性和耐磨性，但会降低钢的韧性；铬（Cr）能提高钢的硬度和耐磨性；钒（V）能提高钢的强度和韧性。合金元素含量低于5%者称为低合金钢，高于5%者称为高合金钢。合金钢的热处理工艺性好，但价格高，对应力集中较敏感。

合金钢也分为合金结构钢、合金工具钢和特殊合金钢等。机械零件常用的是合金结构钢，它的牌号是在表示碳的万分比含量的两位数字后，加注所含主要合金元素的符号和一位数字表示的其百分比含量，当元素含量小于1.5%时，不注含量。例如，合金结构钢12CrNi2表示各元素平均含量分别为碳0.12%，铬小于1.5%，镍1.5%~2.5%（均为质量分数）。

较大的零件可用铸钢制造，其牌号前冠以字母ZG，铸钢的强度稍低于同牌号的锻钢或型钢。铸钢的铸造性比灰铸铁差，故铸钢件的壁厚、连接处的圆角和过渡部分的尺寸均应比灰铸铁稍大。

2. 铸铁

铸铁是指含碳量大于2%的铁碳合金，它的铸造工艺性好，适于制造形状复杂的零件，而且价格低廉。缺点是抗拉强度、塑性和韧性较差，不能锻造或碾轧。铸铁有灰铸铁（牌号前冠以字母HT）、球墨铸铁（牌号前冠以字母QT）、可锻铸铁（牌号前冠以字母KT）等。灰铸铁除铸造性能良好外，其切削性、减摩性、减振性也较好，抗压强度约为抗拉强度的4倍，常用作受压载荷、尺寸大、形状复杂的零件，如箱体、机座、带轮等。球墨铸铁因所含石墨呈球状而得名，其力学性能接近于低碳钢，常用来替代钢，制造曲轴等承受冲击载荷且形状复杂的零件。

3. 有色金属材料

机械零件常用的有色金属材料主要有铜、铝、锌及其合金和轴承合金等，以下具体介绍两种。

（1）铜合金。铜合金不仅具有良好的减摩、耐磨性，还具有优良的导电、导热、耐腐蚀和延展性。铜合金分为黄铜和青铜两种：黄铜是铜锌合金，其强度和耐腐蚀性较好；青铜又分为锡（又称普通）青铜和无锡（特殊）青铜两种，前者是铜锡合金，后者是铜和铝、铁、铅等的合金，锡青铜的减摩、耐磨性较无锡青铜好，但强度稍差。铜合金可通过铸造或碾压来制备毛坯，铸造的强度低，但可制造形状复杂的零件。铜合金是轴承、蜗轮等的主要材料。

（2）轴承合金。轴承合金又称巴氏合金，是锡、铅、锑、铜等的合金，具有优良的减摩、耐磨、导热性，是滑动轴承衬的专用材料。

轴承常用有色金属材料的牌号和主要性能指标见9.4节。

4. 粉末冶金材料

粉末冶金材料是用铁、铜等金属粉末(或某些非金属粉末)压制成形，再经高温烧结而成的。其特点是呈多孔状、能储油而成为自润滑材料，耐磨性、透过性好，工艺性能和材料利用率高，成本低。

在机械设计中，粉末冶金可作为减摩材料、摩擦材料和过滤材料。

5. 非金属材料

工程塑料、橡胶、皮革、陶瓷、木材、石材等都是非金属材料。工程塑料具有质量轻、绝缘、耐热、耐蚀、耐磨、注塑成型方便等优点，近年来被人们广泛应用。橡胶除具有弹性好、能缓冲吸振外，还具有耐磨、绝缘等性质，多用于制造胶带、密封垫圈、轮胎和减振零件等。

6. 复合材料

复合材料是由两种或两种以上的金属或非金属材料复合而成的一种新材料。例如，用金属、陶瓷、塑料等材料作基材，用纤维强度很高的玻璃、石墨、硼等作为纤维，复合成各种纤维增强复合材料，可用于制造压力容器和车辆外壳等。目前复合材料的成本高、产量低、应用少，但它代表了材料科学与工业发展的方向。

1.4.2　钢的热处理

热处理是将钢在固态下加热到一定温度，并进行必要的保温，然后采用不同的冷却速度，以改变钢的组织结构，从而得到所需性能的工艺方法。热处理能充分发挥材料的潜力，节省钢材，延长机械的使用寿命，在机械制造中具有重要的作用。目前机械中使用的大多数零件都要进行热处理。

常用的热处理方法有退火、正火、淬火及回火、表面热处理等。

1. 退火

退火是将钢加热到一定温度，保温一段时间，然后随炉冷却的热处理方法。其目的是消除材料内部组织应力和减小材料硬度，以利于切削加工、提高材料塑性和韧性、改善材料组织，为进一步热处理做好准备。

2. 正火

正火的方法与退火相似，但正火时钢是在空气中冷却的。由于正火的冷却速度比退火快，钢的硬度和强度较高，但消除内应力不如退火彻底。正火时钢在炉外冷却，不占用设备，生产率较高，故低碳钢大多采用正火代替退火。对于一般要求的零件，正火常用于提高其机械性能，以后不再进行其他热处理。

3. 淬火及回火

淬火是将钢加热到一定温度，保温一段时间，然后在水或油中快速冷却的一种热处理方法。

淬火后，钢的硬度急剧增加，但存在很大的内应力，脆性也相应增加。为了减小钢的内应力、脆性并获得良好的机械性能，钢淬火后一般均需回火。

回火是将淬火钢重新加热到某一低于临界的温度，保温一段时间，然后冷却的热处理方法。回火可分为低温回火、中温回火和高温回火三种。低温回火的加热温度为150～250℃，淬火钢经低温回火后，可以减小其内应力和脆性，仍能保持淬火钢的高硬度和耐磨性，适用于制造刀具、量具等工具；中温回火的加热温度为350～500℃，淬火钢经中温回火后，提高了其弹性，但硬度有所降低，适用于制造有弹性要求的零件，如弹簧等；高温回火的加热温度为500～650℃，淬火钢经高温回火后，可以获得强度、硬度、塑性和韧性等都较好的综合机械性能，适用于各种重要的机械零件，如齿轮、轴等。生产上习惯把淬火后高温回火的热处理方法称为调质处理。

4. 表面热处理

表面热处理是强化零件表面的重要手段，常用的有表面淬火和化学热处理两种方法。

（1）表面淬火

表面淬火是将零件表面迅速加热到淬火温度，不等热量传至中心，即快速冷却的热处理方法。加热方法有表面火焰加热和感应电流加热等。常用的材料有中碳结构钢和中碳合金结构钢，如45、40Cr、40MnB、35SiMn等。对零件进行表面淬火及低温回火后，表面变硬而耐磨，芯部仍保持原有韧性。机床中的齿轮、内燃机中的曲轴轴颈等常采用这种处理方法。

（2）化学热处理

化学热处理是将机械零件放在含有某种化学元素（如碳、氮、铬、铝、硼等）的介质中加热保温，使该元素的活性原子渗入零件表面的热处理方法。根据渗入元素的不同，分为渗碳、氮化和氰化等。

渗碳的材料一般为低碳结构钢和低碳合金结构钢，如20、20Cr、20CrMnTi等。工件经渗碳后，表面为高碳组织，为了进一步提高其硬度和耐磨性，需要进行淬火及低温回火，而芯部仍为低碳组织，保持原有的韧性，这种方法常用于处理各种齿轮、凸轮等零件。

氮化的工件需要采用专门的渗氮钢，如38CrMoAlA等。机械零件经氮化后，表面形成一层氮化物，不需进行淬火便具有高的硬度、耐磨性、耐蚀性和抗疲劳性能等。此外，氮化温度较低（一般为500～570℃），零件变形小，因此被广泛用于处理精密量具、高精密机床主轴等。

氰化是碳氮共渗，其中高温氰化以渗碳为主，低温氰化以氮化为主。

1.4.3 选择机械零件材料的原则

在机械设计中，零件材料的选择是一个很重要的问题，做选择时，主要应考虑以下三个方面。

1. 使用要求

使用要求主要包括以下4点。①受载及应力情况，如受拉伸载荷、冲击载荷、变载或受载后产生交变应力的零件应选用钢材；受压零件可选用铸铁。②零件的工作条件，如做相对运动的零件应选用减摩、耐磨材料，如锡青铜、轴承合金等；高温环境中的零件应选用耐高温的材料；在腐蚀介质中工作的零件应选用耐蚀材料。③零件尺寸和质量限制，如要求体积小时宜选高强度材料，要求质量轻时应选用轻合金或塑料。④零件的重要程度，如危及人身和设备安全的零件，应选用性能指标高的材料。

2. 工艺要求

应使零件的材料与制造工艺相适应，如结构复杂的箱、壳、架、盖等零件多用铸坯，宜选用铸造性能好的材料，如铸铁；当尺寸大且生产批量小时可采用焊坯，宜选用可焊性好的材料；形状简单、强度要求较高的零件可采用锻坯，应选用塑性好的材料；需要热处理的零件，应选用热处理性能好的材料，如合金钢；对精度要求高、需切削加工的零件，宜选用切削加工性能好的材料。

3. 经济性要求

在机械产品的成本中，材料成本一般占 1/4 ~ 1/3。应在满足使用要求的前提下，尽量选用价格低廉的材料。例如：用球墨铸铁代替钢材；用工程塑料代替有色金属；采用热处理或表面强化处理，充分发挥材料的潜在力学性能；设计组合式零件结构以节约贵重金属等。精铸、精锻等无或少切削加工工艺虽需一定的设备投资，但能提高材料的利用率，对于大批量生产可大幅度降低成本，尤其对贵重金属的效果更为明显。经济性还包括生产费用，铸铁虽比钢便宜，但在单件或小批量生产时，铸模加工费用相对较大，故有时宁可用焊接件代替铸件。

1.5　机械零件结构的工艺性及标准化

如果零件的结构既能满足使用的要求，又能在具体的生产条件下使制造和装配时所耗的时间、劳动量及费用最少，这种结构就是符合工艺的。

零件标准是在总结了先进生产技术和经验的基础上而制订的，在机械制造中具有重大意义。

1.5.1　工艺性

设计机械零件时，不仅应使其满足使用要求，即具备所要求的工作能力，同时还应当满足生产要求，否则就可能制造不出来，或虽能制造但费工费料。

在具体生产条件下，如所设计的机械零件便于加工而加工费用又很低，则这样的零件就称为具有良好的工艺性。有关工艺性的基本要求如下。

1. 毛坯选择合理

机械制造中毛坯制备的方法有：直接利用型材、铸造、锻造、冲压和焊接等。毛坯的选择与具体的生产技术条件有关，一般取决于生产批量、材料性能和加工可能性等。

2. 结构简单合理

设计零件的结构形状时，最好采用最简单的表面(如平面、圆柱面)及其组合，同时还应当尽量使加工表面数目最少和加工面积最小。

3. 规定适当的制造精度及表面粗糙度

零件的加工费用随着精度的提高而增加，尤其是对于精度较高的情况，这种增加极为显著。因此，在没有充分根据时，不应当盲目追求高的精度。同理，零件的表面粗糙度也应当根据配合表面的实际需要，做出适当的规定。

欲设计出工艺性最好的零件，设计者必须与工艺技术人员和工人相结合，并善于向他们学习。此外，"金属工艺学"课程和机械设计手册中也都提供了一些有关工艺性的基本知识，可供参考。

1.5.2 标准化

标准化是指以制定标准和贯彻标准为主要内容的全部活动过程。标准化的原则是统一、简化、协调、选优（优化）。将产品及其零件加以标准化具有重大意义：在制造方面，可以实行专业化大量生产，这既可提高产品质量，又能降低成本；在设计方面，零件的标准化也使得设计人员可以集中精力来创造新的以及重要的结构，从而减少设计工作量；在管理和维修方面，可减少库存量和便于更换损坏的零件。

我国的标准分为国家标准、行业标准、地方标准和企业标准四级，公差与配合、表面粗糙度和优先数系都有国家标准。就机械零部件而言，已颁布有联接件（如螺钉、键、铆钉等）、传动件、润滑件、密封件、轴承、联轴器等标准。零件的标准是在总结了先进生产技术和经验的基础上制定出来的，因此，如无特殊需要，设计时必须采用这些标准。

我国已加入国际标准化组织（International Organization for Standardization，ISO），并鼓励人们积极采用国际标准。近年来，我国颁布的许多国家标准已采用相应的国际标准。

1.6 例题

例1 基本概念
机器；机构；机械；零件；部件；构件。

例2 简答题
(1)机器主要由哪几部分组成？各部分的作用是什么？
(2)设计机械零件时应满足哪些基本要求？
(3)选择机械零件的材料时，应考虑哪些原则？

第2章　平面机构的组成和自由度

2.1　平面机构的组成

2.1.1　构件和零件

机构是由构件组成的。构件在机构中具有独立运动的特性，是机构的运动单元。若干构件通过彼此之间既具有一定约束又具有一定相对运动的连接，组成了机构。为了结构和工艺的需要，构件可以由若干零件刚性联接成一个整体，也可以是独立运动的零件。零件是机器中基本的制造单元。例如，图2-1内燃机中的曲柄滑块机构中包含有曲轴1、活塞（滑块）2、气缸3和连杆4等构件。其中，连杆构件是由图2-2所示的连杆体5、螺栓6、连杆盖7和螺母8等零件刚性联接所组成的。

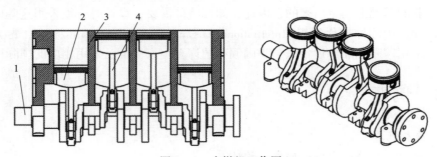

图2-1　内燃机工作图
1—曲轴；2—活塞；3—气缸；4—连杆

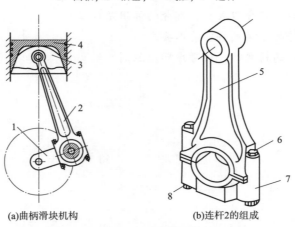

(a)曲柄滑块机构　　　　　　(b)连杆2的组成

图2-2　内燃机的曲柄滑块机构和连杆
1—曲轴；2—连杆；3—活塞；4—机架；5—连杆体；6—螺栓；7—连杆盖；8—螺母

在组成机构的所有构件中，必须以一个相对固定的构件作为支持和安装其他活动构件的机架。一般取机架作为研究机构运动的静参考系。在活动构件中，输入已知运动规律的构件称为原动件，其他的活动构件组成从动件系统。需要指出的是，随着现代科技的发展，构件的概念不再局限于刚体，在某些情况下气体和液体也参与实现预期的机械运动。

2.1.2 运动副

在机构中，两个构件之间既具有一定约束又具有一定相对运动的联接称为运动副。机构各个构件之间的运动和力的传递，都是通过运动副来进行的。两个构件构成运动副的接触元素——点、线和面，称为运动副元素。凡是通过面接触而构成的运动副称为低副，根据组成平面低副的两个构件之间相对运动的性质，低副又可分为转动副[图 2 – 3(a)]和移动副[图 2 – 3(b)]。凡是通过点或线接触而构成的运动副称为高副[图 2 – 3(c)与(d)]。

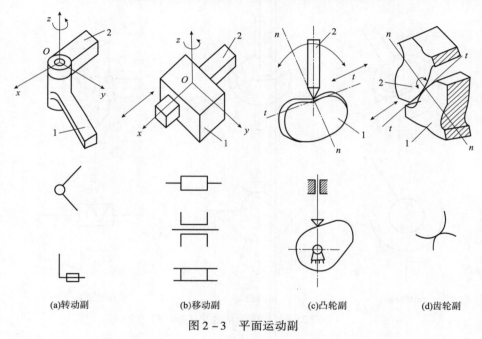

| (a)转动副 | (b)移动副 | (c)凸轮副 | (d)齿轮副 |

图 2 – 3　平面运动副

转动副的符号和常见结构如图 2 – 4 所示，移动副的常见符号和结构如图 2 – 5 所示。

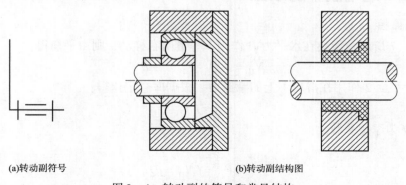

(a)转动副符号　　　　　　　　　　　　(b)转动副结构图

图 2 – 4　转动副的符号和常见结构

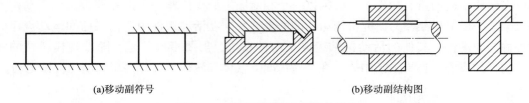

(a)移动副符号   (b)移动副结构图

图2-5   移动副的符号和常见结构

根据组成运动副的两个构件之间做相对平面运动或空间运动，可以将运动副分为平面运动副和空间运动副两类。图2-6(a)所示的由圆球和球窝组成的球面副、图2-6(b)所示的由带销圆球和带槽球窝组成的球销副、图2-6(c)所示的由螺杆和螺母组成的螺旋副等，都是空间运动副。

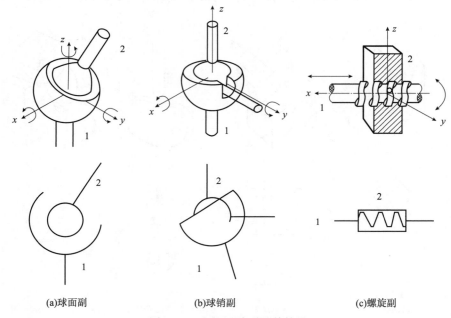

(a)球面副   (b)球销副   (c)螺旋副

图2-6   空间运动副及其符号

2.1.3   运动副中的摩擦

1. 平面摩擦

如图2-7所示，滑块在水平力 P 作用下等量向右移动，则由平衡得：

$$N_{21} = -Q \quad F_{21} = -P \tag{2-1}$$

式中，F_{21} 为平面2作用在滑块1上的摩擦力。根据库仑定律得：

$$F_{21} = f N_{21} \tag{2-2}$$

式中，f 为摩擦系数。

则：

$$P = F_{21} = f N_{21} = f Q \tag{2-3}$$

设 R_{21} 为平面2对滑块1的总力，即 N_{21} 和 F_{21} 的合力，Φ 为 R_{21} 和 N_{21} 的夹角：

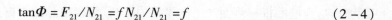

$$\tan\Phi = F_{21}/N_{21} = fN_{21}/N_{21} = f \tag{2-4}$$

式中，Φ 为摩擦角。

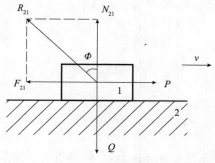

图 2-7　平面摩擦

2. 斜面摩擦

如图 2-8(a)所示，滑块 1 沿斜面 2 等速上行，则：

$$\boldsymbol{P} + \boldsymbol{R}_{21} + \boldsymbol{Q} = 0 \tag{2-5}$$

$$P = Q\tan(\psi + \Phi) \tag{2-6}$$

如图 2-8(b)所示，滑块 1 沿斜面 2 等速下滑，则：

$$\boldsymbol{P}' + \boldsymbol{R}_{21} + \boldsymbol{Q} = 0 \tag{2-7}$$

$$P' = Q\tan(\psi - \Phi) \tag{2-8}$$

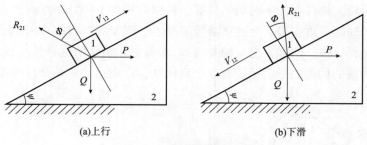

(a)上行　　　　　　　　　　　　　　(b)下滑

图 2-8　斜面移动副摩擦

3. 槽面摩擦

如图 2-9 所示，楔形滑块 1 放在夹角为 2θ 的槽面 2 上，在水平驱动力 P 的作用下，滑块沿槽面等速运动。Q 为作用在滑块上的铅垂载荷，N_{21} 为槽的每一侧面给滑块的法向

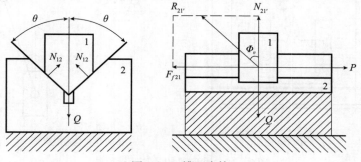

图 2-9　槽面摩擦

反力，F_{21} 为槽的每一侧面产生的摩擦力，F_{f21} 为楔块总的摩擦力。

则：

$$F_{21} = fN_{21} \tag{2-9}$$

$$P = 2F_{21} = 2fN_{21} \tag{2-10}$$

根据垂直方向的平衡得：

$$Q = 2N_{21}\sin\theta \tag{2-11}$$

则：

$$P = 2F_{21} = 2fN_{21} = f\frac{Q}{\sin\theta} = f_v Q \tag{2-12}$$

式中，$f_v = \dfrac{f}{\sin\theta}$ 称为当量摩擦系数；$\phi_v = \arctan f_v$ 称为当量摩擦角。

注：引入当量摩擦系数的意义是，可以为具有夹角为 2θ 摩擦系数为 f 的槽面摩擦，与摩擦系数为 $f_v = \dfrac{f}{\sin\theta}$ 的平面摩擦相当。

2.1.4 自由度与约束

一个构件的空间运动可以分解为沿 x 轴、y 轴和 z 轴的移动以及绕 x 轴、y 轴和 z 轴的转动，共计 6 个独立运动。

一个构件的平面运动可以分解为沿 x 轴、y 轴的移动和绕一根垂直于平面轴的转动，共计 3 个独立运动。构件在任一时刻的位置，可以由构件上任意一点的坐标 (x, y) 以及过该点的直线与 x 轴的夹角 φ 等 3 个独立参数来描述。例如图 2 - 10(b) 中构件 2 的图示位置可用其上 A 点坐标 $A(x, y)$ 和它与 x 轴夹角 φ_2 来确定。构件的这种独立运动称为自由度。因此一个不受约束的构件的平面运动有 3 个自由度，空间运动有 6 个自由度。

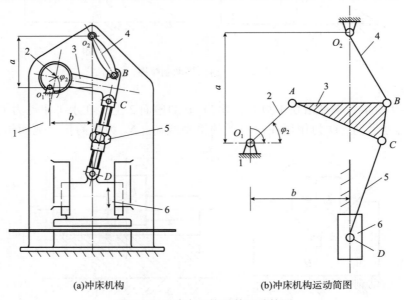

(a)冲床机构   (b)冲床机构运动简图

图 2 - 10　冲床机构及其运动简图

当一个构件与其他构件组成运动副后，构件的某些独立运动就要受到限制，自由度减少，这种对构件独立运动的限制称为约束。两个构件之间相对约束的数目和性质取决于运动副的型式。两构件组成转动副时，如图 2 – 3(a)，构件 2 沿着 x 轴和 y 轴两个方向的移动受到限制，但是可以绕与 xOy 平面垂直的 z 轴转动。因此，转动副的约束数是 2，相对自由度为 1。两构件组成移动副时，如图 2 – 3(b)，构件 2 沿着 y 轴方向的移动和绕与 xOy 平面垂直的 z 轴的转动受到限制，但是可以沿着 x 轴方向移动。因此，移动副的约束数是 2，相对自由度为 1。两构件组成平面高副时，如图 2 – 3(c) 和 (d)，构件 2 沿着接触点公法线 n—n 方向的移动受到限制，但是可以沿着接触点公切线 t—t 方向移动和绕接触点转动。因此，平面高副的约束数是 1，相对自由度为 2。顺便指出，对于空间运动副中的球面副，如图 2 – 6(a)，构件 2 沿着 x 轴、y 轴和 z 轴 3 个方向的移动受到限制，但是可以绕 x 轴、y 轴和 z 轴转动。因此，它的约束数是 3，相对自由度为 3。球销副与球面副相比，增加了构件 2 绕某轴转动的限制，如图 2 – 6(b) 中的 z 轴，它的约束数是 4，相对自由度为 2。螺旋副中的构件 2 虽然可以沿轴线方向，如图 2 – 6(c) 中的 x 轴，移动和绕该轴转动，但是这两种运动不是相互独立的，它的约束数是 5，相对自由度为 1。

2.2　平面机构运动简图

机构中各从动件的运动是由原动件的运动规律及其各运动副的类型、数目和机构的运动学尺寸(如转动副的中心位置、转动副的中心到移动副导路的中心线的距离、移动副导路中心线之间的夹角、高副接触点的位置等)决定的，与构件的外形、截面形状和尺寸、组成构件的零件数目、运动副的具体结构等因素无关。在对机构进行运动和受力分析，或者对机构进行结构分析时，不考虑与机构运动无关的因素，采用规定的运动副符号和代表构件的线条，按照运动学尺寸的比例，画出表示机构运动特性的简单图形，我们称这种图形为机构运动简图，它是对机构进行分析和设计的几何模型。机构运动简图中部分常用机构运动简图的符号见表 2 – 1。

2.3　平面机构的自由度

机构的自由度是指机构中各个构件相对于机架所具有的独立运动参数的数量，它取决于组成机构的活动构件的数目、运动副的类型和数目。假设某平面机构由 n 个活动构件、P_L 个低副和 P_H 个高副组成，由于 1 个不受约束构件的平面运动有 3 个自由度，1 个低副有 2 个约束，1 个高副有 1 个约束，因此，平面机构自由度的计算公式是：

$$F = 3n - 2P_L - P_H \qquad (2 – 13)$$

该式称为平面机构的结构公式。它表明了一个机构的自由度 F 与该机构所包含的活动构件数 n 以及运动副的类型和数目之间的关系。

表 2 - 1 部分常用机构运动简图符号(摘自 GB/T 4460—2013)

名称	代表符号		名称	代表符号
杆的固定联接			链传动	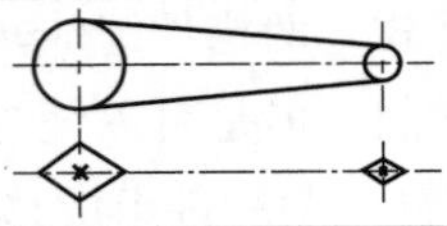
零件与轴的固定			外啮合齿轮传动	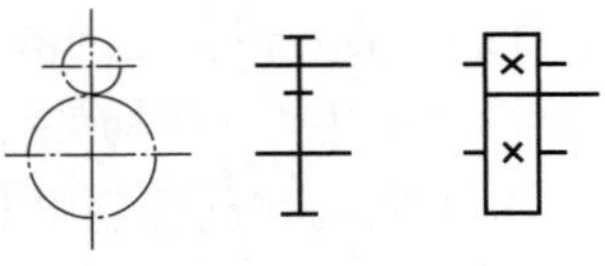
轴承	向心轴承	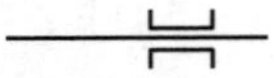 滑动轴承 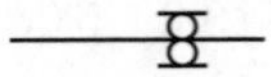　滚动轴承	内啮合齿轮传动	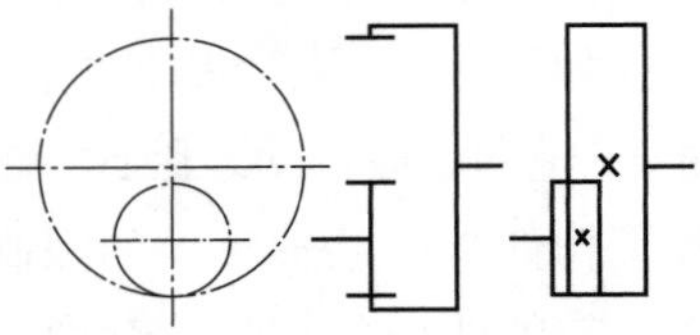
	推力轴承	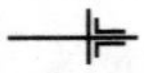 单向推力 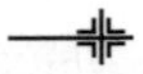　双向推力 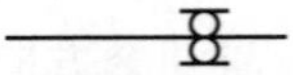　推力滚动轴承	齿轮齿条传动	
	向心推力轴承	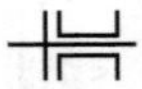 单向向心推力 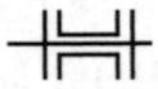　双向向心推力 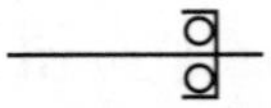　向心推力滚动轴承	圆锥齿轮机构	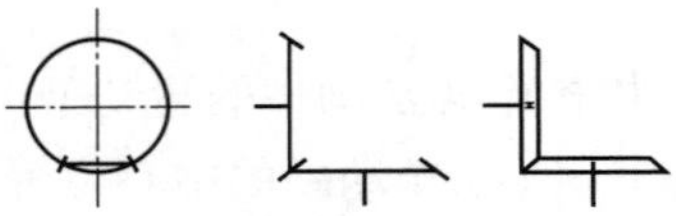
联轴器	 可移式联轴器 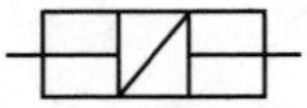　弹性联轴器		蜗杆蜗轮传动	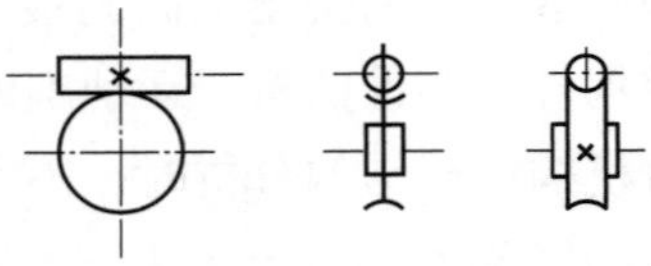
离合器	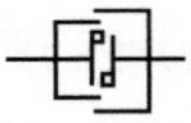 啮合式 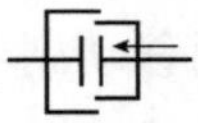　摩擦式		棘轮机构	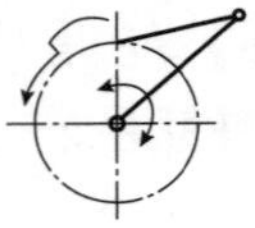 (外啮合)
制动器			槽轮机构	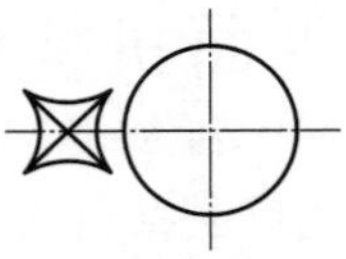 (内啮合)
在支架上的电动机				
带传动				

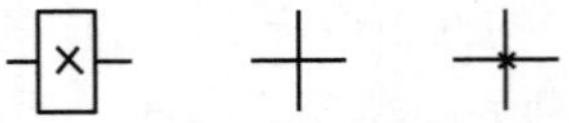

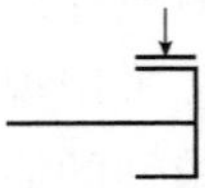

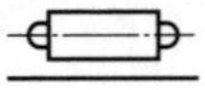

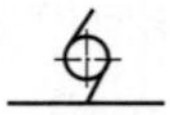

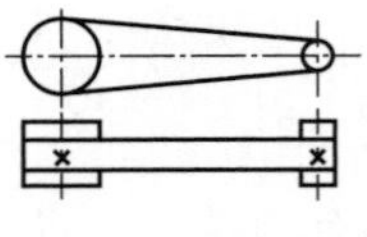

在计算平面机构自由度的时候,有些特殊情况需要进行处理。

1. 复合铰链

复合铰链是指有 $m(m \geq 2)$ 个构件在同一处构成共轴线的转动副。复合铰链处的转动副数目应为 $m-1$。如图 2-11 所示,3 个构件在 C 处构成复合铰链,其转动副的数目为 2。

2. 局部自由度

局部自由度是指机构中某些构件的局部独立运动,它并不影响其他构件的运动。因此计算机构自由度时不考虑其局部自由度。

在图 2 – 12 所示的滚子从动件凸轮机构中，滚子相对于从动件的转动，从机构运动学的角度来看是局部自由度，它并不影响其他构件的运动，因此，计算机构自由度时不予考虑，处理方法是将滚子 2 与构件 3 固连。但是从实用的角度来看，它却能将从动件与凸轮轮廓之间的滑动摩擦变成滚动摩擦，起到减少凸轮轮廓与从动件之间高副元素摩擦的作用。

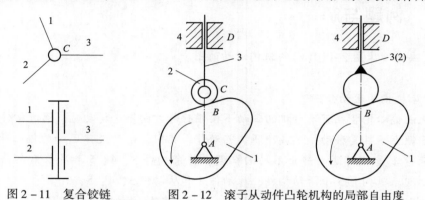

图 2 – 11　复合铰链　　图 2 – 12　滚子从动件凸轮机构的局部自由度

3. 虚约束

虚约束是指在机构运动分析中不产生实际约束效果的重复约束。常见虚约束的识别和处理如表 2 – 2 所示。

表 2 – 2　常见虚约束的识别和处理

序号	识别	处理	图例
（a）	重复移动副（两个构件构成导路平行的多个移动副）	只有 1 个移动副起约束作用，其余的移动副是虚约束	
（b）	重合转动副（两个构件构成轴线重合的多个转动副）	只有 1 个转动副起约束作用，其余的转动副是虚约束	
（c）	重复结构（机构中不起独立传递运动的结构相同的对称部分）	只有一个构件参与运动的传递，其余的对称结构不计，如图（c）中行星轮 2′ 与 2″	
（d）	重复轨迹（机构中某构件连接点的轨迹与另一构件被连接点的轨迹重合）	除去重复的构件及其引入的运动副，如图（d）构件 5 及转动副 E 与 F	

应当指出的是，虚约束是在特定的几何条件下形成的，它的存在虽然对机构的运动没有影响，但是它可以改善机构的受力状况，增强机构工作的稳定性。如果这些特定的几何条件不能满足，则虚约束将会变成实际约束，使机构不能运动。因此，在采用虚约束的机构中，对它的制造和装配精度都有严格的要求。

4. 机构具有确定运动条件

机构有确定的运动时所必须给定的独立运动参数，亦为使机构的位置得以确定必须给定的广义坐标的数目为机构的自由度。

机构具有确定运动的条件：机构中原动件的数目等于机构中自由度的数目。

2.4 例题与解

例1 画出冲床图2-10(a)的机构运动简图。

解：

(1)冲床机构的运动分析

当冲床的偏心轮2在驱动电机的带动下按顺时针方向等速转动时，通过构件3、4和5带动冲头6做上下往复移动，完成冲压工艺动作。其中，运动规律已知的偏心轮2是原动件，机床床身1是相对地面静止不动的机架，其余构件3、4、5和冲头6组成从动件系统。因此，冲床机构有5个活动构件，原动件2和从动件3、4、5、6。

(2)根据各个构件之间的相对运动性质，确定机构的运动副类型和数目

①机架1与连杆2构成转动副；　　②连杆2与连杆3构成转动副；
③连杆3与连杆4构成转动副；　　④机架2与连杆4构成转动副；
⑤连杆3与连杆5构成转动副；　　⑥连杆5与滑块6构成转动副；
⑦滑块6与机架构成移动副。

注： 连杆3分别与偏心轮2、连架杆4和连杆5构成转动副，中心分别是 A、B 和 C；滑块6与连杆5构成转动副，中心是 D，与机架1构成移动副，导路在过 O_2 点的垂直线上。冲床机构共含有6个转动副和1个移动副(图2-13)。

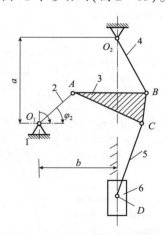

图2-13 冲床机构运动简图

(3)选择与机构运动平面相平行的平面，作为绘制机构运动简图的视图平面。

(4)选择适当的长度比例尺，确定机构的有关运动学尺寸，按照规定的运动副和构件符号，绘制出机构的运动简图。

本例中连杆3与偏心轮2是用转动副联接的，其转动中心就是偏心轮的几何中心 A。因此，2个构件组成转动副时，在画机构的运动简图时不用考虑转动副圆柱实际直径的大小，只需在它的转动中心处用小圆圈表示即可。

例2　试绘制图2-14(a)所示偏心回转油泵机构的运动简图，其各部分尺寸可由图中直接量取，并判断该机构是否具有确定的运动。图中偏心轮1绕固定轴心 A 转动，外环2上的叶片a在可绕轴心 C 转动的圆柱3中滑动。当偏心轮1按图示方向连续回转时，可将低压油由右端吸入，高压油从左端排出。

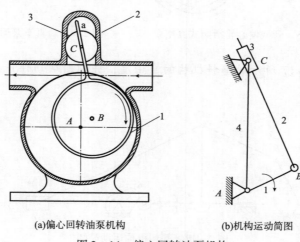

(a)偏心回转油泵机构　　　　(b)机构运动简图

图2-14　偏心回转油泵机构

解：

(1)选取合适的长度比例尺 μl 绘制此机构的运动简图，如图2-14(b)所示。

(2)计算机构的自由度。

此机构为曲柄摇块机构。由2-14(b)可知，$n=3$，$P_L=4$，$P_H=0$，由式(2-13)计算该机构的自由度为：

$$F = 3n - 2P_L - P_H = 3 \times 3 - 2 \times 4 - 0 = 1$$

由于该机构有1个原动件，所以此机构具有确定的运动。

注：绘制机构运动简图时，关键是分析相连两个构件的约束关系，确定运动副的类型，然后再用规定的符号表示出来。

例3　图2-15所示为一新型偏心轮滑阀式真空泵。其偏心轮1绕固定轴心 A 转动，与外环2固连在一起的滑阀3在可绕固定轴心 C 转动的圆柱4中滑动。当偏心轮1按图示方向连续回转时，可将设备中的空气吸入，并将空气从阀5中排出，从而形成真空。

(1)试绘制其机构运动简图；

(2)计算其自由度。

解：

(1)取比例尺作机构运动简图如图2-16所示。

(2)$F = 3n - 2P_L - P_H = 3 \times 3 - 2 \times 4 - 0 = 1$

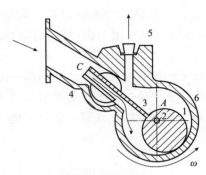

图 2-15 新型偏心轮滑阀式真空泵

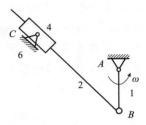

图 2-16 真空泵运动简图

例 4 计算图 2-17 所示的筛料机构的自由度，并判断从动件是否具有确定的运动。构件 1 和 6 为原动件。

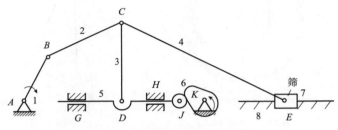

图 2-17 筛料机构运动简图

解：

机构在 C 处有 3 根杆件组成复合铰链，该处有 2 个转动副。构件 5 与机架 8 构成导路平行的 2 个移动副 G 和 H，其中 1 个为虚约束。构件 5 的右端 J 处安装了滚子，滚子与构件 5 之间的独立运动是局部自由度。因此，计算机构自由度时不计滚子及其转动副 J，即将滚子与构件 5 视为固定联接。因此，该机构有 7 个活动构件、7 个转动副、2 个移动副、1 个高副，则 $n = 7$，$P_L = 7 + 2$ 和 $P_H = 1$，代入式（2-13），机构自由度为：

$$F = 3n - 2P_L - P_H = 3 \times 7 - 2 \times 9 - 1 = 2$$

由于取相对于机架 8 都有 1 个独立运动的构件 1 和 6 为原动件，输入的已知独立运动数目等于机构的自由度，所以，该机构的从动件有确定的相对运动。

例 5 计算图 2-18 所示凸轮-连杆组合机构的自由度。

解：

在图 2-18 中，B、E 两处的滚子转动为局部自由度，C、F 虽各有 2 处与机架接触构成移动副，但都可视为 1 个移动副，该机构在 D 处虽存在轨迹重合的问题，但由于 D 处相铰接的双滑块为 1 个自由度为 0 的 Ⅱ 级杆组，即 D 处未引入约束，故机构中不存在虚约束。

将机构中的局部自由度除去不计，则有 $n = 5$，

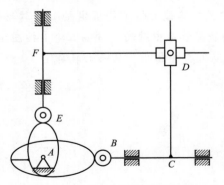

图 2-18 凸轮-连杆组合机构

$P_L = 6$，$P_H = 2$，于是由式(2−13)可得该机构的自由度为：

$$F = 3n - 2P_L - P_H = 3 \times 5 - 2 \times 6 - 2 = 1$$

注：如果将该机构中 D 处相铰接的双滑块改为相固联的十字滑块时，则机构中就存在一个虚约束。在机构中，2 构件构成运动副所引入的约束起着限制两构件之间某些相对运动、使相对运动或自由度减少的作用。但在机构中，某些运动副和构件带入的约束可能机构所受的其他约束相重复，因而对机构的运动实际上不起约束作用，这种约束就是虚约束。

例6　试计算图2−19所示的精压机构的自由度。

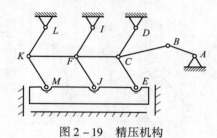

图2−19　精压机构

解：

由图2−19可以看出，该机构中存在结构对称部分，从传递运动的独立性来看，有机构 $ABCDE$ 就可以了，而其余部分为不影响机构运动传递的重复部分，故引入了虚约束。

将机构中引入虚约束的重复部分去掉不计，则 $n = 5$，$P_L = 7$（C 处为复合铰链），$P_H = 0$，于是由式(2−13)可得该机构的自由度为：

$$F = 3n - 2P_L - P_H = 3 \times 5 - 2 \times 7 - 0 = 1$$

注：存在虚约束的机构，一般常具有相似或对称部分的结构特征。所以，如研究的机构在结构上具有相似或对称部分，就有可能存在虚约束，因而就要注意分析，以免发生错误。

例7　计算如图2−20所示唧筒机构的自由度。

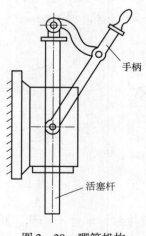

手柄

活塞杆

图2−20　唧筒机构

解：

在唧筒机构中，有 3 个活动构件，$n=3$；包含 3 个转动副、1 个移动副，$P_L=4$；没有高副，$P_H=0$，由式（2-13）可计算出该机构的自由度为：

$$F=3n-2P_L-P_H=3\times3-2\times4-0=1$$

该机构的构件 1 为主动件，满足 $W=F=1>0$，故该机构具有确定的相对运动。

例 8 计算图 2-21 所示机构的自由度，并在图上标出复合铰链、局部自由度和虚约束。分析 C 处为复合铰链，滚子转动副为局部自由度，偏心凸轮、滚子各有两处高副接触，各只计入 1 处，垂直移动杆导轨两处移动副只计入 1 处。

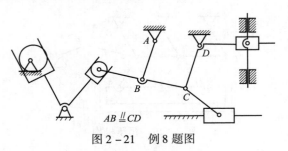

图 2-21 例 8 题图

解：

$$F=3n-2P_L-P_H=3\times9-2\times12-2=1$$

注： 本题中局部自由度、复合铰链等运动副数目的计算都是计算自由度注意事项中点明的情况，只要掌握了这些基本内容就不易出错。

例 9 图 2-22 为一简易冲床的初拟设计方案，原动件凸轮 2 做逆时针方向转动，经过摆杆 3 带动导杆 4 实现冲头的上下冲压动作。试分析该设计方案有无结构组成的错误。若有，应该如何修改？试绘制出正确的机构运动简图。

解：

该简易冲床机构的运动简图如图 2-23 所示。由于该机构有 3 个活动构件、3 个转动副、1 个移动副、1 个高副，则 $n=3$，$P_L=4$，$P_H=1$，代入式（2-13）得该机构自由度为：

$$F=3n-2P_L-P_H=3\times3-2\times4-1=0$$

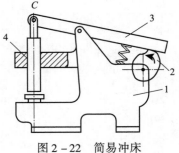

图 2-22 简易冲床

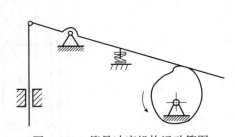

图 2-23 简易冲床机构运动简图

机构自由度等于 0，机构不能运动，设计不合理。根据平面机构的自由度计算公式，通过增加活动杆件、减少运动副或低副变高副等途径，并且合理协调上述关系，可以获得具有一定自由度的机构。对简易冲床机构原设计的修改方案见表 2-3。

表2-3　对简易冲床机构原设计的修改方案

修改途径	增加1个滑块(或摇块)与1个移动副	增加1个杆件与1个转动副	低副变高副
机构运动简图			

再从减少构件的磨损、提高构件的强度和机构工作的可靠性等因素考虑，从中选择1个适用的设计方案，例如增加1个滑块和1个移动副的方案。根据平面机构的结构公式，在给定设计所需机构自由度的条件下，可以灵活地选择运动副类型、数目和活动构件数的多种组合来满足要求，这种排列组配的过程就是机构的类型综合，是机构创新的重要途径。

第3章　平面连杆机构

平面连杆机构中最常见的是由四个构件组成的四杆机构。四杆机构分为铰链四杆机构（机构的运动副都是转动副称作铰链）和滑块四杆机构（机构含有一个或两个移动副）两类。在转动副中，根据两个构件之间的相对运动关系，可以分为周转副（一个构件相对于另一个构件能做整周转动）和摆动副（一个构件相对于另一个构件只能做小于360°的摆动）两种；根据两个构件中是否有一个构件与机架固定联接，可以分为固定铰链（一个构件与机架固定联接）和活动铰链（两个构件都是活动的）两种。在四杆机构中，固定不动的构件称为机架；两端都以活动铰链与其他构件联接的是连杆，它在机构运动时做平面复杂运动；有一端是以固定铰链与机架联接的是连架杆。如果连架杆与机架联接的固定铰链是周转副，则该连架杆称为固定铰链；是摆动副，则该连架杆称为摇杆，如图3-1所示。

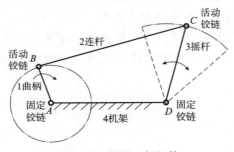

图3-1　铰链四杆机构

曲柄的常见结构形式如图3-2所示。

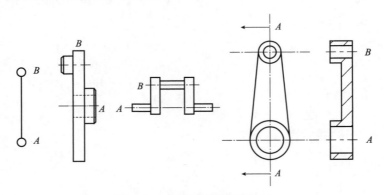

图3-2　曲柄的常见结构形式

在组成移动副的两个构件中，习惯上将长度较短的构件称为滑块，将较长的构件称为导杆或导槽，如图3-3所示。

3.1　铰链四杆机构

铰链四杆机构有曲柄摇杆机构、双曲柄机构和双摇杆机构等三种基本形式。

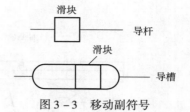

图 3-3　移动副符号

3.1.1　曲柄摇杆机构

两个连架杆中，一个是曲柄、一个是摇杆的铰链四杆机构，称为曲柄摇杆机构。当曲柄做主动件时，可以将曲柄的连续转动转化为摇杆的往复摆动。在图 3-4(a) 所示的雷达天线俯仰机构和图 3-4(b) 所示的容器搅拌机构中，当曲柄 AB 转动时，通过连杆 BC 带动摇杆 CD 往复摆动，从而调整天线俯仰角的大小，或利用连杆 BC 延长部分上的 E 点的轨迹实现对液体的搅拌。在铰链四杆机构中，摇杆也可以做主动件。如图 3-4(c) 所示的缝纫机踏板机构，当踏板（摇杆）CD 做往复摆动时，通过连杆 BC 带动曲轴（曲柄）AB 做连续整周转动，再通过皮带传动驱动缝纫机机头的机构工作。

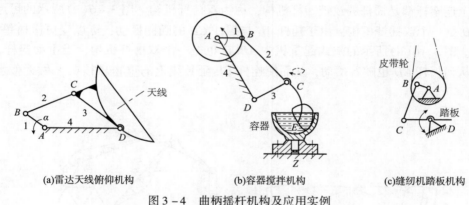

(a)雷达天线俯仰机构　　　　　(b)容器搅拌机构　　　　　(c)缝纫机踏板机构

图 3-4　曲柄摇杆机构及应用实例

3.1.2　双曲柄机构

两个连架杆都是曲柄的铰链四杆机构，称为双曲柄机构。图 3-5(a) 所示的惯性筛传动机构就是由一个双曲柄机构 ABCD 添加了一个连杆 CE 和滑块 E 所组成的。当主动曲柄 AB 转动时，通过连杆 BC、从动曲柄 CD 和连杆 CE，带动滑块 E（筛）做水平往复移动。

在双曲柄机构中，如果两个曲柄的长度相等，机架与连杆的长度也相等，则为平行双曲柄机构。例如，图 3-5(b) 所示的天平机构中的 ABCD 就是一个平行四边形机构（机构的两相对构件相互平行），主动曲柄 AB 与从动曲柄 CD 做同速同向转动，连杆 BC 则做平移运动（与机架 AD 平行），使天平盘 1 与 2 始终保持水平位置。

图 3-5(c) 所示的平行双曲柄机构中，机架 AD 与连杆 BC 不平行，曲柄 AB 与 CD 做反向转动，这是一个反平行四边形机构。如图 3-5(d) 所示应用于车门启闭机构时，可以保证分别与曲柄 AB 和 CD 固定联接的两扇车门同时开启或关闭。

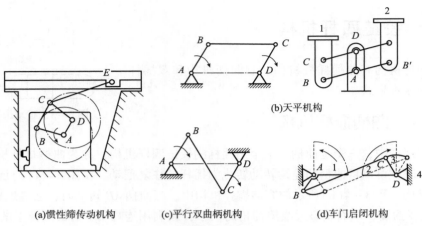

(a)惯性筛传动机构　　(c)平行双曲柄机构　　(d)车门启闭机构

图 3 - 5　双曲柄机构及应用实例

3.1.3　双摇杆机构

两个连架杆都是摇杆的铰链四杆机构，称为双摇杆机构。图 3 - 6(a)所示的可逆式座椅 $ABCD$ 是一个双摇杆机构，由于摇杆 AB 与摇杆 CD 的随同摆动，可以变更座椅垫背 BC 的方向。图 3 - 6(b)所示的鹤式起重机中 $ABCD$ 也是一个双摇杆机构，当主动摇杆 AB 摆动时，从动摇杆 CD 也随着摆动，从而使连杆 CB 延长线上的重物悬挂点 E 做近似水平直线运动。

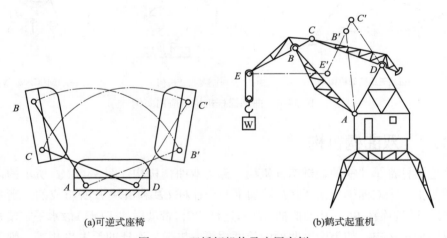

(a)可逆式座椅　　　　　　　　(b)鹤式起重机

图 3 - 6　双摇杆机构及应用实例

3.1.4　曲柄存在的条件

在铰链四杆机构中，机构有无周转副及其配置状态如何(周转副是否固定铰链)，决定了机构的类型。在图 3 - 7 所示的曲柄摇杆机构中，假设各个构件的长度分别为 l_1、l_2、l_3 和 l_4，而且 $l_1 < l_4$。在曲柄 AB 转动一周的过程中，曲柄 AB 必定与连杆 BC 有两个共线的位置。根据三角形两边之和大于第三边的几何定理，

由 $\triangle AC_2D$ 有：

$$l_3 + l_4 > l_1 + l_2 \tag{3-1}$$

由 $\triangle AC_1D$ 有：

$$l_2 - l_1 + l_4 > l_3 \tag{3-2}$$

$$l_2 - l_1 + l_3 > l_4 \tag{3-3}$$

将以上 3 式进行整理，并且考虑可能存在四杆共线时取等号的情况，得到：

$$l_1 + l_2 \leqslant l_3 + l_4 \tag{3-4}$$

$$l_1 + l_3 \leqslant l_2 + l_4 \tag{3-5}$$

$$l_1 + l_4 \leqslant l_2 + l_3 \tag{3-6}$$

将以上 3 式两两相加，经过化简后得到：

$$l_1 \leqslant l_2 ;\quad l_1 \leqslant l_3 ;\quad l_1 \leqslant l_4 \tag{3-7}$$

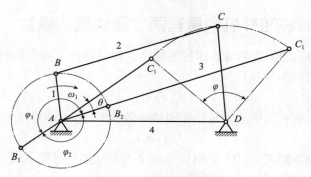

图 3 - 7　曲柄摇杆机构

可见，曲柄是机构中的最短杆，并且最短杆与最长杆的长度之和小于或等于其余两杆长度之和。这个结论称为杆长之和条件。

观察图 3 - 7 所示机构的运动过程，在曲柄 AB 围绕固定周转副 A 转动的过程中，它与连杆 BC 也能够做整周的相对转动，因此转动副 B 也是周转副。而摇杆 CD 与相邻构件只能做小于 360° 的摆动，即转动副 C、D 是摆动副。因此，铰链四杆机构在符合杆长之和条件时，最短杆上有两个周转副，即它与相邻构件能够做整周的相对转动。当不满足杆长之和条件时，机构没有周转副。

由于曲柄实际上就是以周转副与机架联接的连架杆。因此，在判定一个铰链四杆机构的类型时，首先判定如果机构满足杆长之和条件，则在最短杆上有两个周转副。其次，判定周转副是否配置为固定铰链(这与机架的选取有关)。如果有一个周转副是固定铰链，机构就有一个曲柄，是曲柄摇杆机构；如果有两个周转副是固定铰链，机构就有两个曲柄，是双曲柄机构；如果没有周转副是固定铰链，机构就没有曲柄，是双摇杆机构。当机构不满足杆长之和条件时，机构没有周转副。这时不论选取哪一构件作为机架，都是双摇杆机构。

3.2　滑块四杆机构

滑块四杆机构分为单滑块四杆机构和双滑块四杆机构两类，如图 3 - 8 所示，下面只讨论单滑块四杆机构。

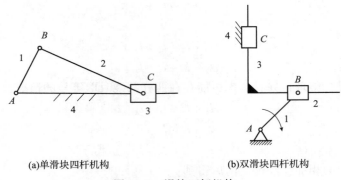

(a)单滑块四杆机构　　　　　　　(b)双滑块四杆机构

图3-8　滑块四杆机构

3.2.1　单滑块四杆机构具有两个周转副的条件

在图3-9(a)所示的偏置单滑块四杆机构中，如果构件1是最短杆，那么它与相邻构件间做整周转动的几何条件是：

$$l_1 + e \leqslant l_2 \tag{3-8}$$

如果构件2是最短杆，那么它与相邻构件间做整周转动的几何条件是：

$$l_2 + e \leqslant l_1 \tag{3-9}$$

上面两式包括偏置距离 $e=0$，此时转动副 A 与移动副的导路共线，称为对心单滑块四杆机构，如图3-9(b)所示。

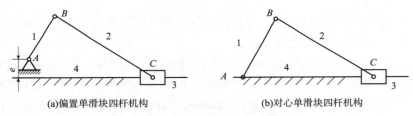

(a)偏置单滑块四杆机构　　　　　　　(b)对心单滑块四杆机构

图3-9　单滑块四杆机构

在单滑块四杆机构中，组成移动副的两个构件(导杆和滑块)的测量长度是不确定的，而其余两个构件中的较短杆可以与相邻构件做整周转动。因此，单滑块四杆机构的最短杆上有两个周转副。根据机架选取的不同可以有如下几种情况，如果最短杆上有一个周转副是固定铰链，机构就有一个曲柄，是曲柄滑块机构、曲柄摇块机构或摆动导杆机构；如果有两个周转副是固定铰链，机构就有两个构件可以绕机架做整周转动，是转动导杆机构；如果没有周转副是固定铰链，机构就没有可以绕机架做整周转动的构件，是移动导杆机构(也称为定块机构)。

3.2.2　曲柄滑块机构、曲柄摇块机构和摆动导杆机构

1.曲柄滑块机构

为了讨论方便，分析偏置距离 $e=0$ 的对心情况。假设构件长度 $l_1 \leqslant l_2$，则最短杆1上有两个周转副 A 与 B。如果选取构件4作为机架，则周转副 A 是固定铰链，得到曲柄滑块

机构。连架杆 1 是曲柄，它绕固定铰链 A 做整周转动，通过连杆 2 带动滑块 3 沿机架导路滑动。曲柄滑块机构常用于蒸汽机、内燃机和压缩机等动力机械上。当曲柄较短时，常将它制成偏心轮的形式，图 3 – 10 中，当将曲柄 AB 上转动副 B 的半径扩大到超过曲柄 AB 的长度时，曲柄就演化成偏心轮（其转动中心 A 与几何中心 B 不重合）。偏心轮轴颈的强度和刚度大，广泛适用于要求曲柄长度较短、冲击载荷较大的机械中。因此，偏心轮可以简化成长度等于其转动中心 A 到几何中心 B 之间距离的两转动副构件。

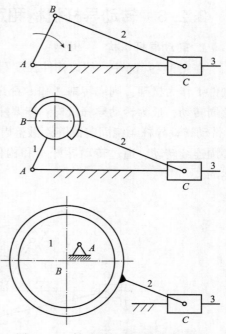

图 3 – 10　转动副扩大演化成偏心轮

2. 曲柄摇块机构

在图 3 – 9(b) 中，如果取构件 2 作为机架，则周转副 B 是固定铰链，得到曲柄摇块机构。连架杆 1 是曲柄，它绕固定铰链 B 做整周转动。构件 3 一方面与连杆 4 做相对滑动，同时又绕固定铰链 C 做往复摆动，所以它称为摇块。曲柄摇块机构常用于摆缸式内燃机和液压驱动等装置上。图 3 – 11(a) 所示的货车自卸机构中，摆动油缸 3 可以绕固定铰链 C 摆动，其中活塞 4 由压力油驱动，带动车厢 1 绕车身 2 上的固定铰链 B 翻转，将货物自动卸下。

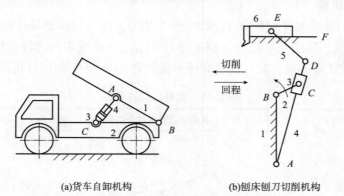

(a)货车自卸机构　　　(b)刨床刨刀切削机构

图 3 – 11　曲柄摇块机构和摆动导杆机构的应用

3. 摆动导杆机构

在图 3 – 9(b) 中，假设构件长度 $l_2 < l_1$，则最短杆 2 上有两个周转副 B 与 C。如果选取构件 1 作为机架，则周转副 B 是固定铰链，得到摆动导杆机构。连架杆 2 是曲柄，它绕固定铰链 B 做整周转动，通过滑块 3 带导杆 4 绕固定铰链 A 做往复摆动。图 3 – 11(b) 所示的刨床刨刀切削机构，就是摆动导杆机构的应用实例。曲柄 2 做整周连续转动，通过摆动导杆 4 和构件 5，驱动滑枕 6 上固定的刨刀，完成往复切削运动。

3.2.3 转动导杆机构和定块机构

1. 转动导杆机构

在图 3-9(b) 中，假设构件长度 $l_1 < l_2$，则最短杆 1 上有两个周转副 A 与 B。如果选取构件 1 作为机架，则周转副 A 和 B 都是固定铰链，连架杆 2 和转动导杆 4 可以绕机架 1 做整周转动，成为转动导杆机构。连架杆 2 是曲柄，它绕固定铰链 B 做整周转动，通过滑块 3 带动转动导杆 4 绕固定铰链 A 做整周转动。图 3-12(a) 所示的刨床刨刀机构，曲柄 2 做整周连续转动，通过转动导杆 4 和构件 5，驱动切削头 6 上固定的刨刀，完成往复切削运动。

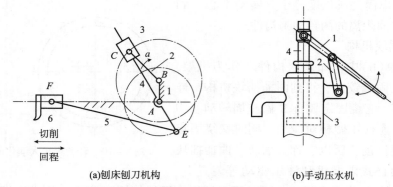

(a)刨床刨刀机构　　　　(b)手动压水机

图 3-12　转动导杆机构和移动导杆机构的应用

2. 移动导杆机构

在图 3-9(b) 中，如果取构件 3(滑块) 作为机架，则得到移动导杆机构。图 3-12(b) 所示的手动压水机，其中主动连杆 1 驱动导杆 4(活塞) 在固定的滑块(移动导杆机构又称为定块机构)中做往复移动，完成抽水和压水的功能。表 3-1 为四杆机构的形式。

表 3-1　四杆机构的形式

铰链四杆机构	含有一个移动副的滑块四杆机构	含有两个移动副的滑块四杆机构	
曲柄摇杆机构	曲柄滑块机构	正弦机构	正切机构
双曲柄机构	转动导杆机构	双转块机构	

铰链四杆机构	含有一个移动副的滑块四杆机构	含有两个移动副的滑块四杆机构
 曲柄摇杆机构	 摆动导杆机构 曲柄摇杆机构	 正弦机构
 双摇杆机构	 移动导杆机构 (定块机构)	 双滑块机构

从表 3 - 1 可以归纳如下：

（1）曲柄摇杆机构通过机架变换，获得双曲柄机构或双摇杆机构，也可以通过转动副变成移动副，获得曲柄滑块机构；

（2）曲柄滑块机构通过机架变换，获得转动导杆机构、摆动导杆机构、曲柄摇杆机构和移动导杆机构，其中转动导杆机构和摆动导杆机构是由机架是否是最短杆来决定的；

（3）曲柄滑块机构也可以通过转动副变成移动副，获得双滑块机构；

（4）曲柄滑块机构还可以通过扩大转动副，获得偏心轮机构。

3.3 平面连杆机构的基本特性

平面连杆机构的基本特性，是指它的运动特性和传递动力特性。

3.3.1 急回特性

在图 3 - 13（a）所示的曲柄摇杆机构中，主动件曲柄在转动一周的过程中，与连杆有两次处于共线位置，这时，摇杆分别处于 C_1D 和 C_2D 两个极限位置。从动件摇杆在两个极限位置的夹角称为摆角 ϕ，曲柄在对应的 AB_1 与 AB_2 两个位置所夹的锐角称为极位夹角 θ。当主动件曲柄 AB 沿逆时针方向以等角速度 ω_1 做连续转动时，连杆 BC 带动从动件摇杆 CD 做往复摆动。设从动件在正行程 $C_1D \to C_2D$ 和反行程 $C_2D \to C_1D$ 时 C 点的平均速度分别 v_1 与 v_2，所经历的时间分别是 t_1 与 t_2，曲柄 AB 与正行程时间 t_1 和反行程时间 t_2 所对应的转角分别是 $180° + \theta$ 和 $180° - \theta$。机构的从动件在正反行程的平均速度之比称为行程速度变化系数，用 k 表示：

$$k = \frac{v_2}{v_1} = \frac{C_1C_2/t_2}{C_1C_2/t_1} = \frac{t_1}{t_2} = \frac{180° + \theta}{180° - \theta} \qquad (3 - 10)$$

一般情况下，$\theta > 0°$。由式（3 - 10）可知，$k > 1$，即 $t_1 > t_2$，说明机构的正行程时间长

于反行程时间，因此机构存在急回特性。k 越大，急回特性越显著。式(3-10)可改写为：

$$\theta = 180° \frac{k-1}{k+1} \qquad (3-11)$$

如果已知机构的行程速度变化系数 k，用式(3-11)可以计算出机构的极位夹角 θ。如果给定机构的有关尺寸，可以根据机构极限位置的定义，作图求出极位夹角 θ 和从动件的摆角 ϕ。

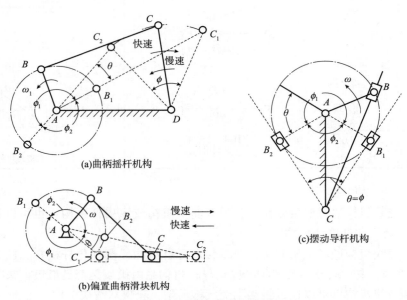

(a)曲柄摇杆机构

(b)偏置曲柄滑块机构

(c)摆动导杆机构

图 3-13 连杆机构的极限位置

3.3.2 传递动力特性

1. 压力角 α 和传动角 γ

在图 3-14 所示的曲柄摇杆机构中，主动件曲柄的驱动力通过连杆传递到摇杆上，在图机构的压力角和传动角不考虑运动副摩擦力和连杆质量的情况下，从动件所受的力 F（沿连杆轴线方向）与 C 点速度 v，C 方向（与 CD 杆垂直）所夹的锐角 α，称为压力角。力 F 沿 v_C 方向的分力 $F\cos\alpha$ 是推动摇杆摆动的有效分力，沿 CD 杆轴线方向的分力 $F\sin\alpha$ 是阻止摇杆摆动的有害分力。α 越小，有效分力越大，有害分力越小，机构的传力性能越好。传动角是压力角的余角，即 $\alpha + \gamma = 90°$。α 与 γ 都是说明机构传力性能的重要参数。应当指出的是，机构的压力角和传动角是对从动件而言的。另外，在机构运动过程中，压力角 α 和传动角 γ 的大小是随从动件的位置改变而变化的。为了保证机构具有良好的传力性能，应当使机构在工作行程中的最大压力角 $\alpha_{max} \leq 40°$，或最小传动角 $\gamma_{min} \geq 40° \sim 50°$。

2. 死点

在图 3-14 所示的 3 种机构中，当曲柄做从动件（摇杆、摆动导杆或滑块做主动件）时，机构会出现最小传动角 $\gamma_{min} = 0°$（$\alpha_{max} = 90°$）的现象。这时，作用在从动件曲柄上的力 F 通过曲柄的转动中心 A，驱动力矩为 0，不能使从动件转动。机构的这种位置称为死点。

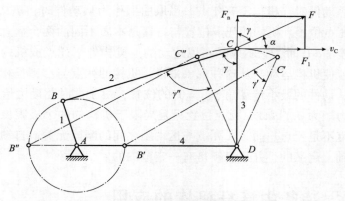

图 3 – 14 机构的压力角和传动角

当机构处于死点位置时，机构将会被卡死，或出现运动方向不定的情况。对于传动机构来说，应当设法避免或通过死点位置。例如，在缝纫机的踏板机构中，利用与曲轴固定的大皮带轮的惯性，冲过死点位置；如果在缝纫过程中停车在死点位置，需要继续缝纫时，可以借助手按照正确方向转动小皮带轮，通过皮带给曲轴施加驱动力矩，通过死点位置。

有些机构在工作时，需要利用死点位置实现某些功能。例如，图 3 – 15 所示的连杆式夹具，当工件被夹紧后，连杆 BC 与从动件 CD 共线，机构处于死点位置。尽管夹紧驱动力 F 被撤去，由于工件在被加工时通过连杆 BC 给予从动件 CD 的驱动力矩通过它的转动中心 D，因此从动件不会转动，夹具卡死不动。图 3 – 16 所示的飞机起落架处于放下机轮的位置(实线)时，连杆 BC 与从动件 CD 共线，机构处于死点位置。所以机轮着地后产生的巨大冲击力不会使机轮上的从动件反转。

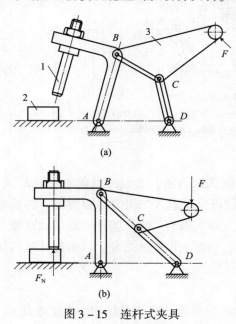

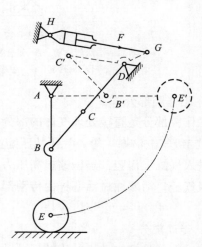

图 3 – 15 连杆式夹具

图 3 – 16 飞机起落架

应当指出的是，机构有无死点，与其原动件的选取有关。对于有曲柄的平面四杆机构而言，取曲柄做原动件时，机构没有死点。当取曲柄作为从动件时，机构最小传动角 γ_{min} =0°的位置就是死点位置。机构的死点位置与自锁是本质不同的两个概念。就机构的结构而言，当其自由度 $F>0$ 时，它本应是可以运动的。机构处于死点或机构自锁时，无论驱动力多大，都不能使机构运动。从这种现象来说，机构的死点与自锁是相似的。但机构的死点是指机构上从动件的最小传动角 γ_{min} =0°的位置，由于这时驱动力恰好通过曲柄转动中心，因而驱动力矩为0。因此，死点位置只是局限于机构的两个极限位置，如果机构位置稍微发生偏离就不是死点。而且，死点与运动副之间的摩擦无关。自锁是在机构运动副间存在摩擦的基础上定义的，并且自锁是有一定范围的。

3.4 过程装备中连杆机构的应用

往复压缩机中曲柄连杆机构的应用。图3-17所示为一台往复压缩机的结构示意，机器结构为L形，两级压缩。图中右侧一级气缸，左侧为二级气缸。一级气缸与二级气缸工作原理相似，我们讲述二级气缸工作原理。

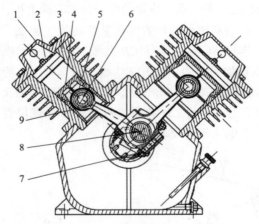

图3-17 往复压缩机结构示意
1—二级气缸盖；2—组合环装阀；3—二级气缸；4—二级气缸活塞；
5—连杆小头衬套；6—活塞销；7—连杆螺栓；8—薄壁轴瓦；9—连杆

1. 工作腔部分

工作腔部分是直接处理气体的部分，以二级气缸为例，它包括组合环装阀2、二级气缸3、二级气缸活塞4等。气体从压缩机腔室的进气管进入二级气缸吸气腔，然后通过吸气阀进入气缸工作腔，经压缩提高压力后再通过排气阀到二级气腔中，最后通过排气管流出二级气腔。活塞通过活塞杆由传动部分驱动，活塞上设有活塞环，以密封活塞与气缸的间隙。

2. 传动部分

传动部分是把电动机的旋转运动转化为活塞往复运动的一组机构，包括连杆9、薄壁轴瓦8、曲轴等。曲柄销与连杆大头相连，连杆小头通过十字头销与十字头相连，最后由十字头与活塞杆相连。

3. 机身部分

机身部分用来支承(或联接)气缸部分与传动部分的零部件，此外还可能安装有其他辅助设备。

3.5 例题与解

例1 试分析图 3 – 18 所示的单滑块四杆机构的类型。

解：

机构中原动件 2 是偏心轮，它与机架 1 构成中心在 A 的转动副(固定铰链 A)，与从动件 3 构成中心在 B 的转动副(活动铰链 B)。构件 4 与机架 1 构成中心在 C 的转动副(固定铰链 C)。构件 3 与构件 4 构成移动副，其导路过 C 点并绕其摆动。如果将构件 3 表示成导杆及将构件 4 表示成滑块，则得到曲柄摇块机构，如图 3 – 18(b)所示；反之，将构件 3 表示成滑块及将构件 4 表示成导杆，则得到摆动导杆机构，如图 3 – 18(c)所示。

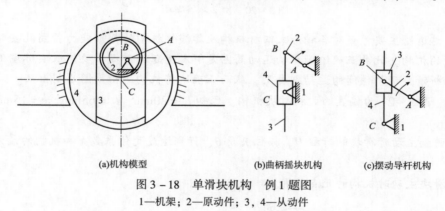

(a)机构模型　　　　(b)曲柄摇块机构　　　　(c)摆动导杆机构

图 3 – 18　单滑块机构　例1题图
1—机架；2—原动件；3，4—从动件

例2 试画出图 3 – 19 所示两种机构的运动简图，并说明它们为何种机构。在图 3 – 19(a)中偏心盘 1 绕固定轴 O 转动，迫使滑块 2 在圆盘 3 的槽中来回滑动，圆盘 3 相对于机架 4 转动；在图 3 – 19(b)中偏心盘 1 绕固定轴 O 转动，通过构件 2，使滑块 3 相对于机架 4 往复移动。

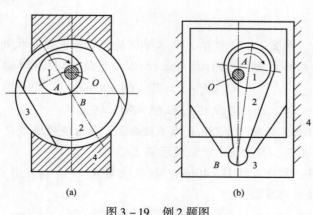

(a)　　　　　　　　　(b)

图 3 – 19　例2题图
1—偏心盘；2—滑块；3—圆盘；4—机架

解：

图 3 – 19（a）的机构运动简图有两种画法，如图 3 – 20（a）和（b）所示。其中，图 3 – 20（a）是导杆机构，图 3 – 20（b）是曲柄摇块机构。图 3 – 19（b）的机构运动简图画法如图 3 – 20（c）所示，图 3 – 20（c）是曲柄滑块机构。

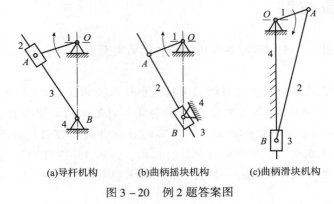

（a）导杆机构　　　（b）曲柄摇块机构　　　（c）曲柄滑块机构

图 3 – 20　例 2 题答案图

注： 这道题主要考查对各种形式四杆机构及其演化机构的判别能力，因此要特别熟悉各种类型的机构。此外正确绘制机构运动简图是解本道题的前提，要能从实际图例中抓住本质，分析清楚两构件间的运动副类型，从而正确地将机构运动简图绘制出来。

例 3　图 3 – 21 为偏置的曲柄滑块机构。已知 $l_1 = 20\text{mm}$，$l_2 = 65\text{mm}$，$e = 15\text{mm}$，用图解法求：

（1）曲柄主动时滑块的行程 H、极位夹角 θ、行程速度变化系数 k 和机构的最大压力角 $\alpha_{\max}$；

（2）滑块主动时机构的死点位置。

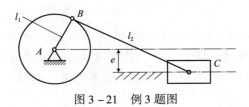

图 3 – 21　例 3 题图

解：

（1）用图解法求，如图 3 – 22 所示。要求滑块的行程 H，就要找到滑块的两个极限位置 C_1 和 C_2。这两点的特点是，曲柄 AB 与连杆 BC 在滑块达到极限位置时呈直线。则：

$$\overline{AC_2} = l_1 + l_2 = 20 + 65 = 85\text{mm}$$

$$\overline{AC_1} = l_2 - l_1 = 65 - 20 = 45\text{mm}$$

选择比例尺，以点 A 为中心，85mm 为半径画弧，与滑块轨迹线交于点 C_2，以点 A 为中心，45mm 为半径画弧，与滑块轨迹线交于点 C_1。

由图上直接量得：滑块行程 $H = 40\text{mm}$；极位夹角 $\theta = 8°$。滑块在点 C_1 时压力角最大 $\alpha_{\max} = 19°$。行程速度变化系数为：

$$k = \frac{180° + \theta}{180° - \theta} = \frac{180° + 8°}{180° - 8°} = 1.09$$

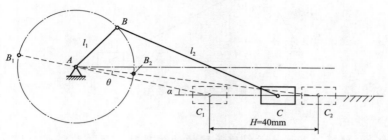

图 3 – 22　例 3 题答案图

（2）滑块主动时，图中 AB_1C_1、AB_2C_2 就是死点位置，因为此时 $\gamma = 0°$。

注：本题主要考查极限位置时构件的几何关系，抓住这一点问题就迎刃而解。曲柄摇杆机构的压力角经分析是连杆和滑块轨迹线之间的夹角，从图上分析，只有在点 C_1 时这个角度可以取得最大值。对于死点位置，还是要牢记此时 $\gamma = 0°$。

例4　如图 3 – 23 所示，设已知四杆机构各构件的长度分别为 $a = 240\text{mm}$，$b = 600\text{mm}$，$c = 400\text{mm}$，$d = 500\text{mm}$。试问：

（1）当取杆 4 为机架时，是否有曲柄存在？

（2）若各杆长度不变，能否以选不同杆为机架的办法获得双曲柄机构和双摇杆机构？且如何获得？

（3）若 a、b、c 三杆的长度不变，取杆 4 为机架，要获得曲柄摇杆机构，d 的取值范围应为多少？

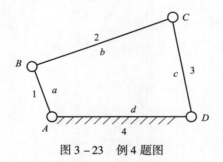

图 3 – 23　例 4 题图

解：

（1）因 $a + b = 240 + 600 = 840 \leqslant 900 = 400 + 500 = c + d$，且最短杆 1 为连架杆，故当取杆 4 为机架时，有曲柄存在。

（2）能。要使此机构成为双曲柄机构，则应取杆 1 为机架；而要使此机构成为双摇杆机构，则应取杆 3 为机架。

（3）要获得曲柄摇杆机构，d 的取值范围应为 $240 \sim 760\text{mm}$。

例5　图 3 – 24 所示为一偏置曲柄滑块机构，试求杆 AB 为曲柄的条件。若偏距 $e = 0$，则杆 AB 为曲柄的条件又如何？

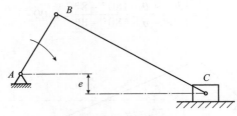

图 3 – 24　例 5 题图

解：

（1）如果杆 AB 能通过其垂直于滑块导路的两位置时，则转动副 A 为周转副，故杆 AB 为曲柄的条件是 $\overline{AB}+e\leqslant\overline{BC}$。

（2）若偏距 $e=0$，则杆 AB 为曲柄的条件是 $\overline{AB}\leqslant\overline{BC}$。

第4章 凸轮机构和其他常用机构

低副机构一般只能近似地实现给定的运动规律，而且设计较为困难和复杂。当要求从动件的位移、速度和加速度必须严格按照预定规律变化时，常采用凸轮高副机构来实现。凸轮机构结构简单，设计方便，利用不同的凸轮廓线可以使从动件实现各种给定的运动规律，在机械自动控制装置中获得了广泛应用。

4.1 凸轮机构的类型和应用

图4-1所示为内燃机的配气机构，当具有曲线轮廓的凸轮1做等速回转时，凸轮曲线轮廓通过与气阀2(从动件)的平底接触，迫使气阀2相对于气阀导管3(机架)做往复直线运动，从而控制了气阀有规律地开启和闭合。气阀的运动规律取决于凸轮曲线轮廓的形状。

图4-2所示为自动车床的进刀机构。当具有曲线凹槽的凸轮1等速转动时，其曲线凹槽的侧面与从动件2上的滚子接触并驱使从动件2绕O点做往复摆动，通过扇形齿轮2和固定在刀架3上的齿条，控制刀架做进刀和退刀运动。刀架的运动规律完全取决于凸轮1上曲线凹槽的形状。

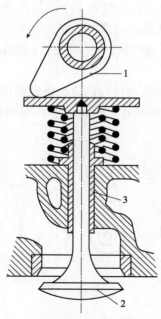

图4-1 内燃机的配气机构
1—凸轮；2—气阀；3—气阀导管

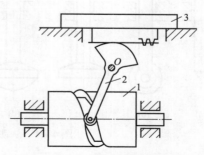

图4-2 自动车床的进刀机构
1—凸轮；2—扇形齿轮；3—刀架

从以上两个实例可以看出，凸轮机构是由凸轮、从动件和机架3个构件组成的。凸轮是一个具有曲线轮廓或凹槽的构件，通常作为原动件。当它运动时，通过其曲线轮廓或凹槽与从动件的高副接触，使从动件获得预期的运动规律。

凸轮机构应用广泛，类型也很多，通常按如下方法分类。

4.1.1 按凸轮的形状分

（1）盘形凸轮：如图4-1所示，这种凸轮是绕固定轴转动并且具有变化向径的盘形构件，它是凸轮的基本形式。

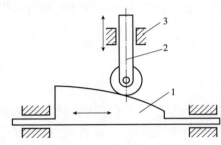

图4-3 移动凸轮机构
1—凸轮；2—推杆；3—机架

（2）移动凸轮：这种凸轮外形通常呈平板状，如图4-3所示，可视作回转中心位于无穷远时的盘形凸轮。它相对于机架做直线移动。

（3）圆柱凸轮：如图4-2所示，凸轮是一个具有曲线凹槽的圆柱形构件。它可以看成将移动凸轮卷成圆柱体演化而成的。

盘形凸轮和移动凸轮与其从动件之间的相对运动是平面运动，所以它们属于平面凸轮机构；圆柱凸轮与从动件的相对运动为空间运动，故它属于空间凸轮机构。

4.1.2 按从动件的结构形式分

（1）尖顶从动件：如图4-4(a)和(e)所示，尖顶能与复杂的凸轮轮廓保持接触，因而能实现任意预期的运动规律。但尖顶极易磨损，故只适用于受力不大的低速场合。

（2）滚子从动件：如图4-4(b)和(f)所示，在从动件的顶尖处安装一个滚子，即成为滚子从动件。由于滚子与凸轮轮廓之间为滚动摩擦，磨损较小，可用来传递较大的动力，因而应用最为广泛。

（3）平底从动件：如图4-4(c)和(g)所示，这种从动件与凸轮轮廓表面接触处的端面做成平底（即为平面），结构简单，与凸轮轮廓接触面间易形成油膜，润滑状况好，磨损小。

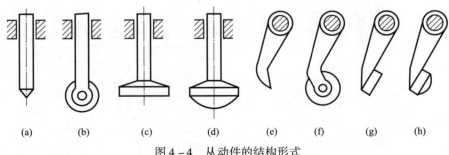

(a) (b) (c) (d) (e) (f) (g) (h)

图4-4 从动件的结构形式

当不考虑摩擦时，凸轮对从动件的作用力始终垂直于平底，故受力平稳，传动效率高，常用于高速场合。其缺点是不适用于轮廓有内凹的凸轮。

（4）球面底从动件：如图4－4（d）和（h）所示，从动件的端部具有凸出的球形表面，可避免因安装位置偏斜或不对中而造成的表面应力和磨损都增大的缺点，并具有尖顶与平底从动件的优点，因此这种结构形式的从动件在生产中应用也较多。

4.1.3　按凸轮与从动件保持接触的方式分

凸轮机构是一种高副机构，它与低副机构不同，需要采取一定的措施来保持凸轮与从动件的接触，这种保持接触的方式称为封闭（锁合）。常见的封闭方式有力封闭和形封闭。

（1）力封闭：利用从动件的质量、弹簧力（如图4－1所示）或其他外力使从动件与凸轮保持接触。

（2）形封闭：依靠凸轮和从动件所构成高副的特殊几何形状，使其彼此始终保持接触。常用的形封闭凸轮机构有以下几种。

①凹槽凸轮：依靠凸轮凹槽使从动件与凸轮保持接触，如图4－5（a）所示。这种封闭方式简单，但增大了凸轮的尺寸和质量。

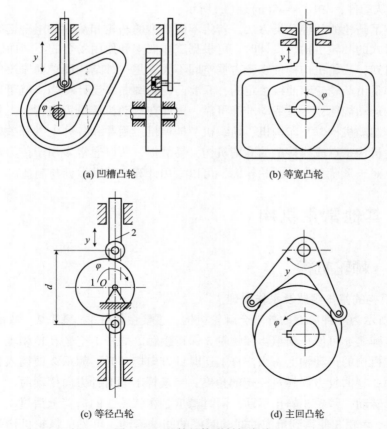

(a) 凹槽凸轮　　　　　　　　　　　　　(b) 等宽凸轮

(c) 等径凸轮　　　　　　　　　　　　(d) 主回凸轮

图4－5　凸轮机构形封闭方式

②等宽凸轮：如图4－5（b）所示，从动件做成框架形，凸轮轮廓线上任意两条平行切线间的距离等于从动件框架内边的宽度，因此使凸轮轮廓与平底始终保持接触。这种凸

轮只能在转角180°内根据给定运动规律按平底从动件来设计廓线，其余180°必须按照等宽原则确定轮廓线，因此从动件运动规律的选择受到一定限制。

③等径凸轮：如图4-5(c)所示，从动件上装有两个滚子，其中心线通过凸轮轴心，凸轮与这两个滚子同时保持接触。这种凸轮理论廓线上两异向半径之和恒等于两滚子的中心距离，因此等径凸轮只能在180°范围内设计轮廓线，其余部分的凸轮廓线需要按等径原则确定。

④主回凸轮：如图4-5(d)所示，用两个固联在一起的盘形凸轮分别与同一个从动件上的两个滚子接触，形成结构封闭。其中一个凸轮(主凸轮)驱使从动件向某一方向运动，而另一个凸轮(回凸轮)驱使从动件反向运动。主凸轮廓线可在360°范围内按给定运动规律设计，而回凸轮廓线必须根据主凸轮廓线和从动件的位置确定。主回凸轮可用于高精度传动。

4.1.4　按照从动件的运动方式分

(1)直动从动件，如图4-4(a)~(d)所示。

(2)摆动从动件，如图4-4(e)~(h)所示。

以上介绍了凸轮的几种分类方法。若将不同类型的凸轮和从动件组合起来，就可以得到各种不同形式的凸轮机构。设计时，可根据工作要求和使用场合的不同加以选择。

由上述可知，凸轮机构构件少，占据空间不大，是一种结构简单而紧凑的机构。从动件的运动规律是由凸轮轮廓曲线决定的，只要凸轮轮廓曲线设计得当，就可以使从动件实现任意预期的运动规律，并且运动准确可靠。因此在自动机床进刀机构、上料机构、内燃机配气机构、制动机构以及印刷机、纺织机、插秧机、闹钟和各种电气开关中得到广泛应用。但因凸轮机构是点或线接触的高副机构，易磨损，所以通常多用于传力不大的控制和调节机构中。对于形状复杂的凸轮轮廓，可以采用计算机辅助设计与制造。

4.2　其他常用机构

4.2.1　棘轮机构

1. 棘轮机构的基本组成及工作原理

图4-6所示为一种典型的外啮合棘轮机构，主要由摆杆1、棘爪2、棘轮3、止动爪4和机架组成。弹簧5可使止动爪4和棘轮3保持接触。摆杆1空套在传动轴上。棘轮3通过键来联接在机构的传动轴上。当摆杆1逆时针方向摆动时，棘爪2便插入棘轮3的齿槽中，推动棘轮3逆时针方向转过一定的角度；当摆杆1顺时针方向摆动时，止动爪4阻止棘轮3顺时针转动，棘轮3静止不动，同时棘爪2在棘轮3的齿背上滑过。这样，当摆杆1往复摆动时，棘轮3便得到单向的时动时停的间歇运动。可见，棘轮机构是一种将摆杆的往复摆动转换为棘轮的单向间歇运动的机构。

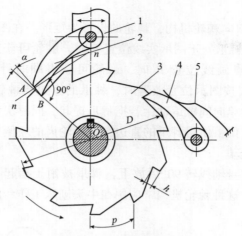

图4-6 外啮合棘轮机构
1—摆杆；2—棘爪；3—棘轮；4—止动爪；5—弹簧

2. 棘轮机构的常见类型

根据棘轮机构的结构和工作原理，棘轮机构可分为齿式棘轮机构和摩擦式棘轮机构两种类型。齿式棘轮机构中棘轮是具有齿形的轮子，由棘爪推动做间歇运动；摩擦式棘轮机构中棘轮是具有摩擦表面的轮子，由棘爪靠摩擦力推动做间歇运动。根据啮合情况，这两种棘轮机构又可分为内啮合和外啮合两种形式。

通过改变摆杆的形状、棘爪的形状和数目、棘轮的齿形形状及相对运动关系，可得到各式各样的棘轮机构，几种常见的棘轮机构如下。

（1）双动式棘轮机构

图4-7所示为两种双动式棘轮机构。这种棘轮机构有大小两个棘爪，如图4-7（a）所示，当摆杆1顺时针方向摆动时，小棘爪将插入棘轮3的齿槽推动棘轮逆时针方向转动，此时大棘爪在齿背上滑过；当摆杆1逆时针方向摆动时，大棘爪将插入棘轮3的齿槽推动棘轮也逆时针方向转动，而小棘爪则在棘轮的齿背上滑过，这样，双动式棘轮机构能将摆杆的往复摆动转换为棘轮的单向连续转动。驱动棘爪可制成直边的，如图4-7（a）所示，也可制成带钩头的，如图4-7（b）所示，棘轮齿形为锯齿形。

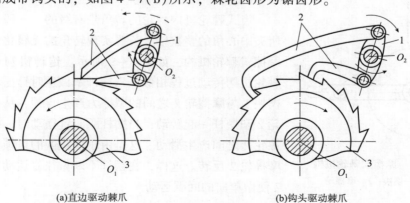

(a)直边驱动棘爪　　　　　　　　　(b)钩头驱动棘爪

图4-7 双动式棘轮机构

（2）双向棘轮机构

图4-8所示为两种双向棘轮机构，棘轮的齿形为矩形。在图4-8(a)中，棘爪2可绕A转到摆杆的另一边。当棘爪处于图示实线位置B时，棘轮可获得逆时针方向单向间歇运动；当棘爪处于图示双点画线位置B′时，棘轮可获得顺时针方向单向间歇运动。在图4-8(b)中，当棘爪2按图示位置放置时，棘爪的直边与棘轮3轮齿的右侧齿廓相接触，棘轮3将获得逆时针单向间歇运动；若把棘爪提起，同时绕其本身轴线转180°后再放下，通过定位销可实现定位，使得棘爪的直边与棘轮轮齿的左侧齿廓相接触，从而可使棘轮获得顺时针单向间歇运动。

若将棘爪提起并绕本身轴线转90°后放下，棘爪被销子抬起与棘轮脱开，当摆杆往复摆动时，棘轮静止不动。这种棘轮机构常应用在牛头刨床工作台的自动进给装置中。

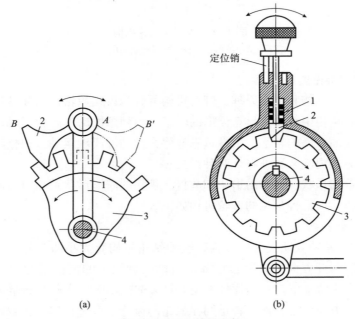

(a)　　　　　　　　　　　　　　(b)

图4-8　双向棘轮机构

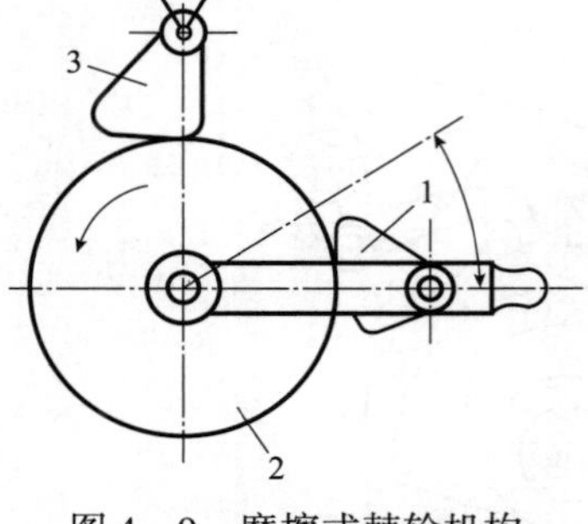

（3）摩擦式棘轮机构

齿式棘轮机构棘轮的转角是有级的，一般是相邻两齿所夹中心角的整数倍。若要实现转角的无级化，则可采用摩擦式棘轮机构，如图4-9所示。这种机构与外啮合式棘轮机构传动过程相似，当摆杆1做逆时针摆动时，利用楔块1与摩擦轮2之间的摩擦力产生自锁，从而带动摩擦轮2和摆杆一起转动；当摆杆顺时针摆动时，楔块1与摩擦轮2之间产生滑动。这是由于楔块3的自锁作用能阻止摩擦轮2反转。这样，在摆杆不断做往复运动时，摩擦轮2便做单向的间歇运动。

图4-9　摩擦式棘轮机构
1、3—楔块；2—摩擦轮

除外啮合棘轮机构外，棘轮机构还可以做成内啮合形式(如图4－10所示)或移动棘(棘条)形式(如图4－11所示)，其工作原理和外啮合棘轮机构类似。

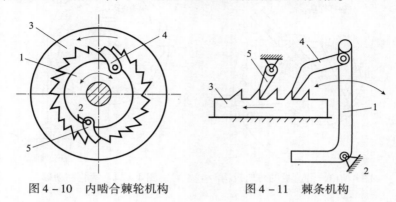

图4－10　内啮合棘轮机构　　　　图4－11　棘条机构

3. 棘轮机构的特点和应用

棘轮机构具有结构简单、制造方便、运动可靠等优点，但缺点是工作时有较大的冲击和噪声，而且传动精度也较差，一般用于机床及自动机械的进给机构，棘轮机构可实现机械的步进、转位、制动和超越。

在图4－12所示的牛头刨床中，工作台的横向进给机构由齿轮机构、曲柄摇杆机构、棘轮机构、螺旋机构等串联组成，刨床工作台横向进给过程为：运动通过齿轮1和齿轮2，传递到主动曲柄AB，当主动曲柄AB做匀速转动时，摇杆CD摆动，通过棘爪带动棘轮做单向间歇运动，棘轮与丝杠固联，故通过丝杠带动工作台做横向进给运动。进给量的大小可通过改变曲柄长度的方法来改变摇杆的摆角，从而改变棘轮转角的大小，也可通过在棘轮外加装可调节遮板来实现，如图4－13所示，遮板在棘爪的行程范围内遮住一部分齿，使得棘爪与这部分棘齿不接触，从而改变棘轮转角的大小。

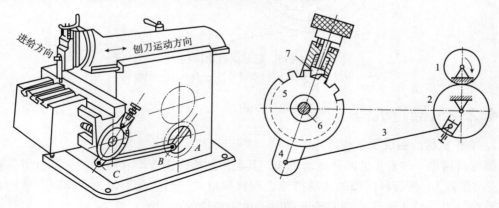

图4－12　牛头刨床工作台送进机构

棘轮机构也常用于防止机构逆转的制动器。图4－14所示为提升机的棘轮制动器，在提升重物时，棘爪会在棘齿背上滑过，当需停在某一位置时，棘爪将及时插入棘齿槽内实现制动，防止棘轮倒转，起到保证安全的作用。

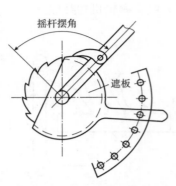

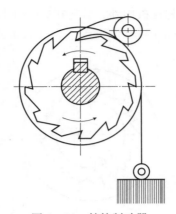

图 4 – 13 带遮板的棘轮机构　　　　　图 4 – 14 棘轮制动器

棘轮机构具有快速超越运动特性，图 4 – 15 所示为自行车后轴上的飞轮机构，当脚踩动脚踏板时，链条带动内圈上有棘轮的大链轮 1 顺时针转动，再通过棘爪 4 带动后链条 2 一起在小链轮 3 上转动，自行车前进。在前进过程中，如果脚踏板不动，链轮也就停止转动。这时，由于惯性作用，后轮轴带动棘爪从链轮内缘的齿背上滑过，继续顺时针转动，即实现后轮轴的超越运动，这就是不蹬踏板自行车仍能自由滑行的原理。该机构中的棘轮机构就是一种内啮合棘轮机构。

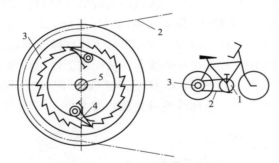

图 4 – 15 超越式棘轮机构

1—大链轮；2—链条；3—小链轮；4—棘爪；5—链轮轴

4.2.2 槽轮机构

1. 槽轮机构的组成及工作原理

槽轮机构是一种常见的间歇运动机构。其典型结构如图 4 – 16 所示，它是由带有圆销 A 的主动拨盘 1、带有径向槽的从动槽轮 2 和机架组成。当拨盘 1 匀速回转时，槽轮 2 做间歇转动。当圆销 A 未进入槽轮径向槽时，由于槽轮的内凹锁止弧 nn 被拨盘 1 的外凸圆弧 mm 锁住，故这时槽轮静止不动。当圆销 A 进入槽轮径向槽时，图示为圆销 A 从槽轮 2 的左边刚开始进入槽轮径向槽时的位置。这时槽轮的锁止弧 nn 也刚开始被拨盘 1 松开。于是，槽轮 2 受圆销 A 的拨动而转动。当圆销 A 从槽轮的右边离开径向槽时，锁止弧 nn 又被拨盘 1 锁住，槽轮又静止不动。当圆销 A 再一次进入槽轮的下一个径向槽时，又重复上述的运动。可见，槽轮机构是一种将拨盘的连续回转运动转换为槽轮的单向间歇运动的机构。

2. 槽轮机构的特点和应用

槽轮机构的特点是结构简单、工作可靠、机械效率较高。由于槽轮每次转过的槽间角 φ_2 是固定不变的，要想改变转角的大小，必须更换具有相应槽数的槽轮，因此槽轮机构多用来实现不需经常改变转角的转位运动。槽轮机构常在自动或半自动机械和轻工机械中作为转位机构。图 4 – 17 所示为六角车床刀架的转位机构，与槽轮固联的刀架的 6 个孔中装有 6 种刀具，故槽轮 2 具有 6 个径向槽，当具有一个圆销的拨盘 1 回转 1 周时，驱动槽轮转过 1/6 周，即刀架转过 60°，而将下一道工序的刀具转换到工作位置。

图 4 – 18 所示为电影放映机中的槽轮机构，槽轮 2 有 4 个径向槽，当槽轮 2 做间歇运动时，胶片上的画面依次在方框中停留，通过视觉暂留而获得连续的画面。

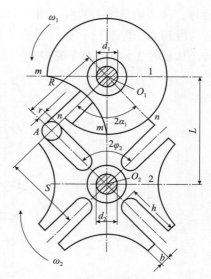

图 4 – 16　槽轮机构
1—主动拨盘；2—槽轮

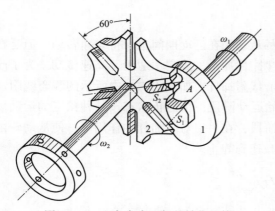

图 4 – 17　六角车床刀架的转位机构

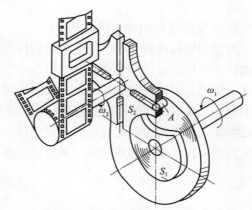

图 4 – 18　电影放映机的槽轮机构

4.2.3　不完全齿轮机构

1. 不完全齿轮机构的组成与原理

不完全齿轮机构是由齿轮机构演变而得的一种间歇传动机构。它能将主动轮的等速连续转动转换为从动轮的间歇运动。不完全齿轮机构的主动轮为只有一个齿或几个齿的不完全齿轮，根据运动时间与停歇时间的要求，从动轮由与主动轮轮齿相啮合的正常轮齿和带锁止弧的厚齿彼此相间地组成。当主动轮的轮齿部分作用在从动轮上的正常齿上时，从动轮就转动；当主动轮的无齿圆弧部分作用在从动轮上的带锁止弧的厚齿时，从动轮停止不动。因而当主动轮连续转动时，从动轮获得时动时停的间歇运动。从动轮停歇期间，两轮轮缘上的锁止弧防止从动轮的游动，起定位作用。从图 4 – 19 所示的两种不完全齿轮机构中不难看出，图 4 – 19（a）中主动轮 1 有 1 个轮齿，从动轮 2 有 8 个轮齿。故当主动轮转 1

转时，从动轮只转1/8转。图4-19(b)中主动轮1有4个轮齿，从动轮2的圆周上有4个运动段和4个停歇段。而每段有齿圆弧上有4个齿与主动轮轮齿啮合。主动轮1转过1转，从动轮2转过1/4转。

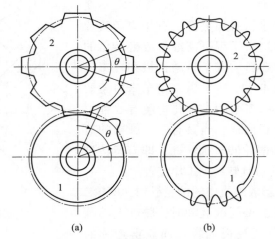

图4-19　不完全齿轮机构图

1—主动轮；2—从动轮

2. 不完全齿轮机构的特点及应用

当主动轮匀速转动时，不完全齿轮机构的从动轮在运动期间也保持匀速转动，但是在从动轮开始运动阶段和终止运动阶段都会产生刚性冲击，故它不适用于高速传动。为了改善这一情况，可以在两轮端面上分别加装瞬心线附加杆，如图4-20中所示的瞬心线附加杆 L 和 K，此附加杆的作用是使从动轮在开始运动阶段，由静止状态按某种预定的运动规律逐渐加速到正常运动速度；而在终止运动阶段，在另一对附加杆的作用下，使从动轮由正常的运动速度按某种预定的运动规律逐渐减速到静止。

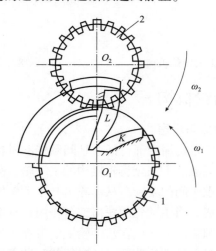

图4-20　加瞬心线附加杆 L 和 K 的不完全齿轮机构

1—从动轮；2—主动轮

不完全齿轮机构结构简单、制造方便，从动轮的运动时间和停歇时间的比例不受机构结构的限制，但是从动轮在每次间歇运动的始、末有剧烈冲击，故一般只用于低速、轻载及机构冲击不影响正常工作的场合，如计数器、电影放映机和自动机和半自动机工作台的间歇转位及某些间歇进给机构中。

4.2.4 组合机构

在现代化的机械制造业中，为了生产各种复杂零件及满足各种运动和性能要求，对机构运动形式、运动规律和机械性能等方面提出了更多更复杂的要求。连杆机构、凸轮机构、齿轮机构、间歇运动机构等基本机构的运动和动力性能等具有一定的局限性，采用其中某一种基本机构往往不能满足设计要求，因而常需把几种基本机构联合起来，组成一种组合机构来使用。利用组合机构不仅能满足生产上的多种要求，而且能综合应用和发挥各种基本机构的特性。

但是，所谓组合机构并不是几个基本机构的简单串联，而是一种封闭式的传动机构，或者是几个基本机构相互协调配合的传动系统。所谓封闭式传动机构，是利用一个机构去约束或封闭另一个多自由度机构，使其不仅具有确定的运动，而且其从动件能够满足所需的运动形式或运动规律的要求。组合机构可以是同一类型的基本机构的组合，也可以是不同类型的基本机构的组合。前者如联动凸轮机构，后者如凸轮齿轮组合机构、凸轮连杆组合机构、齿轮连杆组合机构等。组合机构的类型很多，下面各举一例进行简要介绍。

1. 连杆－连杆－连杆组合机构

图4－21 所示的手动冲床是一个六杆机构。它可以看成由两个四杆机构组成的。第一个是由原动件手柄1、连杆2、从动摇杆3 和机架4 组成的双摇杆机构；第二个是由从动摇杆3、小连杆5、冲杆6 和机架组成的摇杆滑块机构。前一个四杆机构的输出件被当作第二个四杆机构的输入件，扳动原动件手柄1、冲杆6 就上下运动。采用六杆机构，使扳动手柄的力获得两次放大，从而增大了冲杆的作用力。这种增力作用在连杆机构中经常用到。

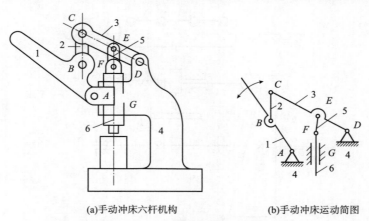

(a)手动冲床六杆机构　　　　　(b)手动冲床运动简图

图4－21　手动冲床中的复合连杆

1—原动件手柄；2—连杆；3—从动摇杆；4—机架；5—小连杆；6—冲杆

2. 凸轮连杆组合机构

凸轮连杆机构的形式很多，这种组合机构通常用于实现从动件预定的运动轨迹和规律。

图 4 - 22 所示为巧克力包装机托包用的凸轮连杆机构。主动曲柄 OA 回转时，B 点强制在凸轮凹槽中运动，从而使托杆达到图示运动规律，托包时慢进，不托包时快退，以提高生产效率。

因此，只要凸轮轮廓线设计得当，就可以使托杆达到上述要求。

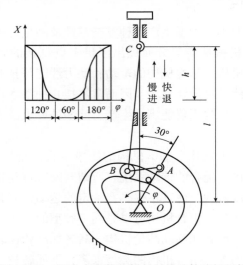

图 4 - 22　巧克力包装机托包用的凸轮连杆机构

3. 联动凸轮组合机构

图 4 - 23 所示的联动凸轮机构用于圆珠笔装配线上的自动送进机构中，主动轴上的盘状凸轮 2 控制托架 3 上下运动，从而将圆珠笔 6 抬起和放下，而端面凸轮 1 及推杆 7 控制托架 3 左右往复移动，从而使圆珠笔 6 沿轨迹 K 运动，将笔杆步进向前送进。

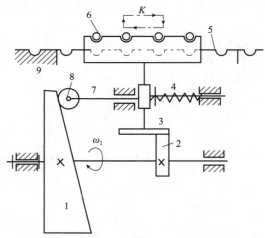

图 4 - 23　联动凸轮机构

1—端面凸轮；2—盘状凸轮；3—托架；4—弹簧；
5—笔杆输送架；6—圆珠笔；7—推杆；8—滚子；9—机架

第5章 齿轮机构

齿轮机构是应用极为广泛和特别重要的一种机械传动形式，它可以用来在空间的任意轴之间传递运动和动力。目前齿轮传动装置正逐步向小型化、高速化、低噪声、高可靠性和硬齿面技术的方向发展。

5.1 齿轮传动的特点和类型

5.1.1 齿轮传动的特点

齿轮传动具有传动平稳可靠、传动效率高（一般可以达到94%以上，精度较高的圆柱齿轮副可以达到99%）、传递功率范围广（可以从仪表中齿轮微小功率的传动到大型动力机械几万千瓦功率的传动，低速重载齿轮的转矩可以达到 $1.4 \times 10^6 \mathrm{N \cdot m}$ 以上）、速度范围大（齿轮的圆周速度可以从 $0.1\mathrm{m/s}$ 到 $200\mathrm{m/s}$ 或更高；转速可以从 $1\mathrm{r/min}$ 到 $20000\mathrm{r/min}$ 或更高）、结构紧凑、维护简便和使用寿命长等优点。因此，它在各种机械设备和仪器仪表中被广泛使用。齿轮传动的主要缺点是：传动中会产生冲击、振动和噪声；没有过载保护作用；对制造精度和安装精度要求高，需要专门的切齿机床、刀具和测量仪器。

5.1.2 齿轮传动的类型

（1）按照一对齿轮轴线的相互位置，可以分为平面齿轮传动和空间齿轮传动两类。

①平面齿轮传动（平行轴齿轮传动）

由于两个齿轮的轴线相互平行，所以两轮的相对运动是平面运动。平面齿轮传动包括直齿圆柱齿轮传动、平行轴斜齿圆柱齿轮传动和人字齿轮传动3种（图5-1）。根据圆柱齿轮轮齿齿线相对于齿轮母线的方向，又分为直齿（轮齿方向与齿轮母线方向平行）和斜齿两种（轮齿方向与齿轮母线方向倾斜一个角度，称为螺旋角）。人字齿轮可以看作由两个螺旋角大小相等、方向相反的斜齿轮组成。根据两个齿轮的啮合方式，又分为外啮合、内啮合和齿轮与齿条传动3种。

②空间齿轮传动（两轴不平行的齿轮传动）

由于两个齿轮的轴线不平行，所以两轮的相对运动是空间运动。它包括相交轴锥齿轮传动和交错轴齿轮传动两种，如图5-2所示。圆锥齿轮传动属于相交轴齿轮传动，它的轮齿分布在截圆锥体的表面，按照轮齿的方向不同，分为直齿圆锥传动和曲齿圆锥传动两种。交错轴齿轮传动有交错轴斜齿轮传动（它们的轴线可以在空间交错成任意角度）、蜗杆传动和准双曲面齿轮传动（后两者轴线一般互相交错垂直）3种。

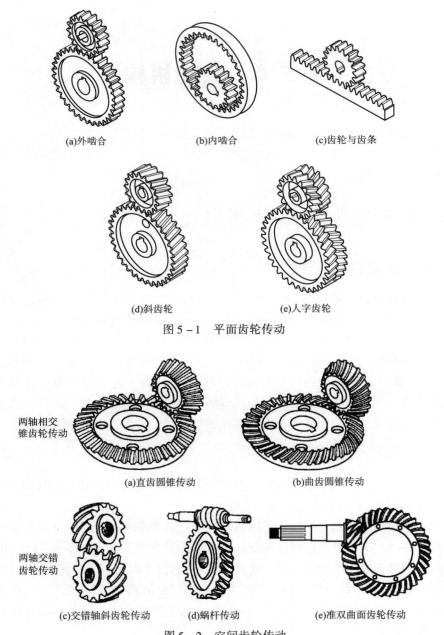

(a)外啮合　　　　　　　(b)内啮合　　　　　　　(c)齿轮与齿条

(d)斜齿轮　　　　　　　　　(e)人字齿轮

图 5 – 1　平面齿轮传动

两轴相交
锥齿轮传动

(a)直齿圆锥传动　　　　　　　　　(b)曲齿圆锥传动

两轴交错
齿轮传动

(c)交错轴斜齿轮传动　　　(d)蜗杆传动　　　(e)准双曲面齿轮传动

图 5 – 2　空间齿轮传动

（2）按照齿轮的工作条件不同，可以分为开式传动和闭式传动两种。

开式传动的齿轮裸露在外，工作条件差，润滑不良，轮齿容易磨损失效，适用于要求不高的低速传动；闭式传动的齿轮被密封在箱体内，润滑和防护条件良好，齿轮传动质量高，适用于重要的传动。

5.2　齿廓啮合基本定律与渐开线齿廓

5.2.1　齿廓啮合基本定律

齿轮机构是高副机构，一对齿轮传动是通过主动轮齿齿廓与从动轮齿齿廓依次啮合实现的。为保证齿轮传动准确平稳，对它的基本要求是瞬时传动比保持不变。

齿廓的瞬时传动比用主动轮与从动轮的瞬时角速度之比来表示 $i_{12}=\dfrac{\omega_2}{\omega_1}$。

如图 5-3 所示，O_1 与 O_2 分别是主动轮 1 与从动轮 2 的转动中心（也是两轮齿齿廓各自的绝对速度瞬心），假设两轮的齿廓在 K 点接触，过 K 点的齿廓公法线是 nn。由于两轮齿廓在 K 点组成既有滚动又有滑动的高副，根据两个做相对运动构件速度瞬心的三心定理，则两轮齿廓的相对速度瞬心 C 必定是两轮连心线 O_1、O_2 与齿廓公法线 nn 的交点，即绝对速度瞬心 O_1、O_2 与相对速度瞬心 C 在一条直线上。因此，$i_{12}=\dfrac{\omega_1}{\omega_2}=\dfrac{O_2C}{O_1C}$。

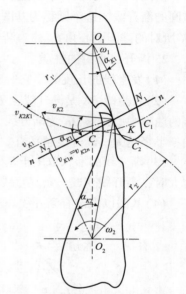

图 5-3　齿廓啮合点的速度矢量

欲使瞬时传动比 i_{12} 保持不变，就必须使两轮齿廓在啮合过程中，过啮合点的齿廓公法线 nn 与两轮连心线 O_1、O_2 的交点 C 的位置保持不变。这个结论称为齿廓啮合基本定律。O_1、O_2 上的定点 C 称为节点，分别以 O_1 与 O_2 为圆心、O_1C 和 O_2C 为半径所作的两个相切的圆称为节圆，它们的半径分别用 $r_{1'}$ 和 $r_{2'}$ 来表示。由于两轮在相对速度瞬心 C 处的相对速度为 0，故两轮的啮合传动等同于一对半径分别等于 r_1 和 r_2 的摩擦轮做纯滚动。

两轮连心线 O_1O_2 的长度称为齿轮副的安装中心距，用 a' 表示。因此，传动比为：

$$a'=r_{1'}+r_{2'} \tag{5-1}$$

$$i_{12}=\frac{\omega_1}{\omega_2}=\frac{O_2C}{O_1C}=\frac{r_{2'}}{r_{1'}} \tag{5-2}$$

凡是能够满足齿廓啮合基本定律的一对齿廓称为共轭齿廓。理论上可以作为共轭齿廓的曲线有无穷多种，除了需要满足传动比不变的要求外，还要考虑制造、安装和强度等其他要求。工业上通常采用渐开线、摆线和圆弧等几种曲线作齿廓曲线。其中渐开线齿廓在通用机械设备的齿轮传动中应用最广。

5.2.2　齿廓间的相对滑动

由图 5-3 可见，两轮在齿廓接触点的瞬时绝对速度分别为：

$$v_{K1}=\omega_1O_1K$$

$$v_{K2} = \omega_2 O_2 K$$

它们在过啮合点 K 的齿廓公法线 nn 上的分量应该相等，即 $v_{K1n} = v_{K2n}$，否则将发生齿廓干涉或分离，不能啮合传动；它们在过啮合点 K 的齿廓公切线 tt 上的分量一般不相等（除了在节点 C 啮合外），其差值就是两轮齿廓在接触点的相对滑动速度 v_{K2K1}。

齿廓间的相对滑动是齿轮传动产生齿面失效的重要影响因素。

5.2.3 渐开线齿廓

1. 渐开线的形成

由图 5-4 可见，当一条直线 BK 沿着一圆周做纯滚动时，其上任意一点 K 的轨迹称为该圆的渐开线。这个圆称为基圆，半径用 r_b 表示。直线 BK 称为渐开线的发生线，渐开线 AK 所对的基圆圆心角 θ_K 称为渐开线的展角。

2. 渐开线齿廓的性质

（1）发生线的长度等于它所对应的基圆弧长，即 $BA = BK$。

（2）发生线 BK 是渐开线上 K 点的法线，它必定与基圆相切，切点 B 就是渐开线上 K 点的曲率中心，即 BK 为渐开线上 K 点的曲率半径。可见，渐开线上离基圆越远的点，其曲率半径越大，渐开线越平直。

（3）渐开线的形状取决于基圆的大小，基圆越大，渐开线越平直。当基圆半径趋于无穷大时，渐开线变成一条斜直线，这就是齿条的齿廓曲线（图 5-5）。

（4）基圆以内没有渐开线。

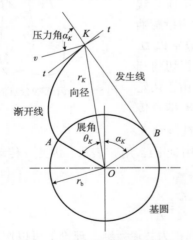
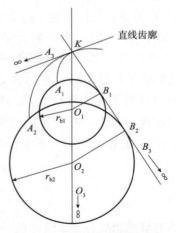

图 5-4 渐开线的形成及特性　　　　图 5-5 不同基圆的渐开线

3. 渐开线齿廓压力角

由图 5-4 可见，假设两轮的齿廓在 K 点接触，齿廓在 K 点所受的正压力方向（是齿廓在该点的法线方向）与速度方向（与齿廓在该点的转动半径 O_K 垂直）所夹的锐角 a_K，称为渐开线齿廓在 K 点的压力角。根据图 5-4 的几何关系有：

$$\cos\alpha_K = \frac{OB}{OK} = \frac{r_b}{r_K} \tag{5-3}$$

式中，r_b 是基圆半径；r_K 是渐开线上任一点 K 的向径。

式(5-3)表明，渐开线上各点的压力角是不同的。在基圆上，$r_K = r_b$，所以基圆压力角 $\alpha_b = 0°$；离基圆越远，向径 r_K 越大，压力角 α_K 越大；在齿顶圆处压力角最大，由 $r_K = r_a$，r_a 是齿顶圆半径，故齿顶圆压力角 $\alpha_a = \arccos \dfrac{r_b}{r_a}$。

4. 渐开线函数

由图5-4可见，渐开线的展角 θ_K：

$$\theta_K = \angle AOB - \alpha_K = \frac{AB}{OB} - \alpha_K = \frac{KB}{OB} - \alpha_K = \tan\alpha_K - \alpha_K$$

所以，渐开线上任一点的展角 θ_K 是压力角 α_K 的函数，称为渐开线函数，用 $inv\,\alpha_K$ 表示，即

$$\theta_K = inv\alpha_K - \alpha_K \tag{5-4}$$

式中，θ_K 和 α_K 的单位为弧度。

如果以渐开线起点 A 的向径 O_A 为极轴，渐开线上任一点 K 的向径 r_K 与极轴的夹角 θ 联立，就是渐开线的极坐标方程式。

5.3 渐开线标准齿轮的基本参数和尺寸

5.3.1 齿轮的基本尺寸

图5-6是标准直齿圆柱外啮合齿轮端面局部图，其基本尺寸的名称和符号是：

基圆——发生渐开线齿廓的圆，其直径用 d_b 表示。

齿顶圆——过齿轮齿顶所作的圆，其直径用 d_a 表示。

齿根圆——过齿轮齿根所作的圆，其直径用 d_f 表示。

齿厚——直径为 d_i 的圆上轮齿的弧线长度称为该圆上的齿厚，用 s_i 表示。

齿槽宽——直径为 d_i 的圆上相邻两齿反向齿廓之间的弧线长度称为该圆上的齿槽宽，用 e_i 表示。

齿距——直径为 d_i 的圆上相邻两齿同向齿廓之间的弧线长度称为该圆上的齿距，用 p_i 表示。故，$p_i = s_i + e_i$。基圆齿距用 p_b 表示。

分度圆——在齿顶圆和齿根圆之间所作的一个作为齿轮尺寸计量基准的圆，其直径用 d 表示。标准齿轮在分度圆上的齿厚 s 等于齿槽宽 e，即 $s = e = p/2$，其中 p 是分度圆齿距。

齿顶高——齿顶圆和分度圆之间的径向距离，用 h_a 表示。显然，$h_a = (d_a - d)/2$。

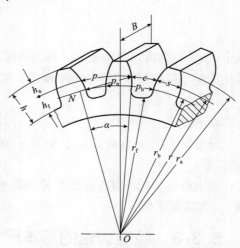

图5-6 渐开线标准直齿圆柱齿轮的
基本尺寸

齿根高——分度圆和齿根圆之间的径向距离，用 h_f 表示。显然，$h_f = (d - d_f)/2$。

5.3.2 齿轮的基本参数

1. 齿数

齿数是齿轮整个圆周上轮齿的总数，用 z 表示。

2. 模数 m

齿轮分度圆的圆周长等于 πd 或是 zp，即有分度圆直径：

$$d = \frac{p}{\pi} z \qquad\qquad (5-5)$$

由于式中有无理数 π，给齿轮的计量和制造带来麻烦，因而规定比值 $\frac{p}{\pi}$ 为标准值见表 5 – 1，称为模数，用 m 表示。因此，式(5 – 5)可以表示为：

$$d = \frac{p}{\pi} z = mz \qquad\qquad (5-6)$$

模数是齿轮的一个重要的基本参数。由上式可知，当齿数相同时，模数越大，齿轮的直径越大，因而承载能力越高。

表 5 – 1 渐开线圆柱齿轮标准模数（GB/T 1357—2008） mm

第一系列	1	1.25	1.5	2	2.5	3	4	5	6	8	10	12	16	20	25	32	40	50
第二系列	1.125	1.375	1.75	2.25	2.75	3.5	4.5	5.5	(6.5)	7	9	11	14	18	22	28	36	45

注：优先选用第一系列，括号内的数值尽量不用。

3. 齿顶高系数 h_a^* 和顶隙系数 c^*

当齿轮模数确定之后，齿轮的齿顶高、齿根高和齿高可以表示成：

$$h_a = h_a^* m$$
$$h_f = (h_a^* + c^*) m$$
$$h = (2h_a^* + c^*) m$$

式中，h_a^* 称为齿顶高系数，c^* 称为顶隙系数。GB/T 1356—2001《通用机械和重型机械用圆柱齿轮 标准基本齿条齿廓》规定：对于正常齿制，$h_a^* = 1$，$c^* = 0.25$；对于短齿制，$h_a^* = 0.8$，$c^* = 0.3$。

4. 压力角

分度圆上的压力角为标准值 $\alpha = 20°$。其他国家规定的分度圆压力角有 $20°$、$15°$、$14.5°$等。

综上所述，标准直齿圆柱齿轮的基本参数是：模数 m、齿数 z、压力角 α、齿顶高系数 h_a^* 和顶隙系数 c^*。

5.3.3 标准齿轮的基本尺寸计算

所谓的标准齿轮是指分度圆上的齿厚 s 等于齿槽宽 e，且 m、α、h_a^*、c^* 为标准值的齿轮。一对标准安装(按照标准齿轮中心距安装)的标准直齿圆柱齿轮，由于标准齿轮的分

度圆上的齿厚等于齿槽宽，即

$$s_1 = e_1 = s_2 = e_2 = \frac{\pi m}{2}$$

则两轮的分度圆相切，即分度圆与节圆重合。这时，一轮齿顶到另一轮齿根之间留有顶隙 $c = c^* m$（以利于储存润滑油作齿轮传动润滑，以及用于补偿传动中心距安装误差、轮齿的热变形、弹性变形等，见图 5 - 7），但在相啮合的齿廓之间理论上是没有侧隙的（实际留有的微小齿侧间隙是由齿厚公差来保证的，其作用与顶隙相同）。由于标准齿轮副无侧隙啮合时两轮的分度圆相切，所以标准的中心距为：

$$a = r_1 + r_2 \tag{5 - 7}$$

式中，r_1 与 r_2 是两轮的分度圆半径。根据渐开线的性质，渐开线的形状取决于基圆的大小。根据表 5 - 2 中基圆直径的计算公式 $d_b = mz\cos\alpha$，可知 d_b 与模数 m、齿数 z 和压力角 α 有关。因此，它们是决定齿廓形状的三个齿形参数，而齿顶高系数 h_a^* 和顶隙系数 c^* 是决定轮齿高度的两个齿制参数。

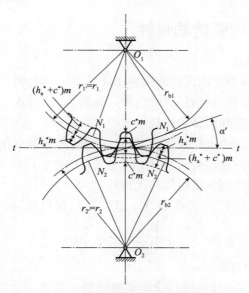

图 5 - 7　标准齿轮副无侧隙啮合

表 5 - 2　外啮合标准直齿圆柱齿轮的基本尺寸计算

名　称	符　号	计算公式
分度圆直径	d	$d = mz$
基圆直径	d_b	$d_b = mz\cos\alpha$
齿顶圆直径	d_a	$d_a = m(z + 2h_a^*)$
齿根圆直径	d_f	$d_f = m(z - 2h_a^* - 2c^*)$
齿顶高	h_a	$h_a = h_a^* m$
齿根高	h_f	$h_f = (h_a^* + c^*)m$
齿高	h	$h = (2h_a^* + c^*)m$

名　称	符　号	计算公式
齿距	p	$p = \pi m$
齿厚	s	$s = \dfrac{\pi m}{2}$
齿槽宽	e	$e = \dfrac{\pi m}{2}$
基圆齿距	p_b	$p_b = \pi m \cos\alpha$
中心距	a	$a = \dfrac{m(z_1 + z_2)}{2}$

5.4　渐开线直齿圆柱齿轮的啮合传动

5.4.1　渐开线齿廓传动特性

1. 定啮合线和定传动比

如图 5 – 8 所示，一对渐开线齿轮的齿廓在任一点 K 啮合时，过 K 点所作的齿廓公法线必定与两轮的基圆相切(渐开线性质2)，切点分别为 N_1 与 N_2。在齿轮啮合传动的过程中，两轮基圆的大小、位置和内公切线是固定的。一对轮齿在整个啮合过程中的瞬时接触点的轨迹必定与两轮基圆的内公切线 N_1N_2 重合，因此称它为啮合线。啮合线 N_1N_2 是长度和方位不变的定线，它与两轮连心线 O_1O_2 的交点 C 的位置保持不变，符合齿廓啮合基本定律。因此，渐开线齿廓可以保证定传动比传动。

在图 5 – 8 中，$\triangle O_1 N_1 C \backsim \triangle O_2 N_2 C$，式(5 – 2)可以写成:

$$i_{12} = \frac{\omega_1}{\omega_2} = \frac{O_2 C}{O_1 C} = \frac{r_{2'}}{r_{1'}} = \frac{O_2 N_2}{O_1 N_1} = \frac{n_2}{n_1} \qquad (5 - 8)$$

2. 定啮合角和定传力方向

啮合线 N_1N_2 与两轮节圆公切线 $t - t$ 所夹的锐角 α' 称为啮合角，它是齿轮副在节点 C 处的压力角，即节圆压力角。因此，啮合角与齿轮节圆压力角相等。由于渐开线齿轮传动的啮合线 N_1N_2 为定线，啮合角 α' 为定角，因此，在一对轮齿的整个啮合过程中，轮齿齿廓受到的正压力方向(与齿廓公法线即啮合线 N_1N_2 一致)始终不变，传动性能良好。应当指出的是，齿轮分度圆是具有标准压力角和标准模数的圆，它的大小取决于齿数 z 和模数 m，它是对单个齿轮而言的；节圆是齿轮副啮合时做纯滚动的瞬心圆，它的大小取决于安装中心距 a' 的大小，它是对齿轮副而言的。齿轮压力角 α 是指在齿廓分度圆处的速度方向与正压力方向所夹的锐角，其标准值为 20°，它是单个齿轮所具有的参数。啮合角 α' 是指齿轮副啮合线与节圆公切线所夹的锐角，它恒等于节圆压力角，它是对齿轮副而言的。对于标准齿轮传动，节圆与分度圆重合，啮合角等于压力角。

3. 中心距可分性

由式(5 – 8)可知，齿轮副的瞬时传动比等于两轮基圆半径的反比。由于制造、安装或轴承使用磨损等原因，会造成齿轮副中心距的微小变化（虽然两轮的节圆半径会随着 α' 的变化而改变，但是它们的比值不变，恒有 $\dfrac{r_{2'}}{r_{1'}} = \dfrac{n_2}{n_1}$）时，由于两轮的基圆半径不会改变，因此，齿轮副的瞬时传动比不变。

5.4.2　渐开线齿轮的正确啮合条件

齿轮副的正确啮合条件，也称为齿轮副的配对条件。一对渐开线齿轮正确啮合时，齿轮副处于啮合线上的各对轮齿都可能同时啮合，其相邻两齿同向齿廓在啮合线上的长度（称为法向齿距）必须相等（图5-8），否则，就会出现两轮齿廓分离或重叠的情况。根据渐开线的性质，齿轮的法向齿距 p_n 等于其基圆齿距 p_b，即

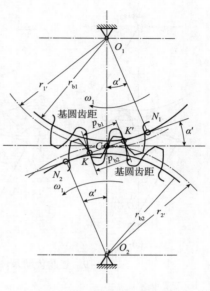

$$p_{b1} = \pi m_1 \cos\alpha_1$$
$$p_{b2} = \pi m_2 \cos\alpha_2$$

为使两轮基圆齿距相等，联立上面两式有：

$$\pi m_1 \cos\alpha_1 = \pi m_2 \cos\alpha_2$$

由于齿轮副的模数 m 和压力角 α 都是标准值，故有：

$$m_1 = m_2 = m$$
$$\alpha_1 = \alpha_2 = \alpha$$

图5-8　正确啮合条件

所以，齿轮副的正确啮合条件是：两轮的模数 m 和压力角 α 应该分别相等且等于标准值。

5.4.3　渐开线齿轮的连续传动条件

齿轮副中一对轮齿的啮合传动过程是[图5-9(b)]：顺时针方向转动的主动轮1轮齿的齿廓根部与从动轮2的齿顶在啮合线 N_1N_2 上的 B_2 点进入啮合，随着两轮齿廓的啮合点逐步沿着啮合线 N_1N_2 向左下方移动，最终主动轮1轮齿的齿顶与从动轮2的齿廓根部在啮合线 N_1N_2 上的 B_1 点退出啮合。线段 B_2B_1 是两轮齿廓啮合点的实际轨迹，称为实际啮合线。如果增大两轮的齿顶圆直径，可以加长实际啮合线 B_2B_1。但由于基圆以内没有渐开线，因此，B_2B_1 的长度不得超过啮合线与两轮基圆的切点 N_1 与 N_2，所以 N_1N_2 是理论上可能最长的啮合线，称为理论啮合线。

齿轮副传动是依靠两轮的各对轮齿依次啮合来实现的。一对正确啮合的齿轮，由于轮齿的高度有限，因此每对轮齿的实际啮合线 B_2B_1 的长度是有限的。为了使传动不会中断，应当使前一对轮齿在 B_1 点退出啮合之前，后一对轮齿已经在 B_2 点进入啮合。如图5-9(a)所示，$B_2B_1 < p_b$ 时，传动不连续；如图5-9(b)所示，$B_2B_1 = p_b$ 时，传动刚好连续。如果实际啮合线 B_2B_1 的长度大于齿轮的法向齿距（等于基圆齿距 p_b），则在实际啮合线 B_2B_1 内，有时有一对齿啮合，有时有两对齿啮合，传动连续。通常将 B_2B_1 与 p_b

的比值称为齿轮传动的重合度，用 ε 表示。因此，齿轮连续传动的条件是：

$$\varepsilon = \frac{B_2 B_1}{p_b} = \frac{B_2 B_1}{\pi m \cos \alpha} \geqslant 1 \qquad (5-9)$$

采用图解法，可以很方便地由两轮齿顶圆从啮合线上截取实际啮合线 $B_2 B_1$ 的长度（图 5-10），然后再根据式（5-9）确定齿轮传动的重合度 ε。一般标准直齿圆柱齿轮传动重合度的范围是 $1 < \varepsilon < 2$。

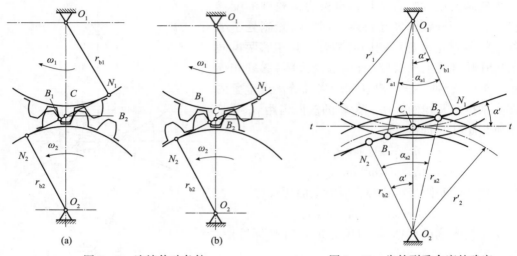

图 5-9　连续传动条件　　　　　　图 5-10　齿轮副重合度的确定

由式（5-9）可知，重合度是表示在实际啮合线段 $B_2 B_1$ 内同时参与啮合的轮齿对数，以及啮合持续的时间比例。若 $1 < \varepsilon < 2$，则表示在齿轮传动过程中，啮合区 $B_2 B_1$ 内有时是一对齿啮合，有时是两对齿啮合。例如 $\varepsilon = 1.3$ 时，$B_2 B_1 = 1.3 p_b$，表明在齿轮副转过一个基圆齿距 p_b 的时间内，有 30% 的时间为两对齿啮合，而其余的 70% 为一对齿啮合。显然，重合度 ε 越大，同时参与啮合的轮齿对数越多，有利于提高齿轮传动的平稳性和承载能力。

5.5　斜齿圆柱齿轮传动

5.5.1　斜齿圆柱齿轮齿面的形成

斜齿圆柱齿轮齿廓曲面的形成与渐开线直齿圆柱齿轮相似。当一发生面 S 在基圆柱上做纯滚动时，发生面上一条与基圆柱母线平行的直线 KK 在空间所形成的渐开面是直齿圆柱齿轮的齿廓曲面，如图 5-11（a）所示。而斜齿圆柱齿轮的齿廓曲面是发生面上一条与基圆柱母线呈角度 β_b 的直线 KK 在空间形成的曲面，如图 5-11（b）所示。这样的曲面又称为渐开线螺旋面，渐开线螺旋面在齿顶圆内的部分就是斜齿圆柱齿轮的齿廓曲面。该齿廓曲面在其垂直于轴线的平面（端面）内为渐开线，这些渐开线的初始点均在基圆柱的螺旋线 AA 上。该齿廓曲面与大于基圆柱直径的任意圆柱面上的交线都是螺旋线。各螺旋线上任一点的切线与过该点的圆柱母线的夹角称为该圆柱上的螺旋角。各圆柱上的螺旋角是不相等的(见图 5-12),因此定义其分度圆柱上的螺旋角为斜齿轮的螺旋角,用 β 表示。根据螺旋角旋向的不同,又分为右旋斜齿轮和左旋斜齿轮,如图 5-13 所示。斜齿圆柱齿轮由于轮齿相对其轴线倾斜,所以当一对斜齿圆柱齿轮啮合时,两轮齿廓曲面的瞬时接触线是与轴线倾斜的直线,如图 5-11(d)所示。

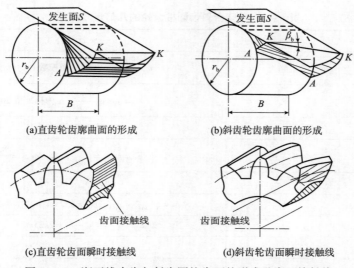

(a)直齿轮齿廓曲面的形成   (b)斜齿轮齿廓曲面的形成

(c)直齿轮齿面瞬时接触线   (d)斜齿轮齿面瞬时接触线

图 5-11   渐开线直齿与斜齿圆柱齿面的形成及齿面接触线

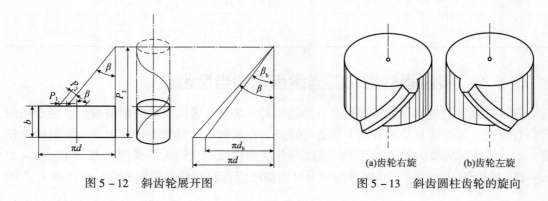

图 5-12   斜齿轮展开图

(a)齿轮右旋   (b)齿轮左旋

图 5-13   斜齿圆柱齿轮的旋向

5.5.2   斜齿圆柱齿轮的基本参数和几何尺寸计算

1. 斜齿圆柱齿轮的基本参数

斜齿轮由于齿的倾斜,其几何参数有端面参数与法面参数之分。垂直于齿轮轴线的截面称为端面,而垂直于轮齿方向的截面称为法面。斜齿轮的端面与法面上的齿形不同,故用下标 t 和 n 分别表示其端面和法面的参数。

斜齿轮加工时因齿轮刀具沿螺旋齿槽方向进行切削,故其端面齿轮参数和法面齿轮参数之间的换算关系如下:

模数 m $m_n = m_t \cos\beta$

齿高 h_a　　$h_{an} = h_{at}$（可直接按法面 h_{an} 计算）

压力角 α　　$\tan\alpha_a = \tan\alpha_t \cos\beta$

2. 斜齿圆柱齿轮的几何尺寸计算

一对斜齿轮传动在端面上相当于一对直齿轮传动，所以可将直齿轮的几何尺寸计算公式用于斜齿轮的端面参数的计算。计算公式如表 5 – 3 所示。

表 5 – 3　外啮合斜齿圆柱齿轮的几何尺寸计算

名　称	代　号	计算公式
端面模数	m_t	$m_t = \dfrac{m_n}{\cos\beta}$（$m_n$ 为法面模数并为标准值）
端面压力角	α_t	$\alpha_t = \arctan\dfrac{\tan\alpha_n}{\cos\beta}$（$\alpha$ 为标准值 $20°$）
螺旋角	β	一般取 β 为 $8° \sim 25°$
分度圆直径	d_1，d_2	$d_1 = m_t z_1 = \dfrac{m_n z_1}{\cos\beta}$，$d_2 = m_t z_2 = \dfrac{m_n z_2}{\cos\beta}$
齿顶高	h_a	$h_a = h_{an}{}^* m_n$（$h_{an}{}^*$）
齿根高	h_f	$h_f = (h_{an}{}^* + c_n{}^*) m_n = 1.25 m_n$（$c^*$ 为标准值 0.25）
全齿高	h	$h = h_a + h_f = 2.25 m_n$
顶隙	c	$c = h_f - h_a = 0.25 m_n$
齿顶圆直径	d_{a1}，d_{a2}	$d_{a1} = d_1 + 2 m_n$，$d_{a2} = d_2 + 2 m_n$
齿根圆直径	d_{f1}，d_{f2}	$d_{f1} = d_1 - 2.5 m_n$，$d_{f2} = d_2 - 2.5 m_n$
中心距	a	$a = \dfrac{d_1 + d_2}{2} = \dfrac{m_t}{2}(z_1 + z_2) = \dfrac{m_n(z_1 + z_2)}{2\cos\beta}$

5.5.3　斜齿圆柱齿轮的当量齿轮和当量齿数

在进行强度计算和用成形法加工选择铣刀时，必须知道斜齿轮的法向齿形。由于法向齿形较复杂，所以通常采用近似方法进行研究。在斜齿轮的分度圆柱面上，过螺旋线上任意点 C，作此螺旋线的法向截面，此截面与分度圆柱面的交线为一椭圆。其长半轴 $a = d/2\cos\beta$，短半轴 $b = d/2$。C 点附近的齿形可近似地当作斜齿轮的法向齿形，椭圆在 C 点的曲率半径为 $\rho = \dfrac{a^2}{b} = \dfrac{d}{2\cos^2\beta}$ 以 ρ 为分度圆半径，以斜齿轮的法向模数 m_n 为模数，取标准压力角 α 作一虚拟的直齿轮，其齿形与该斜齿轮的法向齿形相当，称这一虚拟的直齿轮为该斜齿轮的当量齿轮，其齿数称为当量齿数，用 z_v 表示，即

$$z_v = \frac{2\rho}{m_n} = \frac{d}{m_n \cos^2\beta} = \frac{m_n z}{m_n \cos^3\beta} = \frac{z}{\cos^3\beta} \qquad (5-10)$$

式中，z 为斜齿轮的实际齿数。正常齿标准斜齿圆柱齿轮不发生根切的最少齿数 $z_{\min}$ 可由当量齿轮的最少齿数 $z_{v\min}$ 计算出来，即

$$z_{\min} = z_{v\min}\cos^3\beta \qquad (5-11)$$

式中，$z_{v\min} = 17$。

5.5.4　斜齿圆柱齿轮啮合传动

1. 正确啮合条件

$$m_{n1} = m_{n2} = m$$
$$\alpha_{n1} = \alpha_{n2} = \alpha$$
$$\beta_1 = \pm\beta_2$$

式中，"＋"表示内啮合，两轮旋向相同，"－"表示外啮合，两轮旋向相反；m 为标准模数；α 为标准压力角，$\alpha = 20°$。

2. 连续传动条件

图 5-14(a)和(b)分别表示端面尺寸相同的直齿圆柱齿轮和斜齿圆柱齿轮在分度圆柱上啮合面的展开图。斜齿轮轮齿的方向与齿轮的轴线呈一螺旋角 β，因此斜齿轮传动的啮合线段增长 $\Delta L = b\tan\beta$。若相应的直齿圆柱齿轮传动的重合度为 ε_α，则斜齿轮传动的重合度 ε_γ 为：

$$\varepsilon_\gamma = \varepsilon_\alpha + \varepsilon_\beta = \varepsilon_\alpha + \frac{b\tan\beta}{p_t} = \varepsilon_\alpha + \frac{b\tan\beta}{p_n} \tag{5-12}$$

式中，ε_α 为端面重合度，其值等于斜齿轮端面齿廓及尺寸相同的直齿圆柱齿轮传动的重合度；ε_β 为纵向重合度，由轮齿倾斜而产生的附加重合度，其值随齿宽 b 和螺旋角 β 的增大而增大。

因此，斜齿圆柱齿轮比直齿圆柱齿轮更适合于高速大功率传动。

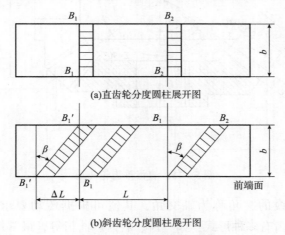

(a)直齿轮分度圆柱展开图

(b)斜齿轮分度圆柱展开图

图 5-14　斜齿轮传动的重合度

与直齿圆柱齿轮传动相比，斜齿轮传动的优点是：

(1)沿齿宽的齿廓接触线是斜线，一对轮齿逐渐进入啮合和逐渐脱离啮合，故传动平稳、噪声小；

(2)重合度大，承载能力高，运转平稳，适用于高速传动；

(3)不发生根切的最少齿数小于直齿轮，故可获得更为紧凑的齿轮机构。

斜齿轮传动的主要缺点是：由于轮齿倾斜，受力后会产生轴向分力。

为了克服这一缺点，可采用人字齿轮使轴向力互相抵消。但人字齿轮制造比较复杂，成本较高，主要用于重型机械中。

由上述可知，螺旋角 β 的大小对斜齿轮传动性能影响很大，若 β 太小，则斜齿轮的优点不能充分体现；若 β 太大，则会产生很大的轴向力。设计时 β 一般取 $8° \sim 20°$。

5.6 直齿圆锥齿轮传动

5.6.1 圆锥齿轮概述

圆锥齿轮用于传递两相交轴之间的运动。一对圆锥齿轮的啮合传动相当于一对节圆做纯滚动，其轮齿分布在圆锥体上。锥齿轮的齿廓从大端到小端逐渐收缩，如图 5 - 15 所示。由于这一特点，对应于圆柱齿轮中的各有关圆柱在此处均变为圆锥，如分度圆锥、齿顶圆锥、齿根圆锥、基圆锥等。锥齿轮的大小端参数不同，国家标准规定大端参数为标准值，即大端模数为标准模数中大端压力角为标准压力角，$\alpha = 20°$。

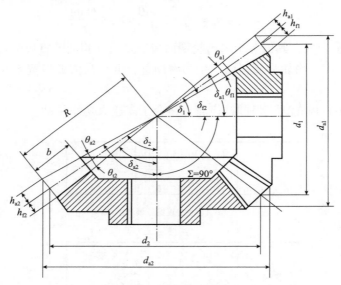

图 5 - 15 直齿锥齿轮传动

一对锥齿轮两轴线的夹角称为轴交角，其值可根据传动要求任取，最常用的是，$\Sigma = 90°$。锥齿轮的轮齿有多种形式，如直齿、斜齿、曲齿等，最常用 $\Sigma = 90°$ 的直齿锥齿轮传动。

5.6.2 直齿锥齿轮齿廓的形成

直齿锥齿轮齿廓曲面的形成如图 5 - 16 所示。一个圆平面 S 与一个基圆锥切于直线 OC。设圆平面的半径 R' 与基圆锥的锥距 R 相等，且圆心 O 与锥顶重合。当该平面 S 绕基圆锥做纯滚动时，该平面上的任意一点 B 将在空间展出一条球面渐开线 AB。

直齿锥齿轮齿廓曲面就是由以锥顶 O 为球心、半径不同的球面渐开线组成的。由于球面渐开线不能展开呈平面曲线，这就给设计、制造带来不便。为此，人们采用一种近似的方法来处理这一问题。

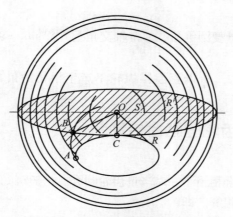

图 5 – 16　直齿锥齿轮齿廓的形成

5.6.3　背锥与当量齿数

图 5 – 17 所示为一标准直齿锥齿轮的轴向半剖视图。OAB 为分度圆锥，eA 和 fA 为轮齿在球面上的齿顶高和齿根高。过 A 点做直线 $AO_1 \perp AO$，以 AO_1 为母线，OO_1 为轴线作一圆锥 O_1AB，该圆锥称为直齿锥齿轮的背锥。背锥与球面相切于锥齿轮大端分度圆上。锥齿轮大端的齿形（球面渐开线）fAe 与在背锥上的投影齿形 $f'Ae'$ 差别不大，因此，可以用背锥上的齿形近似地代替锥齿轮的大端齿形。背锥可展开为平面，使设计、制造更为简便。将两锥齿轮的背锥展开，得到两个扇形平面齿轮，其齿廓与锥齿轮大端齿廓近似。并取锥齿轮大端的模数为标准模数，大端压力角为标准压力角（$\alpha = 20°$），按直齿圆柱齿轮的作图方法，可画出扇形齿轮的轮齿廓，该齿廓即为锥齿轮大端的近似齿廓。两扇形齿轮的齿数为锥齿轮的实际齿数 z_1 和 z_2。将两扇形齿轮补足成完整的直齿圆柱齿轮，则齿数由 z_1 和 z_2 增加为 z_{v1} 和 z_{v2}，我们把这两个虚拟的直齿圆柱齿轮称为这对锥齿轮的当量齿轮，其齿数 z_{v1} 和 z_{v2} 称为锥齿轮的当量齿数。

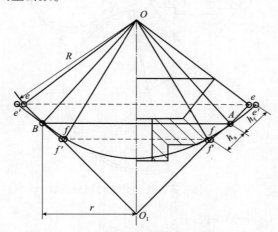

图 5 – 17　直齿锥齿轮的轴向半剖图

$$z_{v1} = z_1 / \cos\delta_1$$
$$z_{v2} = z_2 / \cos\delta_2 \qquad\qquad (5-13)$$

式中，δ_1，δ_2 为两锥齿轮分度圆锥角，通常轴交角 $\Sigma = \delta_1 + \delta_2 = 90°$；$z_{v1}$，$z_{v2}$ 两锥齿轮的当量齿数，其值无须圆整。

不产生根切时，$z_{v1} \geqslant 17$，所以直齿锥齿轮不产生根切的最小齿数为 $z_{\min} = z_{v\min}\cos\delta = 17\cos\delta$。

5.6.4 直齿锥齿轮的啮合传动

1. 正确啮合条件

一对直齿锥齿轮的啮合相当于一对当量齿轮啮合，由此可知其正确啮合条件为两齿轮的大端模数及压力角分别相等。即

$$\begin{cases} m_1 = m_2 = m \\ \alpha_1 = \alpha_2 = \alpha \end{cases} \qquad\qquad (5-14)$$

式中，m 和 α 分别表示标准模数和标准压力角。另外，两齿轮锥顶应重合，锥距应相等。

2. 连续传动条件

直齿锥齿轮连续传动条件为重合度大于 1。重合度按其当量直齿圆柱齿轮传动的重合度计算。

传动比如图 5-18 所示，$r_1 = \overline{OC}\sin\delta_1$ 和 $r_2 = \overline{OC}\sin\delta_2$ 分别为两齿轮大端分度圆半径，则两齿轮的传动比为：

$$i = \frac{\omega_1}{\omega_2} = \frac{z_1}{z_2} = \frac{r_2 \sin\delta_2}{r_1 \sin\delta_1} \qquad\qquad (5-15)$$

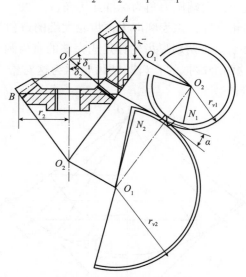

图 5-18 锥齿轮的背锥与当量齿数

当周交错角 $\Sigma = \delta_1 + \delta_2 = 90°$ 时，有：

$$i = \frac{\omega_1}{\omega_2} = \frac{z_2}{z_1} = \cot\delta_1 = \tan\delta_2 \qquad\qquad (5-16)$$

5.6.5　直齿锥齿轮的几何尺寸计算

一对标准直齿锥齿轮传动的各部分名称及几何尺寸计算公式见表 5 – 4。

表 5 – 4　标准直齿锥齿轮的几何尺寸计算

名　称	符　号	计算公式
模数	m	以大端模数为标准，按强度条件确定
分度圆锥角	δ	$\delta_1 = \arctan \dfrac{z_1}{z_2}$，$\delta_2 = 90° - \delta_1$
齿顶高	h_a	$h_a = h_a{}^* m\,(h_a{}^* = 1)$
齿根高	h_f	$h_f = (h_a{}^* + c^*)m\,(c^* = 0.2)$
分度圆直径	d	$d_1 = mz_1$，$d_2 = mz_2$
齿顶圆直径	d_a	$d_{a1} = d_1 + 2h_a\cos\delta_1$，$d_{a2} = d_2 + 2h_a\cos\delta_2$
齿根圆直径	d_f	$d_{f1} = d_1 + 2h_f\cos\delta_1$，$d_{f2} = d_2 + 2h_f\cos\delta_2$
锥距	R	$R = \dfrac{d_1}{\sin\delta_1} = \dfrac{d_2}{\sin\delta_2} = \dfrac{m}{2}\sqrt{z_1{}^2 + z_2{}^2}$
齿顶角	θ_a	$\tan\theta_a = \dfrac{h_a}{R}$
齿根角	θ_f	$\tan\theta_f = \dfrac{h_f}{R}$
分度圆齿厚	s	$s = \dfrac{\pi m}{2}$
齿宽	b	$b = \varphi_R R$，$\varphi_R = 0.25 \sim 0.3$

5.7　例题与解

例 1　渐开线齿廓上各点的压力角是不同的，基圆上的压力角为 0，齿顶圆上的压力角最大，渐开线齿轮分度圆上的压力角取为标准值。

注：渐开线齿廓上某点的速度方向与该点的法线方向之间的夹角称为该点的压力角。压力角的大小反映了渐开线齿廓啮合时相互作用的正压力与速度方向之间夹角的大小。即 $\cos\alpha_K = r_b / r_K$，与渐开线上该点离基圆的距离有关，离基圆越远，则压力角越大。

例 2　已知一正常齿制渐开线标准直齿圆柱齿轮的齿数 $z = 26$，模数 $m = 3\text{mm}$，$\alpha = 20°$，则其齿廓在分度圆处的曲率半径 $\rho = 13.33\text{mm}$，在齿顶圆处的曲率半径 $\rho_a = 20.51\text{mm}$。

注：渐开线上任意点处的公法线必与基圆相切，该点与切点之间的距离就是该点的曲率半径。正常齿制渐开线标准直齿圆柱齿轮的分度圆半径 $r = mz/2 = 39\text{mm}$；

齿顶圆半径：

$$r_a = r + m = r_b = r\cos\alpha = 39 \times \cos20° = 36.65\text{mm}$$

基圆半径：

$$r_b = r\cos\alpha = 39 \times \cos20° = 36.65\text{mm}$$

分度圆处的曲率半径：

$$\rho = \sqrt{r^2 - r_0{}^2} = \sqrt{39^2 - 36.65^2} = 13.33\text{mm}$$

齿顶圆处的曲率半径：

$$\rho = \sqrt{r_a{}^2 - r_b{}^2} = \sqrt{42^2 - 36.65^2} = 20.51\text{mm}$$

要记住，这条线既是该点的公法线、基圆的切线，同时又是齿廓啮合时正压力的作用方向。

例3 分度圆大小一定的渐开线齿轮齿廓的形状，决定于齿轮参数同时又是齿廓啮合时正压力的作用方向。

注： 一些初学者容易认为只有在切制标准直齿轮产生根切时，即在切制齿数 $z < z_{\min}$ 时才用变位齿轮。其实，在现代机械中，因变位齿轮可弥补标准齿轮的某些缺陷，应用非常广泛，许多齿数 $z < z_{\min}$ 的齿轮也进行变位修正。标准齿轮虽然具有设计简单、互换性好等一系列优点，但也暴露出如下不足。

①标准齿轮的齿数不能少于最少齿数 $z_{\min}$，否则用范成法加工时，产生根切，使齿轮传动的重合度降低，并降低轮齿的抗弯强度。

②标准齿轮不适用于实际中心距 a' 不等于标准中心距 a 的场合。当 $a' > a$ 时，虽仍保持定角速比，但会出现过大的齿侧间隙，重合度减小；当 $a' < a$ 时，根本无法安装。

③一对互相啮合的标准齿轮，小齿轮齿廓渐开线曲率半径小，齿根厚度小于大齿轮齿根厚度，抗弯强度弱。

变位齿轮与标准齿轮的齿廓都是在同一基圆形成的渐开线只是截取的线段不同。正变位时取远离基圆的渐开线所以齿顶圆和齿根圆均变大；负变位时取靠近基圆的渐开线，齿顶圆和齿根圆均变小。变位前后，因齿轮的模数与压力角仍与刀具相同，所以齿轮的模数、压力角、齿距、分度圆均不变。

例4 一对按标准中心距安装的正常齿制的外啮合渐开线标准直齿圆柱齿轮，小齿轮已损坏，需配置。今测得两轴中心距 $a = 310\text{mm}$，大齿轮齿数 $z_2 = 100$，齿顶圆直径 $d_{a2} = 408\text{mm}$，压力角 $\alpha_2 = 20°$，试确定小齿轮的模数、齿数、压力角、分度圆直径、齿顶圆直径。

解：

由 $d_{a2} = m z_2 + 2m$ 得小齿轮的模数为：

$$m = \frac{d_{a2}}{z_2 + 2} = \frac{408}{100 + 2} = 4\text{mm}$$

由 $a = m(z_1 + z_2)/2$ 得小齿轮的齿数为：

$$z_1 = \frac{2a}{m} - z_1 = \frac{2 \times 310}{4} - 100 = 55$$

小齿轮为正常齿制渐开线标准齿轮，其压力角为：

$$\alpha_1 = 20°$$

小齿轮的分度圆直径为：

$$d_1 = m z_1 = 4 \times 55 = 220\text{mm}$$

小齿轮的齿顶圆直径为：

$$d_{a1} = d_1 + 2m + 220 + 2 \times 4 = 228 \text{mm}$$

例 5　采用齿条刀具加工正常齿制渐开线标准直齿圆柱齿轮。已知刀具的齿形角 $\alpha = 20°$，刀具上相邻两齿对应点距离为 5πmm，加工时范成运动的速度分别为齿条刀具的线速度 $v = 60$mm/s，轮坯速度 $\omega = 1$rad/s。试求：被加工齿轮的模数、压力角、齿数、分度圆直径及基圆半径。

解：

刀具的齿距 $p = 5\pi$mm，所以刀具的模数为：

$$m = p/\pi = 5 \text{mm}$$

被加工齿轮的模数与刀具的模数相同，故：

$$m = 5 \text{mm}$$

齿轮的压力角与刀具的压力角相同，故：

$$\alpha = 20°$$

范成运动时，刀具的线速度与齿轮的分度圆处线速度相同，所以齿轮的分度圆半径及直径分别为：

$$r = \frac{v}{\omega} = \frac{50}{1} = 50 \text{mm} \qquad d = 100 \text{mm}$$

齿轮的齿数为：

$$z = \frac{d}{m} = \frac{100}{5} = 20$$

基圆半径为：

$$r_b = r\cos\alpha = 50 \times \cos20° = 46.98 \text{mm}$$

注：用齿条刀具范成齿轮时的运动条件是在节点处的线速度相同，即 $v_刀 = r\omega$，它直接决定被加工齿轮的齿数。

第6章 轮系

轮系，即由多个齿轮组成的传动系统，以实现大传动比、变速换向、分路传动、运动分解与合成等功用。

6.1 轮系的分类与组成

根据轮系运转时各齿轮轴线的相对位置是否固定分为定轴轮系、周转轮系和混合轮系。

6.1.1 定轴轮系

在轮系运动时，其各轮轴线的位置固定不动的轮系叫作定轴轮系。定轴轮系如图6-1所示。

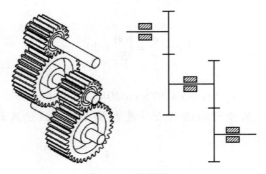

图6-1 定轴轮系

6.1.2 周转轮系

轮系在转动时，若轮系中至少有一个齿轮的轴线绕另一个齿轮的固定轴线转动，则该轮系为周转轮系，如图6-2所示。

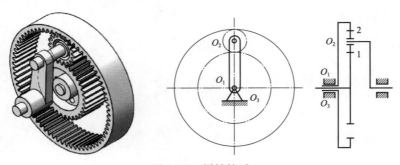

图6-2 周转轮系
1，3—中心轮；2—行星轮

1. 周转轮系的组成

图 6 – 3 所示为一周转轮系，轴线位置固定的齿轮 1、齿轮 3 为太阳轮（或叫中心轮）；既绕太阳轮轴线转，又绕自身轴线转的齿轮 2 叫行星轮，支持行星轮的构件 H 为行星支架（或系杆）。

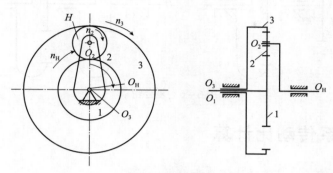

图 6 – 3　周转轮系
1、3—太阳轮；2—行星轮

为了使转动时的惯性力平衡，以及减小齿轮上的载荷，常常采用几个完全相同的行星轮，如图 6 – 4 所示为三个行星轮均匀地分布在中心轮的周围同时进行传动。因为这种行星齿轮的个数对研究动轴轮系的运动没有任何影响，因而在机构简图中可以只画出一个。

运转时，构件 H，齿轮 1、3 分别绕自身的几何中心旋转，轮齿 2 绕自身几何轴线自转，同时又随构件 H 一起绕固定轴线公转。

这种由一个系杆，一个或两个中心轮组成的单一周转轮系，系杆和中心轮的几何轴线必须重合，否则不能转动，图 6 – 4 中 O_1、O_2、O_H 必须重合。

2. 周转轮系的分类

在周转轮系中，它的两个中心轮都能转动的轮系称为差动轮系，如图 6 – 5（a）所示。轮系中有一个中心轮能转动，另一个中心轮固定的轮系称为简单行星轮系，如图 6 – 5（b）所示。

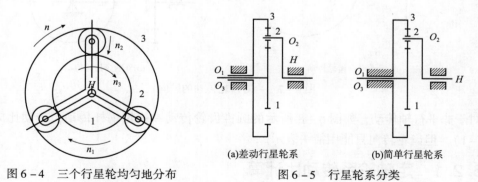

图 6 – 4　三个行星轮均匀地分布

(a)差动行星轮系　　　(b)简单行星轮系

图 6 – 5　行星轮系分类

6.1.3　复合轮系

由定轴轮系和周转轮系或由几个周转轮系组成的轮系为复合轮系，如图 6 – 6 所示。

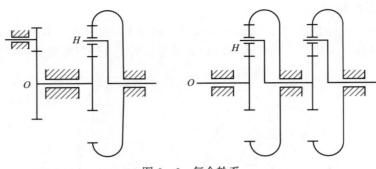

图 6 - 6 复合轮系

6.2 轮系传动比计算

对于一对齿轮传动, 其传动比定义为:

$$i = \frac{\omega_1}{\omega_2} = \pm \frac{z_2}{z_1} \qquad (6-1)$$

对轮系的传动比, 即为轮系中主动轴和从动轴的角速度或转速之比, 即定义为:

$$i_{1k} = \frac{\omega_1}{\omega_k} \qquad (6-2)$$

一对齿轮传动的转向, 如式(6-1)中, "+"号表示一对内啮合圆柱齿轮传动时, 从动轮转向主动轮转向相同。"-"号表示一对外啮合圆柱齿轮传动时, 从动轮转向主动轮转向相反, 如图 6-7 所示。

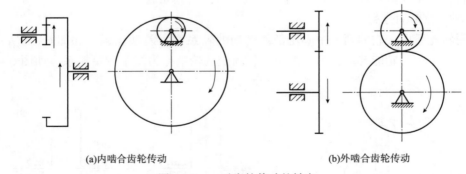

(a)内啮合齿轮传动   (b)外啮合齿轮传动

图 6 - 7 一对齿轮传动的转向

对于非平行轴传动, 如图 6-8 所示的圆锥齿轮传动和蜗轮蜗杆传动, 传动比应遵循式(6-1), 但齿轮转向只能用箭头表示。

6.2.1 定轴轮系传动比计算

轮系中的首末两轮的转速之比称为轮系的传动比, 如图 6-9 所示为由圆柱齿轮组成的平行轴定轴轮系, 齿轮 1 为首轮(主动轮), 齿轮 5 为末轮(从动轮), 设轮系中各齿轮的齿数分别为 z_1、z_2、$z_{2'}$、z_3、$z_{4'}$、z_4、z_5, 转速分别为 n_1、n_2、$n_{2'}$($n_2 = n_{2'}$)、n_3、$n_{4'}$、n_4、n_5。则连续的传动比为:

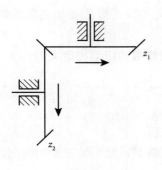
(a)圆锥齿轮传动

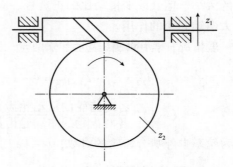
(b)蜗轮蜗杆传动

图6-8 非平行轴传动

$$i_{15} = \frac{n_1}{n_5} \tag{6-3}$$

因为：

$$i_{12} = \frac{n_1}{n_2} = -\frac{z_2}{z_1} \tag{6-4}$$

$$i_{2'3} = \frac{n_{2'}}{n_3} = \frac{n_2}{n_3} = -\frac{z_3}{z_{2'}} \tag{6-5}$$

$$i_{34} = \frac{n_3}{n_4} = -\frac{z_4}{z_3} \tag{6-6}$$

$$i_{4'5} = \frac{n_{4'}}{n_5} = \frac{n_4}{n_5} = +\frac{z_5}{z_{4'}} \tag{6-7}$$

由此可得：

$$i_{12} \cdot i_{2'3} \cdot i_{34} \cdot i_{4'5} = \frac{n_1}{n_2} \cdot \frac{n_{2'}}{n_3} \cdot \frac{n_3}{n_4} \cdot \frac{n_{4'}}{n_5} = \frac{n_1}{n_5} = \left(-\frac{z_2}{z_1}\right)\left(-\frac{z_3}{z_{2'}}\right)\left(-\frac{z_4}{z_3}\right)\left(-\frac{z_5}{z_{4'}}\right) = (-1)^3 \frac{z_2 z_3 z_4 z_5}{z_1 z_{2'} z_3 z_{4'}}$$

故

$$i_{15} = \frac{n_1}{n_5} = i_{12} i_{2'3} i_{34} i_{4'5} = (-1)^3 \frac{z_2 z_4 z_5}{z_1 z_{2'} z_{4'}} \tag{6-8}$$

由上式可知，该定轴轮系传动比等于各对啮合齿轮的传动比之连乘积，也等于轮系中所有从动轮齿数的乘积与所有主动轮齿数的乘积之比，传动比的正负号取决于外啮合齿轮的对数，外啮合齿轮为奇数对时取负号，表示首末两齿轮转向相同。图6-9中有三对外啮合，故取负号。

图6-9中，齿轮3分别与齿轮2'和齿轮4相啮合，它既是从动轮，又是主动轮，称为惰轮或介轮。上式等号右边的分子，分母都已消去齿数z_3，说明z_3并不影响轮

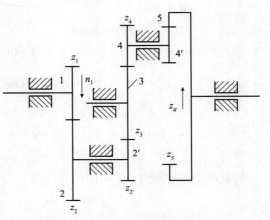

图6-9 平行轴定轴轮系的传动比

系传动比的大小，但会改变传动比的正负号。应用惰轮不仅可以改变从动轴的转向，还可以起到增大两轴间距的作用。

对于一般情况，若用 1、k 表示首末两轮，则定轴轮系的传动比定义为：

$$i_{1k} = \frac{n_1}{n_k} = i_{12} \cdot i_{2'3} \cdot i_{3'4} \cdots i_{(k-1)'k} = (-1)^m \frac{z_2 \cdot z_3 \cdot z_4 \cdots z_k}{z_1 \cdot z_{2'} \cdot z_{3'} \cdots z'_{(k-1)}}$$

$$= (-1)^m \frac{\text{各对齿轮的从动轮齿数连乘积}}{\text{各对齿轮的主动轮齿数连乘积}} \qquad (6-9)$$

式中，m 为轮系中外啮合齿轮的对数；$(-1)^m$ 用来判断平行轴定轴轮系的转向。

6.2.2　周转轮系传动比

在周转轮系中，行星轮系的运动不是只绕固定轴的简单运动，因此传动比不能直接应用求解定轴轮系传动比的方法来计算。但是，如果将系杆视为固定不动，并保持轮系中各构件之间的相对运动不变，这样就将原周转轮系化为定轴轮系。

如图 6-10 所示，在周转轮系中，ω_1、ω_2、ω_3、ω_H 分别为齿轮 1、2、3 及系杆 H 的角速度。现给整个周转轮系加上一个角速度 $(-\omega_H)$ 后，系杆就相对静止不动，而轮系中各构件之间的相对运动仍保持不变。这样就将周转轮系转化为定轴轮系。这种转化后的定轴轮系称为原周转轮系的转化机构，转化机构的传动比就用定轴轮系传动比的计算方法。转化机构中各构件的角速度用定轴轮系传动比的计算方法计算。转化机构中各构件的角速度用 ω_1^H、ω_2^H、ω_3^H、ω_H^H 表示，则：

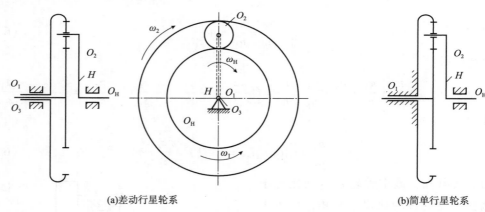

(a)差动行星轮系　　　　　　　　　　　　　　　(b)简单行星轮系

图 6-10　周转轮系

$$\begin{aligned}
\omega_1^H &= \omega_1 - \omega_H \\
\omega_2^H &= \omega_2 - \omega_H \\
\omega_3^H &= \omega_3 - \omega_H \\
\omega_H^H &= \omega_H - \omega_H = 0
\end{aligned} \qquad (6-10)$$

转化机构中的轮 1、3 间的传动比为：

$$i_{13}^H = \frac{\omega_1^H}{\omega_3^H} = \frac{\omega_1 - \omega_H}{\omega_3 - \omega_H} = (-1)^1 \frac{z_2 z_3}{z_1 z_2} = -\frac{z_3}{z_1} \qquad (6-11)$$

说明，如图 6-10(a) 所示差动行星轮系，可任意给定 ω_1、ω_3、ω_H 中的两个而求出第三个；如图 6-10(b) 所示简单行星轮系，因中心轮 3 固定，$\omega_3 = 0$，因此，只要已知轮 1 和构件 H 中的一个构件运动，就可以求出另一个构件的运动，计算时可假定某一转向为正，与其相反为负。

一般情况下，若用 1，k 表示首末两轮，则转化轮系的传动比为：

$$i_{1k}^{H} = \frac{\omega_1 - \omega_H}{\omega_k - \omega_H} = \frac{n_1 - n_H}{n_k - n_H} = (-1)^m \frac{\text{从齿轮 1 至 } k \text{ 间所有从动轮齿数的乘积}}{\text{从齿轮 1 至 } k \text{ 间所有主动轮齿数的乘积}} \quad (6-12)$$

3. 复合轮系传动比

计算复合轮系的传动比时，必须首先将该轮系分解为几个单一的基本轮系，再分别按相应的传动比计算公式列出方程式，最后联立解出所求的传动比。

解决此类问题的关键是，在轮系中找出单一的行星轮系，即先找出行星轮，再找出支持行星轮的行星架以及行星轮相啮合的太阳轮，即确定了行星轮系。

6.3　轮系应用

6.3.1　轮系的功用

1. 实现大传动比传动

当两轴之间需要较大的传动比时，如果仅用一对齿轮传动，必然使两轮的尺寸相差很大，小齿轮也较易损坏。通常一对齿轮的传动比不大于 5~7。由于定轴轮系的传动比等于该轮系中各对啮合齿轮传动比的连乘积，因此采用轮系可获得较大的传动比。尤其是周转轮系，可以用很少的齿轮获得很大的传动比，而且结构很紧凑。如图 6-11 所示的行星轮系，H、1 分别是主、从动件，可列出：

$$\frac{n_1 - n_H}{0 - n_H} = \frac{z_2 z_3}{z_1 z_{2'}} \quad (6-13)$$

$$1 - i_{1H} = \frac{101 \times 99}{100 \times 100} \quad (6-14)$$

$$i_{1H} = \frac{1}{10000} \quad (6-15)$$

$$i_{H1} = 10000 \quad (6-16)$$

即当系杆转 10000 转时，齿轮 1 才转 1 转，可见传动比确实很大。

2. 实现远距离传动

当两轴间的距离较远时，如果仅用一对齿轮传动(如图 6-12 中齿轮 1、2)，两轮尺寸很大。这样既占空间又费材料。若改用轮系传动(如图 6-12 中齿轮 A、B、C、D)，则可使整个机构的轮廓尺寸减小。

3. 实现变速传动

在主动轴转速不变的情况下，通过轮系，可以使从动轮获得若干种转速。如图 6-13 所示的车床变速箱，通过三联齿轮 a 和双联齿轮 b 在轴上的移动，使得带轮可以有 6 种不同的转速。此外，用周转轮系也可以实现变速传动。

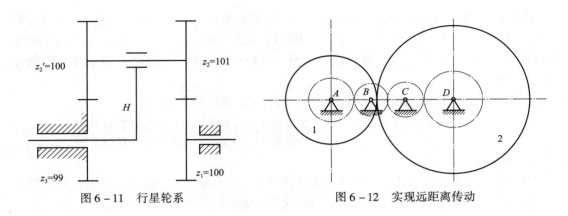

图 6－11　行星轮系　　　　　　　　图 6－12　实现远距离传动

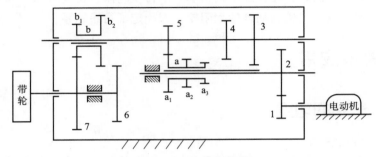

图 6－13　车床变速箱

4. 实现换向传动

在主动轴转向不变的情况下，利用轮系可以改变从动轴的转向。如图 6－14 所示为车床上走刀丝杠的三星轮换向机构。通过扳动手柄 A，从动轮 4 可实现换向。

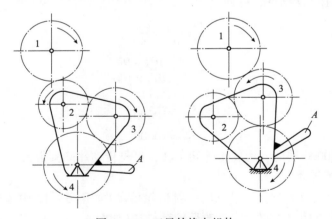

图 6－14　三星轮换向机构

5. 实现分路传动

利用轮系，可以将主动轴上的运动传递给若干从动轴，实现分路传动。

如图 6－15 所示为滚齿机上滚刀与轮坯之间做展成运动的运动简图。滚齿加工要求滚刀的转速与轮坯的转速必须满足传动比关系。主动轴 I 通过锥齿轮 1 经锥齿轮 2 将运动传给滚刀，主动轴又通过齿轮 3 经齿轮 4 – 5、6、7 – 8 传给蜗轮 9，带动轮坯传动，从而满足滚刀与轮坯的传动比要求。

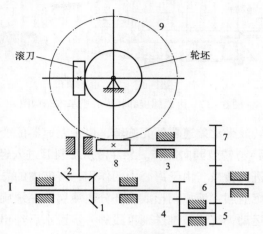

图 6 – 15　滚齿机中的轮系

6. 实现运动的合成与分解

对于差动轮系，必须给定两个基本构件的运动，第三个基本构件的运动才能确定。也就是说，第三个基本构件的运动是另两个基本构件的运动的合成。

如图 6 – 16 所示的差动轮系，$z_1 = z_2$，故：

$$\frac{n_1 - n_H}{n_3 - n_H} = -\frac{z_3}{z_1} = -1 \tag{6 – 17}$$

即

$$n_H = \frac{1}{2}(n_1 + n_3) \tag{6 – 18}$$

上式说明，系杆 H 的转速是轮 1 和轮 3 转速的合成。

同样，差动轮系也可以实现运动的分解，即将一个主动的基本构件的转动，按所需比例分解为另两个从动的基本构件的转动。比较典型的实例是汽车的差速器。当汽车转弯时，将主轴的一个转动，利用差速器分解为两个后轮的不同转动。

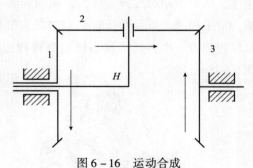

图 6 – 16　运动合成

6.3.2　轮系在过程装备中的应用

1. 离心机中差速器的应用

如图 6 – 17 所示，该系列离心机主要由柱 – 锥形转鼓、螺旋推料器、行星差速器、机壳和机座等零部件组成。转鼓通过主轴承水平安装在机座上，并通过连接盘与差速器外壳相连。螺旋推料器通过轴承同心安装在转鼓内，并通过外花键与差速器输出轴内花键相连。

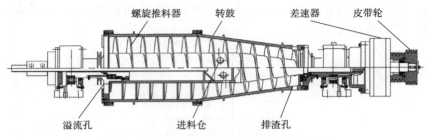

图 6 – 17　卧式螺旋卸料离心机基本结构图

　　在电动机拖动下，转鼓带动差速器外壳旋转，由于差速器的变速作用，螺旋推料器以一定的差速（超前或滞后）与转鼓同向旋转。悬浮液从加料管进入螺旋推料器的料仓内，经初步加速后经料盒出口进入转鼓。由于离心力的作用，转鼓内的悬浮液很快分成两相：固相沉积在转鼓壁上形成沉渣层；液相则形成内环分离液层。在螺旋推料器的作用下，沉渣和分离液向相反的方向运动，沉渣被推送到锥段进一步脱水后经出渣门排出，分离液从大端溢流孔排出或采用向心泵排出。

　　2. 螺旋沉降机中轮系的应用

　　在所有螺旋沉降离心机中，沉渣在转鼓内表面上的移动，全靠螺旋鼓对转鼓的相对转动来实现，两者转差率（转速差与转鼓转速之比）在 0.6% ~ 4%，多数为 1% ~ 2%，它由变速箱产生，变速箱是这种离心机的一个主要零部件。由于螺旋沉降式离心机的转鼓与螺旋鼓的转速差小而传递扭矩大，宜采用周转轮系机构，常用摆线针轮行星变速箱或渐开线行星齿轮变速箱。摆线针轮变速器的示意如图 6 – 18 所示。这种变速器的中心针轮与转鼓以同一角速度回转，它是由电动机经皮带轮带动的。行星摆线轮是同一电动机通过皮带轮带动变速器的转臂输入轴带动的，变速器的输出轴（与行星摆线轮架相连）则与螺旋鼓枢轴相连，从而带动螺旋鼓旋转，并使螺旋鼓与转鼓产生相对旋转。为了使转动平稳、受力均衡，常采用两个行星摆线轮呈 180° 角对装在偏心轮套上。通常行星摆线轮的齿数只比中心针轮齿数少一个，是实现小传差率较理想的传动装置。渐开线行星齿轮变速器的示意如图 6 – 19 所示。

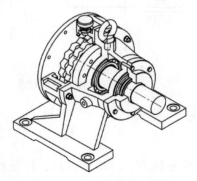

图 6 – 18　摆线针轮变速器

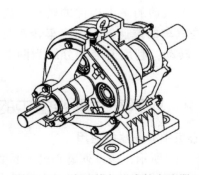

图 6 – 19　渐开线行星齿轮变速器

6.4 例题与解

例1 已知各齿轮齿数分别为 $z_1 = 20$，$z_2 = 40$，$z_{2'} = 25$，$z_3 = 75$，$z_{3'} = 1$（右旋），$z_4 = 30$，转速 $n_1 = 1440\text{r/min}$，转动方向如图 6-20 所示。

（1）该轮系属于什么轮系？（2）计算蜗轮 4 的转速 n_4，指明其转动方向。

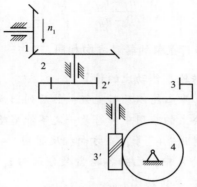

图 6-20 例1 题图

解：

（1）该轮系为定轴轮系。

（2）依据定轴轮系传动比公式，有：

$$i_{14} = \frac{n_1}{n_4} = \frac{z_2 z_3 z_4}{z_1 z_{2'} z_{3'}} = \frac{40 \times 75 \times 30}{20 \times 25 \times 1} = 180$$

即

$$n_4 = \frac{n_1}{i_{14}} = \frac{1440}{180} = 8\text{r/min}$$

由箭头法判断蜗轮 4 为顺时针转向。

注： 此题属于典型的定轴轮系传动比的计算，只要分清楚在啮合过程中谁是主动轮，谁是从动轮，直接套用公式即可。在方向判断中，把握住箭头法就不会出错。

例2 如图 6-21 所示，已知各轮齿数分别为 $z_1 = 20$，$z_2 = 50$，$z_{2'} = 54$，$z_3 = 108$，求传动比转速 i_{1H}。

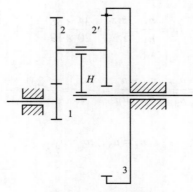

图 6-21 例2 题图

解：

该轮系为周转轮系。其中齿轮1、3为中心轮，齿轮2、2′为行星轮，支撑2、2′的为系杆。依周转轮系传动比公式，有：

$$i_{13}^H = \frac{n_1^H}{n_3^H} = \frac{n_1 - n_H}{n_3 - n_H} = -\frac{z_2 z_3}{z_1 z_{2'}} = -\frac{50 \times 108}{20 \times 54} = -5$$

又由图知 $n_3 = 0$，因此有：

$$\frac{n_1 - n_H}{0 - n_H} = -5$$

故 $i_{1H} = \dfrac{n_1}{n_H} = 6$，则轮1与行星架的转动方向相同。

注：此题属于典型的周转轮系传动比的计算。

首先要分析清楚行星轮、中心轮以及行星架；然后列出周转轮系传动比计算公式，代入已知条件解方程即可。在公式的应用中，符号一定不能省略。用箭头法推算两轮在转化轮系中的转向，当方向相同时用"+"号，当方向相反时用"-"号。

例3 图6-22所示的轮系中，已知各轮齿数分别为 $z_1 = 20$，$z_2 = 34$，$z_{2'} = 19$，$z_3 = 38$，$z_{3'} = 67$，$z_4 = 17$，$z_5 = 23$，求传动比 i_{1H}。

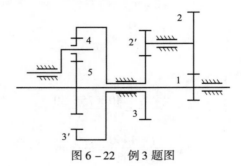

图6-22 例3题图

解：

这是一个复合轮系，由一个周转轮系和一个定轴轮系组成。齿轮1、2、2′、3组成定轴轮系，中齿轮3′、4、5组成周转轮系，其中3′和5是中心轮，4是行星轮，支撑5的构件是行星架 H。

在定轴轮系中：

$$i_{13} = \frac{n_1}{n_3} = \frac{z_2 z_3}{z_1 z_{2'}} = \frac{34 \times 38}{20 \times 19} = 3.4 \qquad\qquad ①$$

在周转轮系中：

$$i_{3'5}^H = \frac{n_{3'}^H}{n_5^H} = \frac{n_{3'} - n_H}{n_5 - n_H} = -\frac{z_5}{z_{3'}} = -\frac{23}{67} = -0.3 \qquad\qquad ②$$

又由图中分析可知：

$$n_1 = n_5, \quad n_3 = n_{3'} \qquad\qquad ③$$

联立式①~③，可得到：

$$i_{1H} = \frac{n_1}{n_H} = 2.125$$

齿轮1和行星架 H 的转动方向相同。

注: 这是一道复合轮系传动比的计算题。复合轮系传动比求解的关键是正确分解轮系。首先找到行星轮,从图6-22中分析可知,齿轮4的轴线位置是不固定的,因此齿轮4是行星轮;接下来找中心轮,直接与行星轮啮合,且回转轴线位置固定的齿轮是中心轮,因此齿轮3'和5是中心轮;支撑行星轮回转的构件是行星架,因此找到齿轮4回转中心所在构件,就是行星架了。周转轮系分解出来后,剩下的齿轮,各个的轴线位置都是固定的,因此剩下的就是一个定轴轮系了。分解为两个轮系后分别列方程,本题中得到式①和式②。一般仅两个方程是无法求解的,还需要找出两个方程之间的关系,这主要从两个被分解了的轮系中找转速关系,一看是否有转速为0的轮子,二看是否有转速相等的轮子,然后列出式子,即式③,这样联立3个式子就可以求解了。另外在计算过程中,传动比的正负号一定不能省略,否则就会得出错误结论。

例4 图6-23所示的轮系中,各齿轮均为标准齿轮,并已知各齿数分别为 $z_1 = 28$,$z_2 = 21$,$z_4 = 19$,$z_5 = 38$,求:

(1)齿数 z_3 和 z_6;

(2)传动比 i_{1H2}。

解:

这个轮系是由两个周转轮系组成的。一个是由齿轮1、2、3和 H_1 组成,其中齿轮1、3是中心轮,齿轮2是行星轮,行星架为 H_1;另一个是由齿轮4、5、6和 H_2 组成的,其中齿轮4、6是中心轮,齿轮5是行星轮,H_2 为行星架。

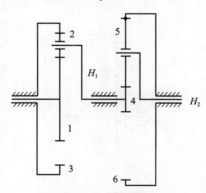

图6-23 例4题图

(1)在周转轮系1、2、3和 H_1 中,由几何关系有:

$$r_1 + 2r_2 = r_3 \tag{①}$$

又因为相啮合的齿轮模数要相等,因此由式①可以得到:

$$z_1 + 2z_2 = z_3 \tag{②}$$

因而有 $z_3 = 28 + 2 \times 21 = 70$,同理,在周转轮系4、5、6、$H_2$ 中,有:

$$z_6 = z_4 + 2z_5 = 19 + 2 \times 38 = 95$$

(2)在周转轮系1、2、3和 H_1 中,有:

$$i_{13}^{H_1} = \frac{n_1^{H_1}}{n_3^{H_1}} = \frac{n_1 - n_{H_1}}{n_3 - n_{H_1}} = -\frac{z_3}{z_1} = -\frac{70}{28} = -2.5 \qquad ③$$

在周转轮系 4、5、6 和 H_2 中，有：

$$i_{46}^{H_2} = \frac{n_4^{H_2}}{n_6^{H_2}} = \frac{n_4 - n_{H_2}}{n_6 - n_{H_2}} = -\frac{z_6}{z_4} = -\frac{95}{19} = -5 \qquad ④$$

考虑到 $n_3 = n_6 = 0$，以及 $n_4 = n_{H_1}$，联立式③和式④，可得：

$$i_{1H_2} = 21$$

齿轮 1 和行星架 H_2 的转动方向相同。

注：这是一个复合轮系的求解问题。传动比的求解与前几个例题相同。这里需要说明的是齿数计算问题。在行星轮系中，从几何关系上可以推导出一些方程式，如本例题中的式①和式②，再考虑齿轮啮合条件，即相互啮合齿轮的模数和压力角应分别相等，将分度圆半径计算公式代入几何条件式中，问题便可以迎刃而解了。

例5 如图 6-24 所示的差动轮系，已知 $z_1 = 30$，$z_2 = 20$，$z_3 = 60$，轮 1 顺时针方向转动，转速 $n_1 = 200\text{r/min}$，轮 2 顺时针方向转动，转速 $n_2 = 25\text{r/min}$，求系杆 H 的转速 n_H。

解：

因为：

$$i_{13}^{H} = \frac{\omega_1 - \omega_H}{\omega_3 - \omega_H} = \frac{n_1 - n_H}{n_3 - n_H} = -\frac{z_3}{z_1} = -\frac{60}{30} = -2$$

设轮系 1 转速为 n_1 为正，因 n_3 的转向与 n_1 相反，故为负，则由上式得：

$$\frac{200 - n_H}{-25 - n_H} = -2$$

解得 $n_H = 50\text{r/min}$。

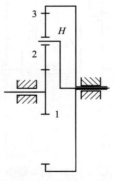

图 6-24 例 5 题图

例6 如图 6-25 所示轮系，已知 $z_1 = 20$，$z_2 = 35$，$z_3 = 20$，$z_4 = 35$，$z_5 = 80$，$n_1 = 350\text{r/min}$。求系杆 H 的转速 n_H。

解：

该轮系为混合轮系，其中轮 1 和轮 2 组成定轴轮系，轮 3、4、5 和系杆组成行星轮系。

由定轴轮系得：

$$i_{12} = \frac{\omega_1}{\omega_2} = \frac{n_1}{n_2} = -\frac{z_2}{z_1} = -\frac{35}{20} = -1.75$$

$$n_2 = \frac{n_1}{i_{12}} = \frac{350}{-1.75} = -200 \text{r/min}$$

$$n_3 = n_2 = -200 \text{r/min}$$

由行星轮系得:

$$\frac{\omega_3 - \omega_H}{\omega_5 - \omega_H} = \frac{n_3 - n_H}{n_5 - n_H} = \frac{n_3 - n_H}{n_H} = -\frac{z_5}{z_3} = -\frac{80}{20} = -4$$

即

$$\frac{-200 - n_H}{n_H} = -4$$

$$n_H = -40 \text{r/min}$$

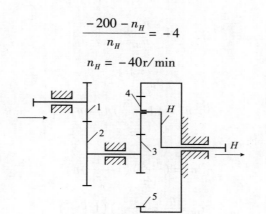

图 6-25 例 6 题图 混合轮系

例7 如图 6-26 所示轮系中,已知各齿轮数分别为 z_1、z_2、$z_{2'}$、z_3、$z_{3'}$、z_4、z_5。求传动比 i_{1H}。

解:

(1)先找出轮系中的行星轮 4,行星架 H,太阳轮 $3'$、5,组成了行星轮系,即 $3'$ - 4 - 5 - H 部分,余下的部分 1 - 2 - $2'$ - 3 为定轴轮系。

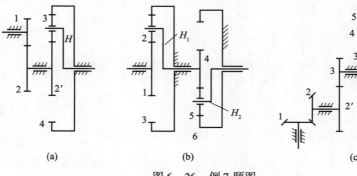

(a)   (b)   (c)

图 6-26 例 7 题图

(2)定轴轮系 1 - 2 - $2'$ - 3 部分,其传动比为:

$$i_{13} = \frac{n_1}{n_3} = \frac{z_2 z_3}{z_1 z_{2'}}$$

$$n_1 = \frac{z_2 z_3}{z_1 z_{2'}} n_3 \qquad\qquad ①$$

(3)行星轮系 $3' - 4 - 5 - H$ 部分，其传动比为：

$$i_{3'5}^H = \frac{n_{3'} - n_H}{n_5 - n_H} = -\frac{z_5}{z_{3'}}$$

因为轮 5 固定不动，即 $n_5 = 0$。故：

$$\frac{n_{3'} - n_H}{0 - n_H} = -\frac{z_5}{z_{3'}}$$

即

$$1 - \frac{n_{3'}}{n_H} = -\frac{z_5}{z_{3'}}$$

$$\frac{n_{3'}}{n_H} = 1 + \frac{z_5}{z_{3'}}$$

$$n_{3'} = (1 + \frac{z_5}{z_{3'}}) n_H = n_3 \qquad\qquad ②$$

将式①代入式②，得：

$$n_1 = (\frac{z_2 z_3}{z_1 z_{2'}})(1 + \frac{z_5}{z_{3'}}) n_H$$

$$i_{1H} = \frac{n_1}{n_H} = (\frac{z_2 z_3}{z_1 z_{2'}})(1 + \frac{z_5}{z_{3'}})$$

第7章　齿轮传动和蜗轮蜗杆传动

齿轮传动是应用极为广泛且特别重要的一种机械传动形式，它可以用来在空间的任意轴之间传递运动和动力。目前齿轮传动装置正逐步向小型化、高速化、低噪声、高可靠性和硬齿面技术的方向发展。

齿轮传动的主要特点有：

(1)效率高。在常用的机械传动中，以齿轮传动的效率为最高。如一级圆柱齿轮传动的效率可达99%。这对大功率传动十分重要，因为即使效率只提高1%，也有很大的经济意义。

(2)结构紧凑。在同样的使用条件下，齿轮传动所需的空间尺寸一般较小。

(3)工作可靠、寿命长。设计制造正确合理、使用维护良好的齿轮传动，工作十分可靠，寿命可长达 $10 \sim 20$ 年，这也是其他机械传动所不能比拟的。这对车辆及在矿井内工作的机器尤为重要。

(4)传动比稳定。传动比稳定往往是对传动性能的基本要求。齿轮传动获得广泛应用，也就是由于具有这一特点。

但是齿轮传动的制造及安装精度要求高，价格较贵，且不宜用于传动距离过大的场合。齿轮传动可做成开式、半开式及闭式。如在农业机械、建筑机械以及简易的机械设备中，有一些齿轮传动没有防尘罩或机壳，齿轮完全暴露在外面，这叫开式齿轮传动。这种传动不仅外界杂物极易侵入，而且润滑不良，因此工作条件不好，轮齿也容易磨损，故只宜用于低速传动。当齿轮传动装有简单的防护罩，有时还把大齿轮部分地浸入油池中，则称为半开式齿轮传动。它的工作条件虽有改善，但仍不能做到严密防止外界杂物侵入，润滑条件也不算最好。汽车、机床、航空发动机等所用的齿轮传动，都是装在经过精确加工而且封闭严密的箱体内，这称为闭式齿轮传动。它与开式或半开式的相比，润滑及防护等条件最好，多用于重要的场合。

7.1　齿轮传动的失效形式和设计准则

7.1.1　齿轮传动的失效形式

1. 轮齿折断

轮齿受载后，齿根处的弯曲应力较大，齿根过渡部分的形状突变及加工刀痕，还会在该处引起应力集中。在正常工况下，当齿根的循环弯曲应力超过其疲劳极限时，将在齿根处产生疲劳裂纹，裂纹逐步扩展，致使轮齿疲劳折断。

若使用不当造成齿轮过载时，轮齿在突加载荷作用下也可能出现过载折断；长期使用的齿轮因严重磨损而导致齿厚过分减薄时，也会在名义载荷作用下发生折断。

齿宽较小的直齿圆柱齿轮(简称直齿轮)一般发生整齿折断；齿宽较大的直齿轮，因制造装配误差使得载荷偏置于齿轮的一端，发生局部折断的可能性较大。斜齿圆柱齿轮（简称斜齿轮）和人字齿圆柱齿轮（或称人字齿轮）的接触线是倾斜的，轮齿受载后，如有载荷集中时，一般会发生局部折断。

为了提高轮齿的抗折断能力，可采取下列措施：

(1)采用正变位齿轮，增大齿根的强度；

(2)使齿根过渡曲线变化更为平缓及消除加工刀痕，减小齿根应力集中；

(3)增大轴及支承的刚性，使轮齿接触线上的受载较为均匀；

(4)采用合适的热处理方法使齿芯材料具有足够的韧性；

(5)采用喷丸、滚压等工艺措施对齿根表层进行强化处理。

2. 齿面磨损

齿面摩擦或啮合齿面间落入磨料性物质（如砂粒、铁屑等），都会使齿面逐渐磨损而致报废。这是开式齿轮传动的主要失效形式之一。磨损引起齿廓变形和齿厚减薄，产生振动和噪声，甚至因轮齿过薄而断裂。采用闭式齿轮传动，提高齿面硬度，降低齿面粗糙度值，注意保持润滑油清洁等，均有利于减轻齿面磨损。

3. 齿面点蚀

齿轮工作时，在循环接触应力、齿面摩擦力及润滑剂的反复作用下，在齿面或其表层内会产生微小的裂纹。这些微裂纹继续扩展，相互连接，形成小片并脱落，在齿面上出现细碎的凹坑或麻点，从而造成齿面损伤，称为疲劳点蚀。

齿面点蚀与齿面间的相对滑动和润滑油的黏度有关。相对滑动速度高，黏度大，齿面间容易形成油膜，齿面有效接触面积较大，接触应力小，点蚀不容易发生。但在轮齿的节线附近，相对滑动速度低，形成油膜的条件差，特别是对于直齿轮传动，这时只有一对轮齿啮合，轮齿受力也较大，因此该处最容易出现点蚀。观察实际轮齿的点蚀破坏发现，点蚀往往首先出现在靠近节线的齿根面上，然后再向其他部位扩展。从相对意义上说，靠近节线处的齿根面抵抗点蚀破坏的能力最弱。提高齿轮材料的硬度，可以增强轮齿抗点蚀的能力。在啮合的轮齿间加注润滑油可以减小摩擦、延缓点蚀、延长齿轮的工作寿命。并且在合理的限度内，润滑油的黏度越高，上述效果也越好。因为当齿面上出现疲劳裂纹后，润滑油就会浸入裂纹，而且黏度越低的油，越易浸入，润滑油浸入裂纹后，在轮齿啮合时，就有可能在裂纹内受到挤胀，从而加快裂纹的扩展，这是不利之处。所以对速度不高的齿轮传动，宜用黏度高一些的油来润滑；对速度较高的齿轮传动（如圆周速度 $>$ 12m/s），要用喷油润滑（同时还起散热的作用），此时只宜用黏度低的油。开式齿轮传动，由于齿面磨损较快，很少出现点蚀。

4. 齿面胶合

齿面胶合是由于齿面间未能有效地形成润滑油膜，导致齿面金属直接接触，并在随后的相对滑动中，相互粘连的金属沿着相对滑动方向相互撕扯而出现一条条划痕，齿面胶合会引起振动和噪声，导致齿轮传动性能下降，甚至失效。

高速重载齿轮传动，齿面间压力大、相对滑动速度大，摩擦导致局部温度上升、油膜破裂，造成齿面金属直接接触并相互粘连，称为齿面热胶合；低速重载齿轮传动（$v \leqslant$ 4m/s），齿面间压力很高，导致油膜破裂而使金属粘连，称为齿面冷胶合。采用正变位齿轮，减小模数，降低齿高以减小滑动速度，提高齿面硬度，降低齿面粗糙度值，采用抗胶合能力强的齿轮材料，在润滑油中加入抗胶合能力强的极压添加剂等，均可以提高齿轮的抗胶合能力。

5. 塑性变形

当轮齿材料过软时，若轮齿上的载荷所产生的应力超过材料的屈服极限时，轮齿就会发生塑性变形。当轮齿上受到冲击载荷作用时，在较软齿面的接触部位会出现压痕；当润滑不良而导致齿面产生过大的摩擦力时，齿面材料有可能沿着摩擦力的方向发生金属塑性流动。在主动轮的轮擦力方向背离节线，齿面金属的流动导致节线处下凹；在从动轮的轮齿上，摩擦力方向指面金属的流动导致节线处凸起，提高轮齿齿面硬度、采用高黏度的或加有极压添加剂的润滑油。均有助于延缓、减少或防止轮齿产生塑性变形。

7.1.2　齿轮传动的设计准则

不同条件下工作的齿轮传动有不同的主要失效形式，可以建立相应的设计计算准则。

（1）对于闭式软齿面（齿面硬度≤350HBS）齿轮传动，其主要失效形式是由于齿面受到反复作用的接触应力而产生的疲劳点蚀。设计时按齿面接触强度进行，并校核其轮齿弯曲强度。

（2）对于闭式硬齿面（齿面硬度＞350HBS）齿轮传动，其主要失效形式是由于齿根受到反复作用的弯曲应力导致的轮齿疲劳折断。设计时按轮齿弯曲强度进行，并校核其齿面接触强度。

（3）对于开式齿轮传动，其主要失效形式是齿面磨损和轮齿折断，由于目前对齿面磨损尚无成熟的计算方法，因此只进行轮齿弯曲强度计算，并通过适当增大模数的方法来考虑齿面磨损的影响。

7.2　齿轮的材料及其选择原则

由轮齿的失效形式可知，设计齿轮传动时，应使齿面具有较高的抗磨损、抗点蚀、抗胶合及抗塑性变形的能力，而齿根要有较高的抗折断能力。因此，对齿轮材料性能的基本要求为：齿面要硬，齿芯要韧。

7.2.1　常用的齿轮材料

1. 钢

钢材的韧性好，耐冲击，还可通过热处理或化学热处理改善其力学性能及提高齿面的硬度，故最适于用来制造齿轮。

（1）锻钢

除尺寸过大或者结构形状复杂只宜铸造者外，一般都用锻钢制造齿轮，常用的是含碳量在 0.15% ~ 0.6% 的碳钢或合金钢。

制造齿轮的锻钢可分为：

①经热处理后切齿的齿轮所用的锻钢对于强度、速度及精度都要求不高的齿轮，应采用软齿面（硬度≤350HBS）以便于切齿，并使刀具不致迅速磨损变钝。因此，应将齿轮毛

坯经过常化(正火)或调质处理后切齿。切制后即成品。其精度一般为8级,精切时可达7级。这类齿轮制造简便、经济,生产率高。

②需进行精加工的齿轮所用的锻钢。高速、重载及精密机器(如精密机床、航空发动机)所用的主要齿轮传动,除要求材料性能优良,轮齿具有高强度及齿面具有高硬度(如58~65HRC)外,还应进行磨齿等精加工。需精加工的齿轮目前多是先切齿,再作表面硬化处理,最后进行精加工,精度可达5级或4级。这类齿轮精度高,价格较贵,所用热处理方法有表面淬火、渗碳、氮化、软氮化及氰化等。所用材料视具体要求及热处理方法而定。

合金钢材通过添加不同成分和性能的金属可使其韧性、耐冲击、耐磨或抗胶合的性能获得提高,也可通过热处理或化学热处理改善材料的力学性能并提高齿面的硬度。所以对于既是高速、重载,又要求尺寸小、质量小的航空用齿轮,都使用性能优良的合金钢(如20CrMnTi、20Cr2Ni4A等)制造。

由于硬齿面齿轮具有力学性能高、结构尺寸小等优点,因而一些工业发达的国家在一般机械中也普遍采用了中、硬齿面的齿轮传动。

(2)铸钢

铸钢的耐磨性及强度均较好,但应经退火及常化处理,必要时也可进行调质。铸钢常用于尺寸较大的齿轮。

2. 铸铁

灰铸铁性质较脆,抗冲击及耐磨性都较差,但抗胶合及抗点蚀的能力较好。灰铸铁齿轮常用于工作平稳、速度较低、功率不大的场合。

3. 非金属材料

对高速、轻载及精度不高的齿轮传动,为了降低噪声,常用非金属材料(如夹布塑胶、尼龙等)制造小齿轮,大齿轮仍用钢或铸铁制造。为使大齿轮具有足够的抗磨损及抗点蚀的能力,齿面的硬度应为250~350HBS。

常用的齿轮材料及其力学性能列于表7-1。

表7-1 常用齿轮材料及其力学性能

材料牌号	热处理方式	强度极限 σ_b/MPa	屈服极限 σ_s/MPa	硬度/HBS	
				齿芯部	齿面
HT250		250			170~241
HT300	—	300	—		187~255
HT350		350			197~269
QT500-5		500			147~241
QT600-2		600			229~302
ZG310-570	常化	580	320		156~217
ZG340-640		650	350		169~229
45		580	290		162~217

续表

材料牌号	热处理方式	强度极限 σ_b/MPa	屈服极限 σ_s/MPa	硬度/HBS	
				齿芯部	齿面
ZG340－640	调质	700	380	241～269	
45		650	360	217～255	
30CrMnSi		1100	900	310～360	
35SiMn		750	450	217～269	
38SiMnMo		700	550	217～269	
40Cr		700	500	241～286	
45	调质后表面淬火	—	—	217～255	40～50HRC
40Cr		—	—	241～286	48～55HRC
20Cr	渗碳后淬火	650	400	300	58～62HRC
20CrMnTi		1100	850		
12Cr2Ni4		1100	850	320	
20Cr2Ni4		1200	1100	350	
35CrAlA	调质后氮化 （氮化层厚 $\delta \geqslant 0.3 \sim 0.5mm$）	950	750	255～321	＞850Hv
38CrMoAlA		1000	850		
夹布塑胶	—	100	—	25～35	

注：40Cr 钢可用 40MnB 或 40MnVB 钢代替；20Cr、20CrMnTi 钢可用 20Mn2B 或 20MnVB 钢代替。

7.2.2　齿轮材料的选择原则

齿轮材料的种类很多，在选择时应考虑的因素也很多，下述几点可供选择材料时参考。

（1）齿轮材料必须满足工作条件的要求。例如，用于飞行器上的齿轮，要满足质量小、传递功率大和可靠性高的要求，因此必须选择力学性能高的合金钢；矿山机械中的齿轮传动，一般功率很大，工作速度较低，周围环境中粉尘含量极高，因此往往选择铸钢或铸铁等材料；家用及办公用机械的功率很小，但要求传动平稳、低噪声或无噪声，以及能在少润滑或无润滑状态下正常工作，因此常选用工程塑料作为齿轮材料。总之，工作条件的要求是选择齿轮材料时首先应考虑的因素。

（2）应考虑齿轮尺寸的大小、毛坯成型方法及热处理和制造工艺。大尺寸的齿轮一般采用铸造毛坯，可选用铸钢或铸铁作为齿轮材料。中等或中等以下尺寸、要求较高的齿轮常选用锻造毛坯，可选择锻钢制作。尺寸较小而又要求不高时，可选用圆钢做毛坯。齿轮表面硬化的方法有：渗碳、氮化和表面淬火。采用渗碳工艺时，应选用低碳钢或低碳合金钢作为齿轮材料；氮化钢和调质钢能采用氮化工艺；采用表面淬火时，对材料没有特别的要求。

（3）正火碳钢，不论毛坯的制作方法如何，只能用于制作在载荷平稳或轻度冲击下工作的齿轮，不能承受大的冲击载荷；调质碳钢可用于制作在中等冲击载荷下工作的齿轮。

（4）合金钢常用于制作高速、重载并在冲击载荷下工作的齿轮。

（5）飞行器中的齿轮传动，要求齿轮尺寸尽可能小，应采用表面硬化处理的高强度合金钢。

（6）金属制的软齿面齿轮，配对两轮齿面的硬度差应保持为 30～50HBS 或更大。当小齿轮与大齿轮的齿面具有较大的硬度差（如小齿轮齿面为淬火并磨制，大齿轮齿面为常化或调质），且速度又较高时，较硬的小齿轮齿面对较软的大齿轮齿面会起较显著的冷作硬化效应，从而提高了大齿轮齿面的疲劳极限。因此，当配对的两齿轮齿面具有较大的硬度差时，大齿轮的接触疲劳许用应力可提高约20%，但应注意硬度高的齿面，粗糙度值也要相应地减小。

7.3 直齿圆柱齿轮传动的强度计算

7.3.1 轮齿的受力分析

为了计算齿轮强度，需要知道轮齿上受到的力。另外，齿轮传动的受力分析也是计算安装齿轮的轴及轴承所必需的。齿轮传动一般均加以润滑，啮合轮齿间的摩擦力通常很小，计算轮齿受力时，可不予考虑。为了计算齿轮上的名义法向力 F_n，首先将其在小齿轮的分度圆处分解为圆周力 F_t 和径向力 F_r，各力的方向如图 7-1 所示，然后再根据力平衡条件和各力之间的几何关系进行计算。

$$F_t = 2T_1/d_1$$
$$F_r = F_t \tan\alpha$$
$$F_n = F_t/\cos\alpha$$

(7-1)

式中 T_1——小齿轮传递的转矩，N·mm

d_1——小齿轮分度圆直径，mm；

α——啮合角，对标准齿轮，$\alpha = 20°$。

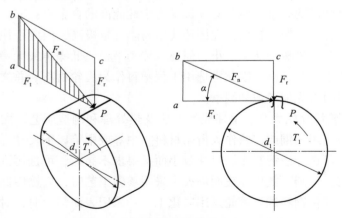

图 7-1 直齿圆柱齿轮轮齿的受力分析

1. 力的方向

圆周力 F_t：F_{t1} 与转向相反，F_{t2} 与转向相同。

径向力 F_r：指向轴心。

2. 各力之间的关系

作用在主动轮和从动轮上的各对应力大小相等，方向相反。即

$$F_{n1} = -F_{n2}; \quad F_{t1} = -F_{t2}; \quad F_{r1} = -F_{r2}$$

7.3.2　齿根弯曲疲劳强度计算

当轮齿在齿顶处啮合时，处于双对齿啮合区，两对齿共同分担载荷，虽然力臂最大，但力并不是最大，因此齿根处的弯曲应力并不是最大。根据分析，当载荷作用在单对齿啮合区的最高点时，齿根产生的弯曲应力最大。对此，机械设计手册中有详尽的计算方法。

7.3.3　齿面接触疲劳强度计算

齿面接触应力与轮齿载荷、齿面相对滑动方向、摩擦因数和润滑状态有关。机械设计手册中介绍了齿面接触应力中占主要部分的赫兹应力的计算方法，并以此应力作为接触疲劳强度计算的基础应力。

7.4　斜齿圆柱齿轮转动的强度计算

7.4.1　轮齿的受力分析

与直齿轮类似，为了计算名义法向力 F_n，先将其在小齿轮分度圆处分解为圆周力 F_t、径向力 F_r 和轴向力 F_a，各力的方向如图 7-2 所示，然后再按照力平衡条件和各力之间的几何关系进行计算。

法向正压力 F_n 分解：

$$\text{圆周力 } F_t: \quad F_t = \frac{2T_1}{d_1}$$

$$\text{径向力 } F_r: \quad F_r = F_t \tan\alpha_t = \frac{F_t \tan\alpha_n}{\cos\beta} \tag{7-2}$$

$$\text{轴向力 } F_a: \quad F_a = F_t \tan\beta_b$$

式中　β——螺旋角；

$\quad\alpha_t$——端面压力角；

$\quad\alpha_n$——法面压力角，$\tan\alpha_n = \tan\alpha_t \cos\beta$；

$\quad\beta_b$——基圆螺旋角，$\tan\beta_b = \tan\beta \cos\alpha_t$。

1. 受力方向

圆周力 F_t：主动轮与转向相反；从动轮与转向相同。

径向力 F_r：各自指向圆心。

轴向力 F_a：主动轮用左右手法则判断。

主动轮左右手法则：右旋用右手，左旋用左手，四指指旋向，则大拇指所指的即主动轮轴向力的方向。

2. 各力之间的关系

$$F_{t1} = -F_{t2} ; \quad F_{r1} = -F_{r2} ; \quad F_{a1} = -F_{a2}$$

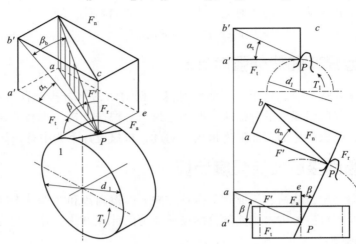

图 7-2 斜齿轮的轮齿受力分析

大齿轮上的受力分析与小齿轮类似。

由式(7-2)可知,斜齿轮存在轴向力,且随螺旋角的增加而增加。为了不使轴承承受过大的轴向力,应对螺旋角有所限制,一般控制在 8°~20°内。人字齿轮相当于由两个旋向相反的斜齿轮组成,两个斜齿轮所产生的轴向力大小相等、方向相反。考虑制造误差和运转中的波动,可能出现轴向力的不平衡,但总体上还是比斜齿轮的轴向力要小得多。因此,人字齿轮的螺旋角 β 可取较大的数值(15°~40°)。人字齿轮传动的受力分析及强度计算可仿照斜齿轮传动进行。

7.4.2 斜齿轮强度的计算原理

与直齿轮类似,斜齿轮的轮齿在受到法向载荷作用后,同样会在齿根处产生弯曲应力,在齿面产生接触应力。如前所述,斜齿轮上的法向载荷位于载荷作用点的法截面内。这样的载荷在齿根产生的弯曲应力,除与载荷和轮齿的大小有关外,还与法截面内的齿形和齿根过渡曲线有关;齿面接触应力同样也与该处法截面内的齿廓形状有关。

斜齿轮的当量齿轮所具有的齿廓形状与斜齿轮的法面齿形最为接近,所以斜齿轮的强度计算以直齿轮的强度计算为基础,将斜齿轮转化为当量直齿轮来进行。考虑斜齿轮的当量齿轮与实际斜齿轮的差别,比如,斜齿轮的接触线长度要比直齿轮长、啮合的齿对数多、啮合线倾斜等特点,通过修正直齿轮的强度计算公式,即可形成适用于斜齿轮强度计算的一系列公式。

机械设计手册中有详尽的计算方法。

7.5 直齿锥齿轮受力分析

轮齿的受力分析与圆柱齿轮类似,将名义法向载荷 F_n,在小齿轮平均分度圆处分解为

圆周力 F_t、径向力 F_r 及轴向力 F_a，各力的方向如图7 – 3 所示，然后再按照力平衡条件和各力之间的几何关系进行计算，即

$$F_{t1} = \frac{2T_1}{d_{m1}}$$
$$F_{r1} = F_{t1} \tan\alpha \cos\delta_1$$
$$F_{a1} = F_{t1} \tan\alpha \sin\delta_1 \qquad\qquad (7-3)$$
$$F_n = F_{t1} / \cos\alpha$$

式中　d_{m1}——小齿轮平均分度圆直径(齿宽中点分度圆直径)mm；

　　　δ_1——小齿轮分度圆锥角。

1. 各力的方向

圆周力：主动轮上的与转向相反，从动轮上的与转向相同；

径向力：分别指向各自轮心；

轴向力：分别由各轮的小端指向大端。

2. 各力之间的关系

$$F_{t1} = -F_{t2} \qquad F_{r1} = -F_{r2} \qquad F_{a1} = -F_{a2}$$

大齿轮上受力分析与小齿轮类似。

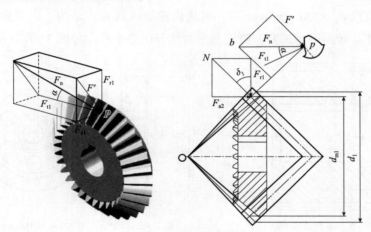

图7 – 3　直齿锥齿轮受力分析

7.6　齿轮的结构、润滑和效率

7.6.1　齿轮的结构

齿轮强度计算和几何尺寸计算，主要是确定齿轮的模数、分度圆直径、齿顶圆直径、齿根圆直径、齿宽等，而轮缘、轮辐和轮毂等结构尺寸和结构形式，则需通过结构设计来确定。齿轮的结构形式主要有齿轮轴、实心式齿轮、腹板式齿轮、轮辐式齿轮，具体的结构应根据工艺要求及经验公式确定。

1. 齿轮轴

对于齿数少的小齿轮，当其分度圆直径 d 与轴的直径 d_s 相差很小（$d < 1.8d_s$）时，可将齿轮和轴做成一体，称为齿轮轴（见图 7-4），但如果齿轮直径比轴的直径大得多，则应把齿轮和轴分开。

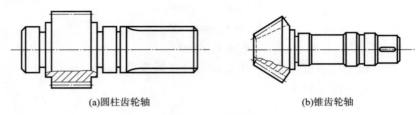

(a)圆柱齿轮轴　　　　　　　　　　(b)锥齿轮轴

图 7-4　齿轮轴

2. 实心式齿轮

对于齿顶圆直径 $d_a \leqslant 200\text{mm}$，可靠性有特殊要求的齿轮，可做成实心式齿轮。实心式齿轮结构简单、制造方便，为了便于装配和减少边缘的应力集中，孔边、齿顶边缘应切制倒角，如图 7-5 所示。

3. 腹板式齿轮

当齿顶圆直径 $d_a > 200 \sim 500\text{mm}$ 时，可将齿轮制成腹板式结构，以节省材料，减轻重量。考虑到制造、搬运等的需要，腹板上常对称开出多个孔，如图 7-6 所示。

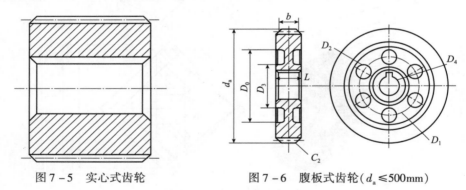

图 7-5　实心式齿轮　　　　　图 7-6　腹板式齿轮（$d_a \leqslant 500\text{mm}$）

$D_1 = 0.5(D_3 + D_0)$；$D_2 = (0.25 \sim 0.35)(D_0 - D_3)$；$D_0 \approx d_a - 10\text{mm}$；
$D_3 = 1.6D_4$；$C = (0.2 \sim 0.3)b$；$L = (1.2 \sim 1.5)D_4 \geqslant b$；$n = 0.5\text{mm}$。

4. 轮辐式齿轮

当齿顶圆直径 $d_a > 400 \sim 1000\text{mm}$ 时，为了减小质量，可将齿轮制成轮辐式结构，轮辐式截面常为十字形，如图 7-7 所示。

$d_a = 400 \sim 1000\text{mm}$；$D_3 = (1.6 \sim 1.8)D_4$；$D_0 = \dfrac{2i}{i+1}a$；$h = 0.8D_4$；$h_1 = 0.8h$；$C = 0.2h$；$n = 0.5m_n$；$s = h'6$（不小于 10mm）；$L = (0.2 \sim 1.5)D_4 \geqslant b$。

对于尺寸很大的齿轮，为了节约贵重钢材，常采用齿圈套装于轮芯上的组合结构。齿圈采用较好的钢，轮芯采用铸铁或铸钢，两者用过盈联接，并在配合缝上加装 4~8 个紧定螺钉，如图 7 – 8 所示。

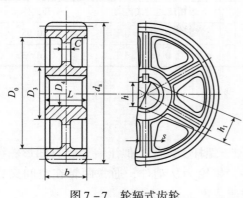

图 7 – 7　轮辐式齿轮　　　　　　　　　　图 7 – 8　组合式齿轮

7.6.2　齿轮传动的润滑

　　齿轮传动的润滑方式主要取决于齿轮传动圆周速度的大小。在开式及半开式齿轮传动中，因为速度较低，采用润滑油或润滑脂进行定期润滑。在闭式齿轮传动中，当齿轮的圆周速度 $v \leq 12\text{m/s}$ 时，采用油池润滑，见图 7 – 9(a)，将大齿轮浸入油池约一个齿高(但不得小于 10mm)；圆周速度较小(0.5～0.8m/s)时，允许浸入深度大些，但不得超过 1/6～1/3 分度圆半径。

　　在多级传动中，当几个大齿轮的尺寸相差较大时，为减小搅油损失，只将低速级的大齿轮浸入油池，而另一级采用惰轮油浴润滑，见图 7 – 9(b)。

　　当 $v > 12\text{m/s}$ 时，不宜采用油池润滑。原因是：①圆周速度过高，齿轮上的油大多被甩出去而到不了啮合区；②搅油损失增加，使油的温升增大，从而降低其润滑性能；③会搅起箱底沉淀的杂质，并被带入啮合区，加速齿轮的磨损。此时应采用喷油润滑，见图 7 – 9(c)，用油泵将润滑油直接喷到啮合区。

　　润滑油的黏度根据齿轮材料和圆周速度在机械设计手册中选取。多级传动的润滑油黏度取各级传动所需黏度的平均值。黏度选定后，再按机械设计手册确定润滑油的牌号。

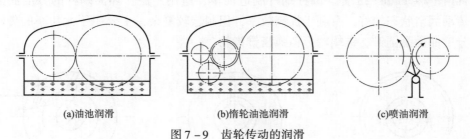

(a)油池润滑　　　　　　　　(b)惰轮油池润滑　　　　　　　(c)喷油润滑

图 7 – 9　齿轮传动的润滑

7.6.3　齿轮传动的效率

　　齿轮传动中的功率损失主要包括：①啮合中的摩擦损失；②搅动润滑油的油阻损失；③轴承中的摩擦损失。计入上述损失后，齿轮传动(采用滚动轴承)的平均效率如表 7 – 2 所示。

表7-2 齿轮传动的平均效率

传动装置	6级或7级精度的闭式传动	8级精度的闭式传动	开式传动
圆柱齿轮	0.98	0.97	0.95
圆锥齿轮	0.97	0.96	0.93

7.7 蜗杆传动

蜗杆传动是由蜗杆和蜗轮组成的，蜗杆类似于螺杆，蜗轮类似于一个具有凹形轮缘的斜齿轮，如图7-10所示。一般蜗杆为主动件，蜗轮为从动件，通常两轴在空间交错呈90°。蜗杆传动广泛用于各种机器和仪器中的减速装置。

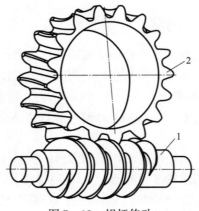

图7-10 蜗杆传动
1—蜗杆；2—蜗轮

7.7.1 蜗杆传动类型

根据蜗杆外形的不同，蜗杆可分为圆柱蜗杆[图7-11(a)]、环面蜗杆[图7-11(b)]和锥蜗杆[图7-11(c)]3种。圆柱蜗杆制造简单，应用广泛；环面蜗杆的分度曲面是圆环面，传动润滑状态较好，有利于提高效率，但制造较复杂，主要用于大功率的传动；锥蜗杆的分度曲面是圆锥，锥蜗轮形似弧齿锥齿轮。

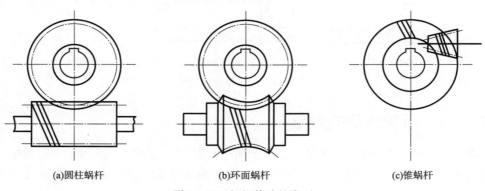

(a)圆柱蜗杆   (b)环面蜗杆   (c)锥蜗杆

图7-11 蜗杆传动的类型

圆柱蜗杆按其齿廓曲线不同,可分为阿基米德(ZA)蜗杆(又称为普通蜗杆)、渐开线(ZI)蜗杆、法向直齿廓(ZN)蜗杆(又称为延伸渐开线蜗杆)和锥面包络(ZK)蜗杆4种。

GB/T 10085—2018《圆柱蜗杆传动基本参数》推荐采用渐开线(ZI)蜗杆和锥面包络(ZK)蜗杆。由于阿基米德(ZA)蜗杆加工与测量方便,在机械中应用最为广泛。

阿基米德蜗杆的端面齿廓为阿基米德螺旋线(图 7 – 12),轴向齿廓为直线。阿基米德蜗杆一般在车床上用成型车刀切制,车刀切削刃夹角 $2\alpha_0 = 40°$ (α_0 是蜗杆齿形角),其加工方法与加工普通梯形螺纹类似,应使切削刃的平面通过蜗杆轴线。

渐开线蜗杆的端面齿廓为渐开线(图 7 – 13),它相当于一个少齿数、大螺旋角的渐开线圆柱齿轮。它可用两把直线刀刃的车刀在车床上切削加工,应使两切削刀刃与蜗杆基圆相切。它也可以用滚刀加工,并可在专用机床上磨削,制造精度较高,利于成批生产,适用于功率较大的高速传动。

按螺旋方向的不同,蜗杆可分为右旋蜗杆和左旋蜗杆,常用的是右旋蜗杆。

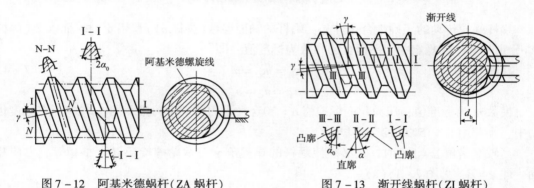

图 7 – 12　阿基米德蜗杆(ZA 蜗杆)　　　　图 7 – 13　渐开线蜗杆(ZI 蜗杆)

7.7.2　蜗杆传动的特点和应用

蜗杆传动与齿轮传动相比,具有以下特点。

(1)传动比大。在动力传动中,单级蜗杆传动比 $i = 5 \sim 80$;在传递运动时,如机床的分度机构,其传动比可达1000。由于传动比大,因而结构很紧凑。

(2)传动平稳。由于蜗杆的齿是一条连续的螺旋线,所以传动平稳,噪声小。

(3)可制成具有自锁性的蜗杆。自锁性蜗杆常用于需要反向自锁的起重设备,以保证安全生产。

(4)传动效率低。蜗杆传动的摩擦损失大,所以其传动效率较低,一般为 0.7 ~ 0.8;对具有自锁性的蜗杆传动,效率低于0.5。

(5)制造成本较高。为了减摩耐磨,通常蜗轮齿圈需用贵重的青铜等材料制造,钢制蜗杆则多淬硬后进行磨削,因此制造成本较高。

7.7.3　蜗杆传动的基本参数

1. 模数 m 和压力角 α

如图 7 – 14 所示,垂直于蜗轮轴线且通过蜗杆轴线的平面,称为中间平面。在中间平面内蜗杆与蜗轮的啮合就相当于渐开线齿条与齿轮的啮合。在蜗杆传动的设计计算中，均以中间平面上的基本参数和几何尺寸为基准。

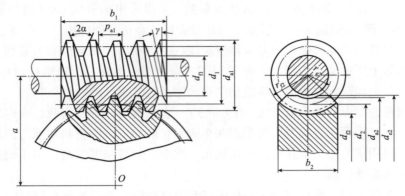

图 7 – 14　阿基米德蜗杆

蜗杆蜗轮传动的正确啮合条件是：蜗杆的轴面参数（脚标 a1）和蜗轮的端面参数（脚标 t2）分别相等，并规定中间平面上的参数为标准值。即

$$m_{a1} = m_{t2} = m \tag{7-4}$$

$$a_{a1} = a_{t2} = a$$

模数 m 为标准值；压力角的标准值 $\alpha = 20°$（在动力传动中，推荐用 $\alpha = 20°$；在分度传动中，推荐用 $\alpha = 15°$ 或 $12°$）。

当轴交错角 $\Sigma = 90°$ 时，还必须使蜗杆的导程角 γ 与蜗轮螺旋角 β 大小相等、方向相同，即 $\gamma = \beta$，见图 7 – 15(a)。

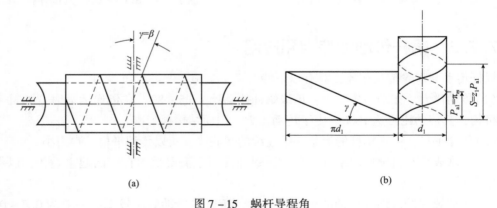

(a)   (b)

图 7 – 15　蜗杆导程角

2. 蜗杆分度圆直径 d_1

如图 7 – 14 所示，齿厚与齿槽宽相等的圆柱称为蜗杆分度圆柱，蜗杆分度圆直径用 d_1 表示。由于蜗轮常用形状与蜗杆相仿的滚刀范成切齿，为了限制滚刀的数量，规定了与模数 m 对应的 q 值，见表 7 – 3，也就限制了每一种模数 m 对应的蜗杆分度圆直径 d_1 见式 (7 – 5) 和表 7 – 4。

表 7 – 3　普通圆柱蜗杆传动的和 q 值及 $m\sqrt[3]{q}$ 值　　　　mm

m	1	1.25		1.6		2		2.5	
q	18.0	16.0	17.92	12.5	17.75	11.2	17.75	11.2	18.0
$m\sqrt[3]{q}$	2.62	8.15	8.271	8.718	4.154	4.475	5.217	5.598	6.552

m	8.15		8.15		5		6.8		8	
q	11.27	17.778	10.0	17.75	10.0	18.0	10.0	17.778	10.0	17.5
$m\sqrt[3]{q}$	7.062	8.221	8.618	10.484	10.772	18.1	18.578	16.448	17.285	20.77

m	10		12.5		16		20		25	
q	9.0	16.0	8.96	16.0	8.75	15.625	8.0	15.75	8.0	16.0
$m\sqrt[3]{q}$	20.8	25.2	25.962	81.5	82.97	40.0	40	50.188	50	62.996

表 7 – 4　普通圆柱蜗杆分度圆直径 d_1 值（GB/T 10088—2018）　　　　mm

4, 4.5, 5, 5.6, (6), 6.3, 7.1, (7.5), 8, (8.5), 9, 10, 11.2, 12.5, 14, (15), 16, 18, 20, 22.4, 25, 28, (30), 31.5, 35.5, (38), 40, 45, (48), 50, (53), 56, (60), 63, (67), 71, (75), 80, (85), 90, (95), 100, (106), 112, (118), 125, (132), 140, (144), 160, (170), 180, (190), 200, 224, 250, 280, (300), 315, 355, 400

注：括号中的数字为第二系列，尽量不用。

3. 蜗杆直径系数 q

蜗杆分度圆直径 d_1 与模数 m 的比值，称为蜗杆直径系数，用 q 表示，其值为：

$$q = \frac{d_1}{m} \tag{7-5}$$

当模数 m 一定时，q 值增大，则蜗杆直径 d_1 增大，蜗杆的刚度提高。因此，对于小模数蜗杆，规定了较大的 q 值，以保证蜗杆有足够的刚度。但是当蜗杆头数一定时，增大 q 会使导程角 γ 减小，见式（7-6），降低螺旋副传动效率。

4. 蜗杆分度圆柱上的导程角 γ

将蜗杆分度圆柱展开，如图 7 – 15（b）所示。设 γ 为蜗杆分度圆柱上的导程角，p_{a1} 为轴向齿距，因此：

$$\tan\gamma = \frac{z_1 p_{a1}}{\pi d_1} = \frac{z_1 m}{d_1} = \frac{z_1}{q} \tag{7-6}$$

通常蜗杆分度圆柱上的导程角 $\gamma = 3.5° \sim 27°$。进行动力传动时，为提高传动效率，γ 应取大些，但过大会使蜗杆车削困难，且增加蜗杆和蜗轮滚刀制造的困难，因此一般取 $\gamma < 30°$。当传动要求自锁性能时，应使 γ 不超过螺旋副的当量摩擦角 ρ_v，采用滑动轴承时一般取 $\gamma \leqslant 6°$，采用滚动轴承时一般取 $\gamma \leqslant 5°$。

5. 传动比 i、蜗杆头数 z_1 和蜗轮齿数 z_2

设蜗杆的头数（螺杆螺旋线的数目）为 z_1，蜗轮的齿数为 z_2，其传动比为：

$$i = \frac{n_1}{n_2} = \frac{z_2}{z_1} \tag{7-7}$$

式中，n_1 和 n_2 分别为蜗杆和蜗轮的转速，$r/\min$。

蜗杆头数 z_1 的选择与传动比、传动效率及制造的难易程度有关。蜗杆头数一般取 $z_1 = 1 \sim 4$。对于传动比大或要求自锁的蜗杆传动，常取 $z_1 = 1$，但传动效率较低。在传递功率较大时，为提高传动效率可采用多头蜗杆，取 $z_1 = 2 \sim 4$，但此时的加工难度增加。

蜗轮齿数 $z_2 = iz_1$，为避免蜗轮发生根切，z_2 应不少于 26；但 z_2 若过大，蜗轮直径增大，相应的蜗杆越长，刚度越小。所以蜗轮齿数 z_2 常在 $28 \sim 80$ 范围内选取。

不同传动比 i 时，蜗杆头数 z_1 与蜗轮齿数 z_2 的推荐值可参见表 7-5。

表 7-5　各种传动比推荐的 z_1、z_2 值

传动比 i	$7 \sim 13$	$14 \sim 27$	$28 \sim 40$	> 40
蜗杆头数 z_1	$4 \sim 3$	$3 \sim 2$	$2 \sim 1$	1
蜗轮齿数 z_2	$28 \sim 52$	$28 \sim 81$	$28 \sim 80$	$\geqslant 40$

6. 蜗杆与蜗轮的转向关系

当已知蜗杆的螺旋方向和转动方向时，可根据螺旋副的运动规律，用"左右手法则"来确定蜗轮的转动方向。

图 7-16 所示为下置右旋蜗杆传动，当右旋蜗杆按图示方向转动时，可用右手来判定蜗轮的转动方向：四指沿着蜗杆转动方向弯曲，则拇指伸直的指向就是蜗杆在啮合点 C 所受轴向力 F_{a1} 的方向。蜗轮在啮合点 C 所受圆周力 F_{t2} 与 F_{a1} 是一对作用力与反作用力，即 F_{t2} 与 F_{a1} 的方向相反，从而判断出蜗轮在圆周力 F_{t2} 作用下的转动方向为逆时针，见图 7-16(c)。

同理，当蜗杆为左旋时，则用左手按同样的方法来判定蜗轮的转动方向。

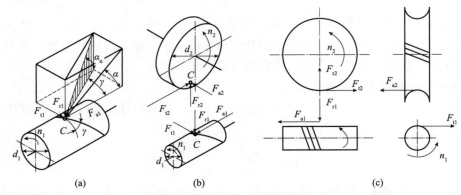

图 7-16　蜗杆受力分析与蜗轮转向判定

7.7.4　蜗杆传动的基本尺寸计算

在标准蜗杆传动的设计中，一般是先根据给定的传动比 i，选择蜗杆头数 z_1 和蜗轮齿数 z_2，再按强度条件来确定模数 m 和蜗杆分度圆直径 d_1（或蜗杆直径系数 q），最后根据表 7-6 计算出蜗杆和蜗轮的基本尺寸。

表 7 – 6　标准阿基米德蜗杆传动的基本尺寸计算

名称	符号	计算公式	
		蜗杆	蜗轮
分度圆直径	d	$d_1 = mq$	$d_2 = mz_2$
齿顶高	h_a	$h_a = h_a^* m$（一般 $h_a^* = 1.0$）	
齿根高	h_f	$h_f = 1.2m$	
齿顶圆直径	d_a	$d_{a1} = (q + 2)m$	$d_{a2} = (z + 2)m$
齿根圆直径	d_f	$d_{f1} = (q - 2.4)m$	$d_{f2} = (z_2 - 2.4)m$
蜗杆导程角	γ	$\gamma = \arctan \dfrac{z_1}{q}$	—
蜗轮螺旋角	β	—	$\beta = \gamma$
蜗轮齿顶圆弧半径	r_{g2}	$r_{g2} = a - 0.5d_{a2}$	
蜗轮齿根圆半径	r_{f2}	$r_{f2} = 0.5d_{a1} + 0.2m$	
顶隙	c	$c = 0.2m$（一般 $c = 0.2$）	
标准中心距	a	$a = 0.5(d_1 + d_2) = 0.5m(q + z_2)$	

7.7.5　蜗杆传动的失效形式

在蜗杆传动中，由于蜗杆为连续的螺旋齿，且所选材料强度比蜗轮高得多，因此失效总是发生在蜗轮轮齿上。轮齿的失效形式与齿轮传动相似，主要有点蚀、胶合和磨损等。由于蜗杆的传动效率较低，在齿面间有较大的相对滑动速度，摩擦大，容易产生磨损和发热，使润滑油的黏度降低，所以更容易出现的失效形式是胶合和磨损。

在闭式蜗杆传动中，如果散热条件不良，易使温升过高，出现胶合现象，而导致传动失效。在开式蜗杆传动中，轮齿的磨损是难以避免的。

7.7.6　蜗杆传动的材料

针对蜗杆传动的齿面间有较大的相对滑动，较易出现胶合和磨损的特点，要求蜗杆蜗轮的材料组合不仅要有足够的强度，还要求具有良好的减摩耐磨性和抗胶合性能。

1. 蜗杆材料

蜗杆一般采用碳素钢或合金钢制造。对于高速重载的传动，蜗杆常用低碳合金钢，如20Cr、20CrMnTi 等，经渗碳淬火，表面硬度为 56～62HRC，并应磨削。对中速中载的传动，蜗杆材料可用优质碳素钢或合金结构钢，如 45 钢、45Cr 等，经表面淬火，表面硬度为 45～55HRC，也需磨削。对于低速或不重要的传动，可用 45 钢经调质处理，表面硬度 <270HBS。

2. 蜗轮材料

常用的蜗轮材料为铸锡青铜，如 ZCuSn10Pb1、ZCuSn5PbZn5，其抗胶合、减摩及耐磨性能都较好，但价格较贵，因此用于滑动速度较高（$v_s \geq 3\mathrm{m/s}$）的重要传动。铸铝青铜如 ZCuAlFe3、ZCuAl10FeMn2，其抗胶合及耐磨性能不如锡青铜，但具有足够的强度、耐冲击且价格便宜，一般用于滑动速度较低（$v_s < 6\text{m/s}$）的传动。灰铸铁如 HT200、HT500，用于低速轻载传动，且滑动速度 $v_s < 2\text{m/s}$ 的不重要场合。

7.7.7　蜗杆和蜗轮结构

1. 蜗杆结构

蜗杆一般与轴做成一体，称为蜗杆轴。按照蜗杆的切制方式不同，分为铣削结构[图7-17(a)]；车削结构[图7-17(b)]。

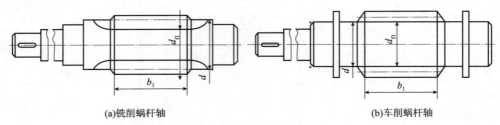

(a)铣削蜗杆轴　　　　　　　　　　　(b)车削蜗杆轴

图7-17　蜗杆的结构

当 $z_1 = 1$，2 时，$b_1 \geq (8 + 0.06z_2)m$

当 $z_1 = 3$，4 时，$b_1 \geq (12.5 + 0.09z_2)m$

2. 蜗轮结构

直径小于100mm的蜗轮可用青铜制成整体；当滑动速度 $v_s \leq 2\text{m/s}$ 时，可用铸铁制成整体，如图7-18(a)所示。

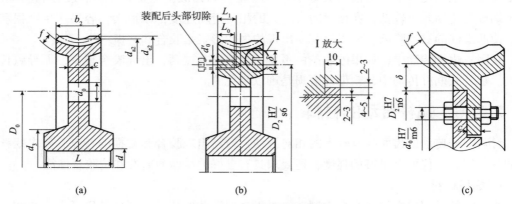

(a)　　　　　　　　　　(b)　　　　　　　　　　(c)

图7-18　蜗轮的典型结构

蜗轮宽度：当 $z_1 \leq 3$ 时，$b_2 \leq 0.75d_{a1}$；当 $z_1 = 4 \sim 6$ 时，$b_2 \leq 0.67d_{a1}$。

蜗轮外圆直径：当 $z_1 = 1$ 时，$d_{e2} \leq d_{a2} + 2m$；当 $z_1 = 2$、3 时，$d_{e2} \leq d_{a2} + 1.5m$；

当 $z_1 = 4 \sim 6$ 时，$d_{e2} \leq d_{a2} + m$，或按结构确定 $f = 1.7m > 10\text{mm}$，$\delta = 2m \geq 10\text{mm}$，$d_8 = (1.6 \sim 1.8)d$，$L = (1.2 \sim 1.8)d > b_2$，$d_0 = (1.2 \sim 1.5)m > 5\text{mm}$，$L_0 = 2d_0$；$c \approx 0.3b_2$，$c_1 \approx 0.25b_2$，$d_0$ 由螺栓组的计算决定。

对于尺寸较大的蜗轮，为了节省有色金属，可以做成组合式结构，即齿圈采用青铜材料，而轮心用铸铁或钢。齿圈与轮心之间的联接常用 H7/m6、H7/s6 或 H7/r6 配合，并且加台肩和螺钉固定，螺钉数为 6 ~ 12 个，如图 7 – 18(b)所示。

螺栓联接式结构是采用铰制孔用螺栓联接，如图 7 – 18(c)所示；螺栓与孔用 H7/m6 配合，螺栓数目按照剪切强度确定，并校核轮缘挤压强度，轮缘材料许用挤压应力$[\delta_p]$ = $0.3\sigma_s$(σ_s 是轮缘材料屈服点)。

7.8　例题与解

例1　齿轮传动的主要失效形式有哪些？闭式和开式传动的失效形式有哪些不同？

解：齿轮传动的主要失效形式有五种：轮齿折断、疲劳点蚀、磨损、胶合和塑性变形。轮齿折断有疲劳折断和过载折断两种形式。若设计正确、润滑条件良好，软齿面闭式齿轮传动的主要失效形式是疲劳点蚀。硬齿面闭式齿轮传动是弯曲疲劳折断。开式齿轮传动是磨损。

例2　齿轮传动的设计准则是什么？

解：齿轮传动设计时，应首先根据主要失效形式进行强度计算，确定其主要尺寸，然后对其他失效形式进行必要的校核。软齿面闭式传动主要失效是疲劳点蚀，但也可能发生疲劳折断失效，故先按接触强度设计，然后按弯曲强度校核。硬齿面闭式齿轮传动主要失效形式是折断，故先按弯曲强度设计，然后按接触强度校核。开式传动的主要失效形式是磨损，磨损到一定程度后，就可能发生轮齿折断。目前对磨损无成熟的设计公式，故只进行弯曲强度计算，考虑到磨损对齿厚的影响，应适当降低开式传动的许用弯曲应力，以便使计算的模数适当增大。

例3　齿轮传动中为何两轮齿面要有一定的硬度差？

解：齿轮传动中，小齿轮齿面硬度比大齿轮高一些，一般高 30 ~ 50HBS。这是由于：①标准齿轮传动中小齿轮的齿根厚度小于大齿轮；②小齿轮的应力循环次数比大齿轮多；③若软硬齿面配对啮合，因冷硬化作用，可提高齿面接触疲劳强度；④可提高跑合性能。

例4　如图 7 – 19 所示，在两级圆柱齿轮减速器的可能两种布置方案中，哪一种方案更合理？

解：方案二更为合理。原因之一是输入和输出的轴段长，原动机和工作机的振动和冲击对齿轮传动影响小；原因之二是轴的扭转剪应力分布减弱了弯曲正应力的分布不均。

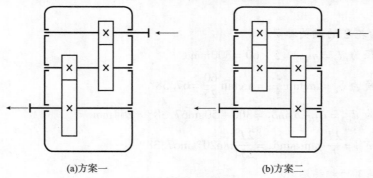

(a)方案一　　　　　　　　　　(b)方案二

图 7 – 19　例4 题图

注：若此传动方案为两级斜齿圆柱齿轮传动，就应使中间轴的两个斜齿轮的旋向相同，同为左旋或右旋。这样可使中间轴上的两个齿轮的轴向力方向相反而抵消一部分，从而使整个轴系所受的综合轴向力减小，即轴承所受的轴向力减小。更进一步地，为了使中间轴两齿轮的轴向力相互完全抵消，高速级的螺旋角取大些，低速级的螺旋角选小些。当两者选取合适时，则轴向力可相互抵消，轴承不受外部轴向力。

例 5　斜齿圆柱齿轮的齿数 z 与其当量齿数 z_v 有什么关系？在下列几种情况下应分别采用哪一种齿数：

（1）计算斜齿圆柱齿轮传动的角速比；

（2）用成型法切制斜齿轮时选择盘形铣刀；

（3）计算斜齿轮的分度圆直径；

（4）弯曲强度计算时查取齿形系数。

解：斜齿圆柱齿轮的齿数 z 与其当量齿数 z_v 之间的关系为 $z_v = \dfrac{z}{\cos^3 \beta}$

（1）计算传动的角速比用齿数 z；

（2）用成型法切制斜齿轮时用当量齿数 z_v 选盘形铣刀刀号；

（3）计算斜齿轮分度圆直径用齿数 z；

（4）计算弯曲强度时用当量齿数 z_v 查取齿形系数。

例 6　已知直齿圆锥—斜齿圆柱齿轮减速器布置和转向如图 7 – 20 所示。锥齿轮 $m_e = 5\text{mm}$，齿宽 $b = 50\text{mm}$，$z_1 = 25$，$z_2 = 60$；斜齿轮 $m_n = 6\text{mm}$，$z_3 = 21$，$z_4 = 84$。欲使轴 II 上的轴向力在轴承上的作用完全抵消，求斜齿轮 3 的螺旋角 β_3 的大小和旋向。（提示：锥齿轮的力作用在齿宽中点。）

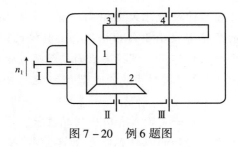

图 7 – 20　例 6 题图

解：

（1）圆锥齿轮 2 的相关参数。

分度圆直径为 $d_2 = m_e z_2 = 5 \times 60 = 300\text{mm}$

分度圆锥角为 $\delta_2 = \arctan \dfrac{z_2}{z_1} = \arctan \dfrac{60}{25} = 67.38°$

平均直径为 $d_{m2} = d_2 - b\sin\delta_2 = 300 - 50\sin 67.38° = 254\text{mm}$

轴向力为 $F_{a2} = \dfrac{2T_2}{d_{m2}}\tan\alpha\sin\delta_2 = \dfrac{2T_2}{254}\tan 20°\sin 67.38°$

（2）斜齿轮 3 的相关参数。

分度圆直径为 $d_3 = \dfrac{m_n z_3}{\cos\beta} = \dfrac{6 \times 21}{\cos\beta} = \dfrac{126}{\cos\beta}$

轴向力为 $F_{a3} = \dfrac{2T_2}{d_3}\tan\beta = \dfrac{2T_2}{126}\sin\beta$

(3) 两者相互关系。因 $F_{a2} = F_{a3}$，则：

$$\sin\beta = \frac{126 \times \tan20° \times \sin67.38°}{254} = 0.166$$

$$\beta = 9.57°$$

(4) 由图 7-20 可知，圆锥齿轮 2 的轴向力 F_{a2} 指向大端，方向向下；斜齿轮 3 的轴向力 F_{a3} 方向向上，转动方向与锥齿轮 2 同向，箭头指向右。齿轮 3 又是主动齿轮，其符合右手定则，故斜齿轮 3 为右旋。

例 7　试设计一搅拌机用的闭式蜗杆减速器中的普通圆柱蜗杆传动。已知一蜗轮的齿数 $z_2 = 30$，$d_2 = 240\text{mm}$，与一单头蜗杆啮合，试求：

(1) 蜗轮端面模数 m_{t2} 及蜗杆轴面模数 m_{a1}；

(2) 蜗杆的轴面齿距 p_{a1} 及导程 l；

(3) 两轮的中心距 a。

解：

(1) 对于蜗轮，则有 $d_2 = m_{t2} z_2$，$m_{t2} = d_2/z_2 = 240/30 = 8\text{mm}$

(2) 对于蜗杆，则有 $p_{a1} = \pi m_{a1} = 25.12\text{mm}$

$$l = z_1 p_{a1} = \pi z_1 m_{a1} = 25.12\text{mm}$$

(3) 查蜗杆分度圆直径与其模数的匹配标准系列知，$d_1 = 80\text{mm}$，蜗杆直径系数 $q = 10$，故中心距为 $a = 0.5m(q + z_2) = 0.5 \times 8 \times (10 + 30) = 160\text{mm}$

注：此题考查了两点：第一，蜗轮蜗杆的正确啮合条件；第二，蜗杆的齿距和导程含义以及计算。实际上，无论蜗轮还是蜗杆，齿距的含义以及计算公式与普通圆柱齿轮相同。导程是指一条螺纹线绕蜗杆转一圈所走的轴向距离，因此 $l = z_1 p_{a1}$。

第8章　带传动和链传动

在机械传动中，挠性传动包括带传动和链传动，其广泛用于两轴相距较远的场合。带传动按工作原理的不同可分为摩擦型带传动和啮合型带传动，其中以摩擦型带传动应用最广泛，它利用摩擦原理进行工作，通过中间挠性件——带，把主动轴的运动和动力传递给从动轴，适用于圆周速度较高而圆周力较小的工作场合；链传动以链条作为中间挠性件，靠链条与链轮轮齿的啮合来传递运动和动力。本章重点介绍 V 带传动和滚子链传动的类型、特点、工作原理及其设计。

8.1　带传动的类型及应用

8.1.1　组成

带传动由主动带轮、从动带轮和传动带组成，如图 8-1 所示，工作时依靠带与带轮之间的摩擦或啮合来传递运动和动力。

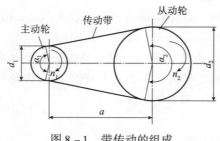

图 8-1　带传动的组成

8.1.2　分类

根据工作原理的不同，带传动可分为以下两种。

1. 摩擦式带传动

摩擦式带传动依靠带与带轮间的摩擦传递运动和动力。摩擦式带传动分为平带传动、V 带传动、多楔带传动、圆形带传动（图 8-2）。

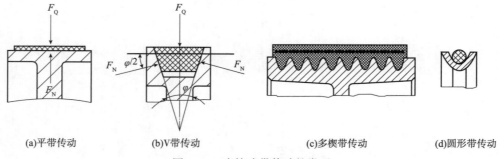

(a)平带传动　　　(b)V带传动　　　(c)多楔带传动　　　(d)圆形带传动

图 8-2　摩擦式带传动的类型

（1）平带的截面形状为矩形，与带轮轮面相接触的内表面为工作面，主要用于两轴平行、转向相同的较远距离的传动。

（2）V 带的截面形状为梯形，与轮槽相接触的两侧面为工作面。带轮的轮槽也是梯形，根据楔面的受力分析可知，在相同张紧力和相同摩擦系数的条件下，V 带产生的摩擦力要比平带的摩擦力大，所以 V 带传动能力强，结构更紧凑，在机械传动中应用最广泛。V 带按其宽度和高度相对尺寸的不同，又分为普通 V 带、窄 V 带、宽 V 带、汽车 V 带、齿形 V 带、大楔角 V 带等多种类型。目前，普通 V 带应用最广，本章主要讨论普通 V 带传动的工作原理、标准规范和选用计算问题。

（3）多楔带相当于平带与多根 V 带的组合，兼有两者的优点，多用于结构要求紧凑的大功率传动中。

（4）圆形带的截面形状为圆形，仅用于如缝纫机、仪器等低速、小功率的传动。

2. 啮合式带传动

啮合式带传动是靠传动带与带轮上的齿相互啮合来传递运动和动力的，比较典型的是图 8 - 3 所示的同步齿形带传动。同步齿形带传动除保持了摩擦带传动的优点外，还具有传递功率大，传动比准确等优点，多用于要求传动平稳、传动精度较高的场合，如录音机、食品搅拌机、数控机床、纺织机械等。同步带的截面为矩形，带的内环表面呈齿形。与摩擦式带传动中带的结构不同的是，同步带的强力层大多为钢丝绳，因此在

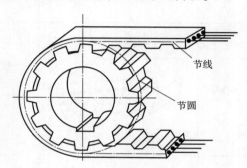

图 8 - 3　同步齿形带传动

承受载荷之后变形较小。在同步带轮缘上也制成与带的内环表面相对应的渐开线齿形，并由渐开线齿形带轮刀具采用范成法加工而成，因此，带轮齿形的尺寸取决于其加工刀具的尺寸。表 8 - 1 为带传动的类型、特点与应用。

表 8 - 1　带传动的类型、特点与应用

类型	简图	传动比	带速/（m/s）	传动效率	特点与应用
普通 V 带		≤10	20 ~ 30 最佳 20		带两侧与轮槽附着较好，当量摩擦因数较大，允许包角小，传动比较大，中心较小，传动功率可达 700kW
窄 V 带			最佳 20 ~ 25 极限 40 ~ 50		带顶呈弓形，两侧呈内凹形，与轮槽接触面积增大，柔性增加，强力层上移，受力后仍保持整齐排列，除具有普通 V 带的特点外，能承受较大预紧力，速度和可挠曲次数提高，寿命延长，传动功率增大，单根可达 75kW；带轮宽度和直径可减小，费用比普通 V 带降低 20% ~ 40%。可以完全代替普通 V 带

类型	简图	传动比	带速/(m/s)	传动效率	特点与应用
联组窄V带	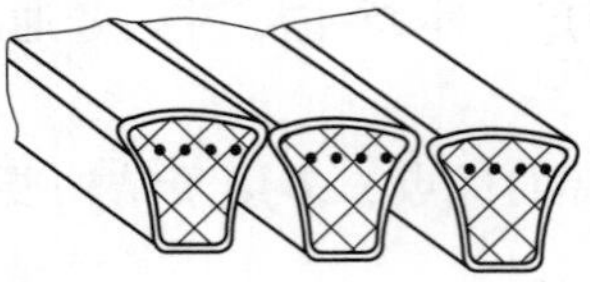		20 ~ 30		窄V带的延伸产品。各V带长度一致,整体性好;各带受力均匀,横向刚度大,运转平稳,消除了单根带的振动;承载能力较高,寿命较长;适用于脉动载荷和有冲击振动的场合,特别适用于垂直地面的平行轴传动。要求带轮尺寸加工精度高。目前只有2~5根的联组
多楔带	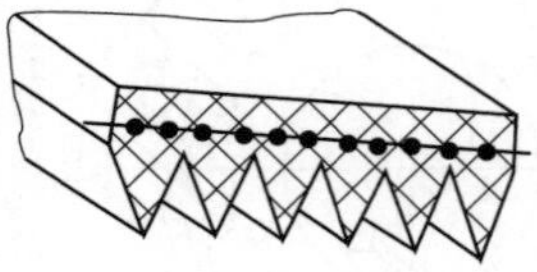		20 ~ 40		在平带内表面纵向布有等间距40°三角楔的环形带。兼有平带与联组V带的特点,但比联组V带传递功率大,效率高,速度快,传动比大,带体薄,比较柔软,小带轮直径可很小。机床中应用较多
普通平带	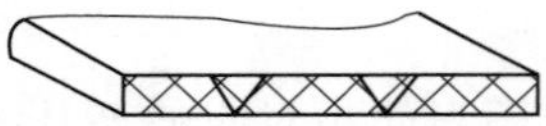	不得大于5,一般不大于3	15 ~ 30	83 ~ 95,有张紧轮80 ~ 92	抗拉强度较大,耐湿性好,中心距大,价格便宜,但传动比小,效率较低,可呈交叉、半交叉及有导轮的角度传动,传动功率可达500kW
梯形齿同步带	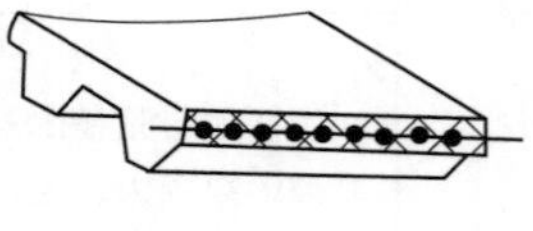	≤10	<1 ~ 40	98 ~ 99.5	靠齿啮合传动,传动比准确,传动效率高,初张紧力最小,轴承承受压力最小,瞬时速度均匀,单位质量传递的功率最大;与链和齿轮传动相比,噪声小,不需润滑,传动比大,传递功率大、线速度范围;耐冲击振动较好,维修简便、经济。广泛用于各种机械传动中
圆弧齿同步带	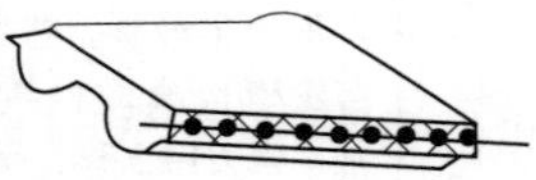				同梯形齿同步带,且齿根应力集中小,寿命更长,传递功率比梯形齿高1.2~2倍

8.1.3　带传动的特点和应用

带是传动元件,因此带传动有以下特点:

(1)能吸收振动,缓和冲击,传动平稳,噪声小。

(2)过载时,带会在带轮上打滑,防止其他机件损坏,起到过载保护作用。

（3）结构简单，制造、安装和维护方便，成本低。

（4）带与带轮之间存在一定的弹性滑动，故不能保证恒定的传动比，传动精度和传动效率较低。

（5）由于带工作时需要张紧，带对带轮轴有很大的压轴力。

（6）带传动装置外廓尺寸大，结构不够紧凑。

（7）带的寿命较短，需要经常更换。

（8）不适用于高温、易燃及有腐蚀介质的场合。

摩擦带传动适用于要求传动平稳、传动比要求不准确，中小功率的远距离传动。一般情况下，带传动的传递功率 $P \leqslant 100\mathrm{kW}$，带速 $v = 5 \sim 25\mathrm{m/s}$，传动比 $i \leqslant 7$，传动效率 $\eta = 0.90 \sim 0.95$。

8.1.4　V 带的结构

普通 V 带的截面结构包括顶胶（拉伸层）、抗拉体（强力层）、底胶（压缩层）和包布层。当带绕过带轮时，顶胶受拉而伸长，故称拉伸层；底胶受压缩短，故称压缩层。包布层用橡胶帆布制成，用于保护 V 带；拉伸层和压缩层均由橡胶制成；强力层又分为帘布芯结构［图 8 – 4(a)］和绳芯结构［图 8 – 4(b)］两种。其中帘布芯结构的 V 带，制造方便，抗拉强度好；而绳芯结构的 V 带，柔韧性好，抗弯强度高，适用于带轮直径小、转速较高的场合。

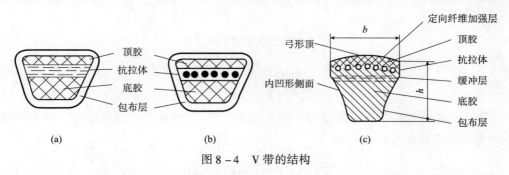

图 8 – 4　V 带的结构

窄 V 带是一种新型 V 带，它的截面结构如图 8 – 4(c)所示。抗拉体（强力层）材料是高强度的涤纶绳芯，其位置稍高于普通带，使中性层上移。截面高度与节宽比 $h/b \approx 0.9$。顶面是上弓形，受载后顶胶（拉伸层）仍然处于同一平面上。两侧面是内凹曲面，当带在轮上弯曲时，侧面变直，与带轮槽侧面接触良好。在相同的工作条件下，窄 V 带传动的承载能力比普通 V 带传动高 1.5 倍以上，速度可达 40 ~ 50m/s，结构尺寸小，工作寿命长，逐步获得广泛的应用。

8.2　带传动的受力分析和应力分析

8.2.1　带传动的受力分析

1. 预紧状态下的受力分析

安装带传动时，传动带即以一定的预紧力 F_0 紧套在两个带轮上。由于 F_0 的作用，带和带轮的接触面上就产生了正压力。带传动不工作时，传动带两边的拉力相等，都等于 F_0，如图 8 -5(a)所示。

2. 工作状态下的受力分析

带传动工作时的受力如图 8 -5(b)所示，设主动轮以转速 n_1 转动，带与带轮的接触面间便产生摩擦力 F_f，主动轮作用在带上的摩擦力的方向和主动轮的圆周速度方向相同，主动轮即靠此摩擦力驱使带运动；带作用在从动轮上的摩擦力的方向，与带的运动方向相同，带靠摩擦力 F_f 驱使从动轮以转速 n_2 转动。这时传动带两边的拉力也相应地发生变化：带绕上主动轮的一边被拉紧，叫作紧边，紧边拉力由 F_0 增加到 F_1；带绕上从动轮的一边被放松，叫作松边，松边拉力由 F_0 减小到 F_2。根据和谐条件，如果近似地认为带工作的总长度不变，则带的紧边拉力的增加量，应等于松边拉力的减少量。

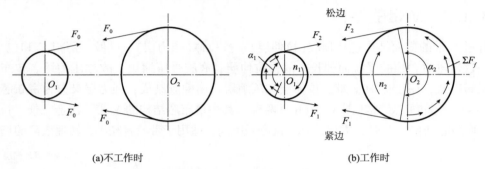

(a)不工作时   (b)工作时

图 8 -5 带传动的工作原理

或
$$\begin{cases} F_1 - F_0 = F_0 - F_2 \\ F_1 + F_2 = 2F_0 \end{cases} \qquad (8-1)$$

当取主动轮一端的带为分离体时，受力如图 8 -6(a)所示，则总摩擦力 F_f 两边拉力对轴心的力矩的代数和 $\sum T = 0$，即

$$F_f \frac{D_1}{2} - F_1 \frac{D_1}{2} + F_2 \frac{D_1}{2} = 0 \qquad (8-2)$$

由式(8 -2)可得：

$$F_f = F_1 - F_2 \qquad (8-3)$$

在带传动中，有效拉力 F_e 并不是作用于某固定点的集中力，而是带和带轮接触面上各点摩擦力的总和，故整个接触面上的总摩擦力 F_f 即等于所传递的有效拉力，则由式(8 -3)关系可知：

$$F_e = F_f = F_1 - F_2 \qquad (8-4)$$

即带传动所能传递的功率 P 为：

$$P = \frac{F_e v}{1000} kw \qquad (8-5)$$

式中 F_e——有效拉力，N；

v——带的速度，m/s。

将式(8 -4)代入式(8 -1)，可得：

$$\begin{cases} F_1 = F_0 + \dfrac{F_0}{2} \\[2mm] F_2 = F_0 - \dfrac{F_e}{2} \end{cases} \tag{8-6}$$

在带传动的传动能力范围里内，F_e 的大小又和传动的功率 P 及带的速度有关。当传动的功率增大时，带的两边拉力的差值 $F_e = F_1 - F_2$ 也要相应地增大。带的两边拉力的这种变化，实际上反映里带和带轮接触面上的摩擦力的变化。显然，当其他条件不变且预紧力 F_0 一定时，这个摩擦力有一极限值(临界值)。这个极限值就限制着带传动的传动能力。

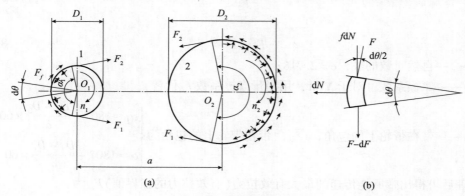

图 8-6 带与带轮的受力分析

8.2.2 带传动的最大有效拉力

带传动中，当带有打滑趋势时，摩擦力即达到极限值。这时带传动的有效拉力亦达到最大值。下面分析摩擦达到最大值临界状态时力的平衡关系，从而得到最大的有效拉力。

如果略去带沿圆弧运动时离心力的影响，截取微量长度的带为分离体，如图 8-6(b)所示，则：

$$dN = F\sin\frac{d\theta}{2} + (F + dF)\sin\frac{d\theta}{2} \tag{8-7}$$

式(8-7)中，因 $d\theta$ 很小，可取 $\sin\dfrac{d\theta}{2} \approx \dfrac{d\theta}{2}$，并略去二次微量 $dF\sin\dfrac{d\theta}{2}$，于是得：

$$dN = Fd\theta \tag{8-8}$$

又

$$f dN + F\cos\frac{d\theta}{2} = (F + dF)\cos\frac{d\theta}{2} \tag{8-9}$$

取 $\cos\dfrac{d\theta}{2} \approx 1$

故得：

$$f dN = dF \tag{8-10}$$

于是可得：

$$dN = Fd\theta = \frac{dF}{f} \tag{8-11}$$

或

$$\frac{\mathrm{d}F}{F} = f\mathrm{d}\theta \qquad (8-12)$$

公式两边积分

$$\int_{F_2}^{F_1} \frac{\mathrm{d}F}{F} = \int_0^\alpha f\mathrm{d}\theta \qquad (8-13)$$

得

$$\ln \frac{F_1}{F_2} = f\alpha \qquad (8-14)$$

即

$$F_1 = F_2 e^{f\alpha} \qquad (8-15)$$

式中　e——自然对数的底，e = 2.718；

　　　f——摩擦系数，对于 V 带，用当量摩擦系数 f_v 代替 f；

　　　α——带在带轮上的包角，(°)。带在带轮上的包角为 $\begin{cases} \alpha_1 \approx 180° - \dfrac{D_1 - D_2}{a} \times 60° \\ \alpha \approx 180° + \dfrac{D_2 - D_1}{a} \times 60° \end{cases}$

整理后可得出带所能传递的最大有效拉力(有效拉力的临界值)F_{ec} 为：

$$F_{ec} = 2F_0 \frac{e^{f\alpha} - 1}{e^{f\alpha} + 1} = 2F_0 \frac{1 - 1/e^{f\alpha}}{1 + 1/e^{f\alpha}} \qquad (8-16)$$

由式(8-16)可知，最大有效应力 F_{ec} 与下列几个因素有关。

(1)预紧力 F_0

最大有效拉力 F_{ec} 与 F_0 成正比。这是因为 F_0 越大，带与带轮间的正压力越大，则传动时的摩擦力就越大，最大有效拉力 F_{ec} 也就越大。但 F_0 过大，将使带的磨损加剧，以致过快松弛，缩短带的工作寿命。如 F_0 过小，则带传动的工作能力得不到充分发挥，运转时容易发生跳动和打滑。

(2)包角 α

最大有效拉力 F_{ec} 随包角 α 的增大而增大。这是因为 α 越大，带和带轮的接触面上所产生的总摩擦力就越大，传动能力就越高。

(3)摩擦系数 f

最大有效拉力 F_{ec} 随摩擦系数 f 的增大而增大。如图 8-7 所示，带和带轮之间的压力为 Q，对于平带，极限摩擦力 $F_f = Qf$，对于 V 带，极限摩擦力为：

$$F_V = Rf = \frac{f}{\sin \dfrac{\varphi}{2}} Q = f_v \cdot Q \qquad (8-17)$$

式中　f——摩擦系数；

　　　φ——V 带轮槽的楔角；

　　　f_v——V 带的当量摩擦系数。

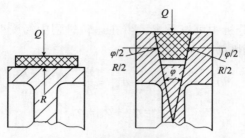

图 8 - 7 平带和 V 带摩擦系数

8.2.3 带传动的应力分析

带传动时，带中应力由以下三部分组成。

1. 由于传递圆周力而产生的拉应力

紧边拉应力

$$\sigma_1 = \frac{F_1}{A} \tag{8-18}$$

松边拉应力

$$\sigma_2 = \frac{F_2}{A} \tag{8-19}$$

式中 A——带的横截面积，mm^2。

2. 由于离心力而产生的离心应力

$$\sigma_c = \frac{F_c}{A} = \frac{qc^2}{A} \tag{8-20}$$

式中 q——每米带长的质量，kg/m；

c——V 带速度，m/s。

3. 由带的弯曲而产生的弯曲应力(图 8 - 8)

$$\sigma_b \approx \frac{Eh}{d_d} \tag{8-21}$$

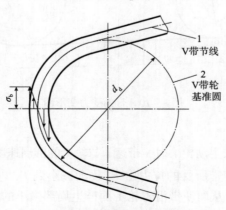

图 8 - 8 带的弯曲应力

4. 总应力

从图 8-9 带的应力分析中可以看出，带在运转过程中经受变应力作用，最大应力发生在紧边与小轮接触处的横截面中，其值为：

$$\sigma_{\max} = \sigma_1 + \sigma_c + \sigma_{w_1} = \frac{F_1}{A} + \frac{qv^2}{A} + \frac{Eh}{d_1} \qquad (8-22)$$

$$\sigma_{\max} = \sigma_1 + \sigma_c + \sigma_{b_1} \qquad (8-23)$$

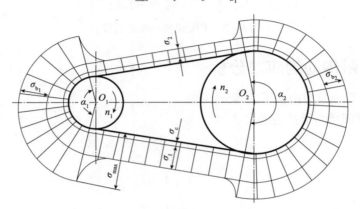

图 8-9 带的应力分布

8.2.4 带传动的弹性滑动和打滑

由于带是弹性体，在拉力的作用下会产生弹性伸长，其弹性伸长量随拉力的大小而变化。带在工作时，紧边拉力 F_1 大于松边拉力 F_2，因此，紧边产生的弹性伸长量大于松边的弹性伸长量，如图 8-10 所示。

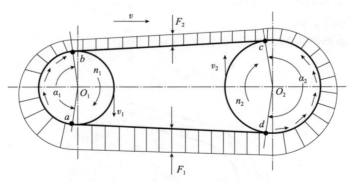

图 8-10 带的受力变形图

1. 弹性滑动

当带的紧边在 a 点进入主动轮 1 时，带速 v 与轮 1 的圆周速度 v_1 相等，但在轮 1 由 a 点转动到 b 点退出的过程中，带所受的拉力由 F_1 逐渐减小到 F_2，其弹性伸长量也逐渐减小，也就是说，带在逐渐缩短，从而使带沿着轮 1 面产生局部微小的向后相对滑动，造成带速 v 小于轮 1 的圆周速度 v_1。同理，带由进入点 c 依靠摩擦力驱动从动轮 2 转动到退出点 d 的过程中，由于带拉力由 F_2 逐渐增大到 F_1，带的弹性伸长量也增加，也就是说，带在逐渐拉长，这时带在轮面 2 上产生局部微小的向前相对滑动，致使带速 v 大于轮 2 的速度 v_2。上述由于带的弹性变形而引起带在轮面上滑动的现象，称为弹性滑动。弹性滑动时的摩擦是带传动特有的现象，在带工作时是不可避免的。弹性滑动会使带磨损，从而缩短带的寿命，并使从动轮的速度降低，影响传动比。从动轮圆周速度降低的程度可用滑动率 ε 来表示。

弹性滑动率：从动轮的圆周线速度的降低量用弹性滑动率 ε 表示，即

$$\varepsilon = \frac{v_1 - v_2}{v_1} \tag{8-24}$$

式中，$v_1 = \dfrac{\pi d_1 n_1}{60 \times 1000}$；$v_2 = \dfrac{\pi d_1 n_2}{60 \times 1000}$。

d_1、d_2——主、从动轮的计算直径，mm；

n_1、n_2——主、从动轮的转速，r/min。

故

$$\varepsilon = \frac{v_1 - v_2}{v_1} \times 100\% = \left(1 - \frac{d_2 n_1}{d_1 n_1}\right) \times 100\% \tag{8-25}$$

当考虑弹性滑动时，n_1 与 n_2 的关系为：

$$n_2 = \frac{d_1}{d_2} n_1 (1 - \varepsilon) \tag{8-26}$$

一般带传动的滑动系数 $\varepsilon = 0.01 \sim 0.02$，$\varepsilon$ 的值很小，非精确计算时可忽略不计。

当带没有弹性变形时，即 ε 可忽略，则：

$$i = \frac{n_1}{n_2} = \frac{d_2}{d_1}$$

当考虑弹性滑动时

$$i = \frac{n_1}{n_2} = \frac{d_2}{d_1(1 - \varepsilon)} \tag{8-27}$$

2. 带传动的失效形式与设计准则

带传动工作时的主要失效形式是打滑和带的疲劳破坏(脱层、撕裂、拉断)。

(1)打滑

带传动是靠摩擦工作的，在初拉力 F_0 一定时，当传递的有效圆周力 F 超过带与轮面间的极限摩擦力时，带就会在带轮轮面上发生明显的全面滑动，这种现象称为打滑。当传动出现打滑现象时，虽然主动带轮仍在继续转动，但从动带轮及传动带有较大的速度损失，甚至完全不动。打滑是一种有害现象，它将使传动失效并加剧带的磨损。因此，在正常工作时，应当避免出现打滑现象。弹性滑动和打滑是两个截然不同的概念，它们的区别见表 8-2。

表 8-2　弹性滑动和打滑的区别

项目	弹 性 滑 动	打 滑
现象	局部带在局部轮面上发生的滑动	带与轮面在整个接触弧上发生相对滑动
产生的原因	带两边的拉力差	有效拉力达到或超过带与轮面极限摩擦力
结论	不可避免	可以避免

（2）带的疲劳破坏

带在工作时的应力随着带的运转而变化，是交变应力。转速越高、带越短，单位时间内带绕过带轮的次数越多，带的应力变化就越频繁。长时间工作，传动带在交变应力的反复作用下会产生脱层、撕裂，最后导致疲劳断裂，从而使传动失效。

通过对带传动应力和运动分析可知，V带传动的主要失效形式是打滑和疲劳断裂。所以V带传动的设计准则是在保证带传动不打滑的条件下，使V带具有一定的疲劳强度。

8.3 带规格、带轮结构和带传动张紧装置

8.3.1 V带规格和基本尺寸

普通V带的截面为梯形，带轮轮缘上开有相应的轮槽。在传动时，带与轮槽的两个侧面接触，即以侧面为工作面。

V带有基准宽度制和有效宽度制，本章采用的是基准宽度制。普通V带已标准化，标准普通V带通常制成无接头的环形。GB/T 11544—2012《带传动 普通V带和窄V带尺寸（基准宽度制）》中，按其截面尺寸由小到大分为Y、Z、A、B、C、D、E 7种型号，各型号的截面尺寸见表8-3。

表8-3 普通V带的截面尺寸（摘自GB/T 11544—2012）

型号	Y	Z	A	B	C	D	E
b_p/mm	5.3	8.5	11.0	14.0	19.0	27.0	32.0
b/mm	6	10	13	17	22	32	38
h/mm	4	6	8	11	14	19	23
θ/(°)	40						

在V带强力层部分，有一层既不受拉也不受压的中性层，称为节面，其宽度 b_p 称为节宽（表8-3中的图）；当带绕在带轮上弯曲时，其节宽保持不变。在V带轮上，与V带节宽 b_p 处于同一位置的轮槽宽度，称为基准宽度，仍以 b_p 表示，基准宽度处的带轮直径，称为V带轮的基准直径，用 d_d 表示，它是V带轮的公称直径。在规定的张紧力下，位于带轮基准直径上的周线长度，称为V带的基准长度，用 L_d 表示，见表8-4，它用于带传动的几何尺寸计算。

表 8-4　V 带基准长度的尺寸系列

基准长度 L_d/mm	长度系数 K_L						
	Y	Z	A	B	C	D	E
200	0.81						
224	0.82						
250	0.84						
280	0.87						
315	0.89						
355	0.92						
400	0.96	0.87					
450	1.00	0.89					
500	1.02	0.91					
560		0.94					
630		0.96	0.81				
710		0.99	0.83				
800		1.00	0.85				
900		1.03	0.87	0.82			
1000		1.06	0.89	0.84			
1120		1.08	0.91	0.86			
1250		1.11	0.93	0.88			
1400		1.14	0.96	0.90			
1600		1.16	0.99	0.92	0.83		
1800		1.18	1.01	0.95	0.86		
2000			1.03	0.98	0.88		
2240			1.06	1.00	0.91		
2500			1.09	1.03	0.93		
2800			1.11	1.05	0.95	0.83	
3150			1.13	1.07	0.97	0.86	
3550			1.17	1.09	0.99	0.89	
4000			1.19	1.13	1.02	0.91	
4500				1.15	1.04	0.93	0.90
5000				1.18	1.07	0.96	0.92
5600					1.09	0.98	0.95
6300					1.12	1.00	0.97
7100					1.15	1.03	1.00
8000					1.18	1.06	1.02
9000					1.21	1.08	1.05

基准长度	长度系数 K_L						
L_d/mm	Y	Z	A	B	C	D	E
10000					1.23	1.11	1.07
11200						1.14	1.10
12500						1.17	1.12
14000						1.20	1.15
16000						1.22	1.18

8.3.2 普通 V 带轮材料与结构

V 带轮常用的材料是铸铁。当 $v \leqslant 25\text{m/s}$ 时，常用牌号为 HT150；当 $v \geqslant 25 \sim 30\text{m/s}$ 时，常用牌号为 HT200；高速带轮可采用铸钢或钢板焊接而成；小功率时也可采用铸铝或工程塑料。普通 V 带轮一般由轮缘、轮毂及轮辐 3 部分组成。轮缘是带轮的外圆部分，其上开有梯形槽，它的两个侧面是工作面。轮槽工作面要精细加工（表面粗糙度一般为 $Ra2.5$），以减少带的磨损，各槽的尺寸形状应保持一定的精度，以使各根带的拉力分配均匀。轮槽的尺寸见表 8-5。

表 8-5　V 带轮轮槽尺寸

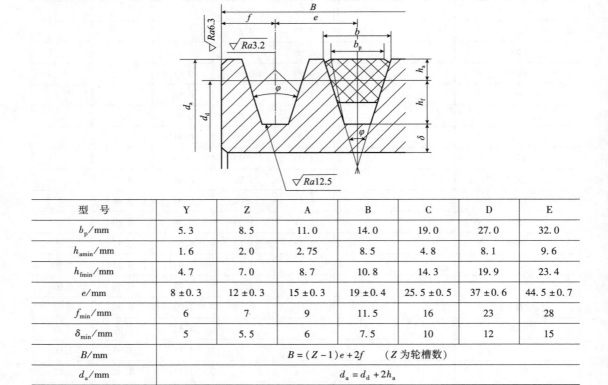

型 号	Y	Z	A	B	C	D	E
b_p/mm	5.3	8.5	11.0	14.0	19.0	27.0	32.0
h_{amin}/mm	1.6	2.0	2.75	8.5	4.8	8.1	9.6
h_{fmin}/mm	4.7	7.0	8.7	10.8	14.3	19.9	23.4
e/mm	8±0.3	12±0.3	15±0.3	19±0.4	25.5±0.5	37±0.6	44.5±0.7
f_{min}/mm	6	7	9	11.5	16	23	28
δ_{min}/mm	5	5.5	6	7.5	10	12	15
B/mm	$B = (Z-1)e + 2f$ （Z 为轮槽数）						
d_a/mm	$d_a = d_d + 2h_a$						

型 号		Y	Z	A	B	C	D	E
φ	32°	≤60						
	34°	d_d/mm	≤80	≤118	≤190	≤315		
	36°		>60					≤475	≤600
	38°			>80	>118	>190	>315	>475	>600

普通 V 带的楔角 φ 为 40°，当绕过带轮弯曲时，会产生横向变形，使其楔形角变小。为使带轮轮槽工作面和 V 带两侧面接触良好，一般轮槽制成后的楔角 φ 都小于 40°，带轮直径越小，所制轮槽楔角也越小。轮毂是带轮与轴配合的部分，而轮辐是联接轮缘和轮毂的部分。当采用铸铁材料时，根据轮辐结构的不同，V 带轮有 3 种典型的结构：实心式，如图 8 – 11(a)所示，用于带轮基准直径 $d_d \leq (2.5 \sim 3)d$ (d 为带轮轴直径)时；辐板式，如图 8 – 11(b)所示，用于中等直径；当直径大于 350mm 时，可采用轮辐式，如图 8 – 11(c)所示。V 带轮的结构形式主要根据带轮的基准直径 d_d 来选择，轮槽的尺寸可根据带的型号按表 8 – 5 确定。带轮的有关结构尺寸可参阅图 8 – 11 中所附的经验公式。

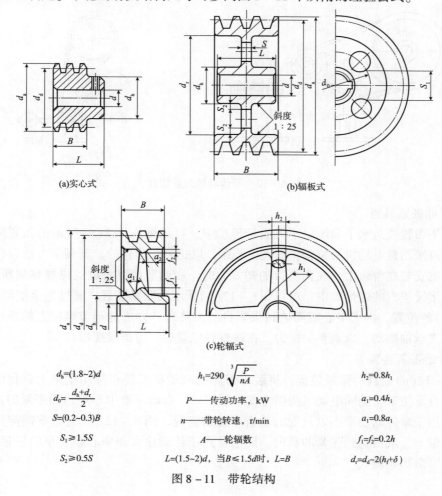

(a)实心式　　(b)辐板式　　(c)轮辐式

$d_h = (1.8 \sim 2)d$ 　　　　$h_1 = 290\sqrt[3]{\dfrac{P}{nA}}$ 　　　　$h_2 = 0.8h_1$

$d_0 = \dfrac{d_h + d_r}{2}$ 　　　　P ——传动功率，kW 　　　　$a_1 = 0.4h_1$

$S = (0.2 \sim 0.3)B$ 　　　　n ——带轮转速，r/min 　　　　$a_1 = 0.8a_1$

$S_1 \geq 1.5S$ 　　　　A ——轮辐数 　　　　$f_1 = f_2 = 0.2h$

$S_2 \geq 0.5S$ 　　　　$L = (1.5 \sim 2)d$，当 $B \leq 1.5d$ 时，$L = B$ 　　　　$d_r = d_d - 2(h_f + \delta)$

图 8 – 11　带轮结构

8.3.3 带传动的张紧装置

带安装在带轮上应具有一定的张紧力，以保证带传动的正常工作。但工作一段时间后，由于带的塑性变形会出现松弛现象，使带的初拉力逐渐减小，承载能力降低。为了控制带的初拉力，保证带传动的工作能力，必须采用适当的张紧装置。常用的几种张紧装置如图 8－12 所示。

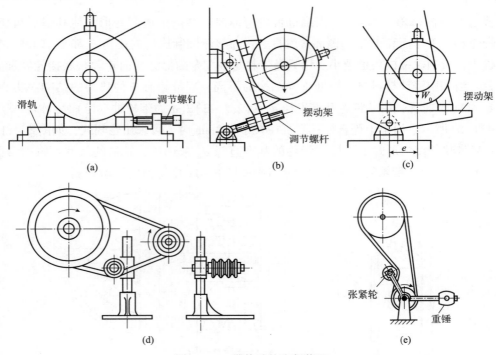

图 8－12　带传动的张紧装置

1. 定期张紧装置

在水平布置或与水平面倾斜不大的带传动中，可用图 8－12(a) 所示的张紧装置，通过调节螺钉来调整电动机的位置，加大中心距，以达到张紧目的。其调节方法是将装有带轮的电动机安装在滑轨上，在调整带的初拉力时，用调节螺钉将电动机推移到所需位置。在垂直或接近垂直的带传动中，可用图 8－12(b) 所示的张紧装置，通过调节摆动架(电动机轴中心)的位置，加大中心距而达到张紧目的。其调节方法是调节螺杆上的螺母，使机座绕固定支承轴摆动，以调整初拉力。在调整好位置后，需锁紧螺母。

2. 自动张紧装置

图 8－12(c) 是自动张紧装置，将装有带轮的电动机安装在浮动摆架上，利用电动机及摆架的自重使带轮随同电动机绕固定支承轴摆动，自动调整中心距达到张紧的目的。这种方法常用于带传动功率小以及近似垂直布置的情况。图 8－12(e) 是靠重锤使张紧轮自动压紧在带上，从而达到张紧的目的。此法常用于传动比大而中心距又小的平带传动中，它对带的寿命影响较大。

3. 利用张紧轮的张紧装置

当带传动的中心距不能调节时，可以采用张紧轮将带张紧，如图 8-12(d)所示。张紧轮一般安装在松边的内侧，使带只受单向弯曲。为使小带轮包角不减小得过多，张紧轮应尽量靠近大带轮安装。

8.4　带传动案例设计与分析

8.4.1　设计要求与数据

在往复活塞式压缩机中，V 带传动用于主机曲柄传动中(图 8-13)，载荷变动较大，一班制工作，通过计算确定原动件为 Y 系列异步电动机驱动，传递功率 $P = 7.5\text{kW}$，主动带轮转速 $n_1 = 1440\text{r/min}$，传动比为 $i = 2.6$。

设计内容包括：选择带的型号、确定长度 L、计算带的根数 Z、计算传动中心距 a、确定带轮基准直径及带轮的结构尺寸计算等。

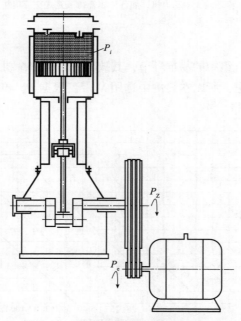

图 8-13　往复活塞式压缩机工作原理

8.4.2　设计步骤、结果及说明

1. 确定计算功率 P_c

$$P_c = K_A P \tag{8-28}$$

由表 8-6 查得：$K_A = 1.2$，故 $P_c = K_A P = 1.2 \times 7.5\text{kW} = 9\text{kW}$。

【说明】

①该案例所用计算公式、图表摘自 GB/T 11544—2012。

②K_A 为工作情况系数,是考虑载荷性质和动力机工作情况对带传动能力的影响而引进的大于 1 的可靠系数,其选取详见表 8 – 6。在本案例中,根据"载荷变动较大,一班制工作,Y 系列异步电动机驱动"的要求,选择 $K_A = 1.2$。

表 8 – 6　带传动工作情况系数

工作机载荷性质	动力机(每天工作时间/h)					
	I 类动力机(空、轻载荷启动)			II 类动力机(重载)		
	≤10	10 ~ 16	>16	≤10	10 ~ 16	>16
工作平稳	1.0	1.1	1.2	1.1	1.2	1.3
载荷变动小	1.1	1.2	1.3	1.2	1.3	1.4
载荷变动较大	1.2	1.3	1.4	1.4	1.5	1.6
冲击载荷	1.3	1.4	1.5	1.5	1.6	1.8

注:

I 类动力机(空、轻载荷启动):工作较平稳的动力机,如普通鼠笼式交流电机、同步电机、并激直流电机、转速大于 600r/min 的内燃机等。

II 类动力机(重载启动):工作振动较大的动力机,如各种非普通鼠笼式交流电机、复激或串激直流电机、单缸发动机、转速小于 600r/min 的内燃机等。

2. 确定 V 带的型号

考虑到带传动是整个机组中的易损环节,其故障将影响整个机组,而且相对这个机组而言,带传动的成本微不足道,所以本案例中选用 V 带。根据 $P_c = 9kW$ 及 $n_1 = 1440r/min$,查图 8 – 14 确定选用 A 型 V 带。

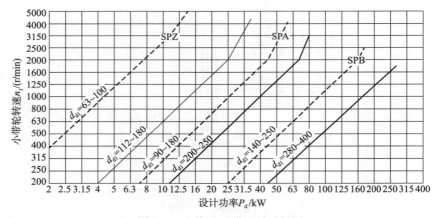

图 8 – 14　普通 V 带型号选择图

【说明】

①图 8 – 14 为普通 V 带型号选择图。根据 $P = FV$ 易知,转速一定,功率越大,带中拉力越大,所需选择的带型越大;功率一定,转速越大,带中拉力越小,所需选择的带型越小。

②图中实线为两种型号的分界线,虚线为该型号推荐小带轮直径的分界线。

③当工况位于两种型号分界线附近时,可分别选取这两种型号进行计算,择优选取。若选用截面较小的型号,则根数较多,传动尺寸相同时可获得较小的弯曲应力,带的寿命

较长；选截面较大的型号时，带轮尺寸、传动中心距都会有所增加，带根数则较少。

④如果小带轮直径选太大，带传动结构尺寸不紧凑；选太小则带承受的弯曲应力过大。弯曲应力是引起带疲劳损坏的重要因素，所以必须按图中推荐的数据选取。

3. 确定带轮直径 d_{d1}、d_{d2}

（1）确定小带轮的基准直径 d_{d1}

依据图 8 – 14 的推荐，小带轮可选用的直径范围是 112 ~ 140mm，参照表 8 – 7，选择 $d_{d1} = 125$mm。

表 8 – 7　V 带轮的最小基准直径 d_{min} 及基准直径系列　　　　　　　　　　mm

V 带轮槽型	Y	Z	A	B	C	D	E
d_{min}	20	50	75	125	200	355	500
基准直径系列	28　31.5　35.5　40　45　50　56　63　71　75　80　（85）　90　（95）　100　106　112 118　125　132　140　150　160　（170）　180　200　212　224　（236）　250　（260）　280 315　355　375　400　（425）　450　（475）　500　（530）　560						

注：括号内的直径尽量不用。

（2）验算带速 v

$$v = \frac{\pi d_{d1} n_1}{60 \times 1000} \qquad (8 - 29)$$

故

$$v = \frac{\pi \times 125 \times 1440}{60 \times 1000} \text{m/s} = 9.42 \text{m/s}$$

故 5m/s $< v <$ 25m/s，带速合适。

（3）计算大带轮直径

$$d_{d2} = i d_{d1}(1 - \varepsilon) \qquad (8 - 30)$$

故

$$d_{d2} = 2.6 \times 125 \times (1 - 0.02) \text{mm} = 318.5 \text{mm}$$

根据 GB/T 11544—2011 规定的带轮基准直径系列，必须在表 8 – 7 中选取最接近计算值 318.5mm 的标准值，在此，取 $d_{d2} = 315$mm。

【说明】

①选取小带轮直径后，必须验算带速。普通 V 带带速在 5 ~ 25m/s。若带速过小则传递相同的功率时，所需带的拉力过大，V 带容易出现低速打滑；若带速过大则离心力过大且单位时间的应力循环次数增多，带易疲劳断裂，而且离心力会减少带与带轮的压紧力，出现高速打滑。

②ε 为考虑带正常工作时弹性滑动对传动比的影响系数，一般为 $\varepsilon \approx 1\% ~ 2\%$。

4. 确定带长度 L_d 及中心距 a

（1）初取中心距 a_0

$$0.7(d_{d1} + d_{d2}) \leqslant a_0 \leqslant 2(d_{d1} + d_{d2}) \qquad (8 - 31)$$

得 308mm $\leqslant a_0 \leqslant$ 880mm，根据精压机的总体布局情况，初选 $a_0 = 800$mm。

（2）确定带长 L_d

根据几何关系计算带长得：

$$L_{d0} = 2a_0 + \frac{\pi}{2}(d_{d1} + d_{d2}) + \frac{(d_{d2} - d_{d1})^2}{4a_0} \tag{8-32}$$

故

$$L_{d0} = \left[2 \times 800 + \frac{\pi}{2}(125 + 315) + \frac{(315 - 125)^2}{4 \times 800} \right] mm = 2492.43 mm$$

由于 V 带是标准件，其长度受标准规定，不能取任意值，须根据标准手册在计算值附近选标准值。故查表 8-4，取 $L_d = 2500 mm$。

（3）计算实际中心距

根据几何关系估算出所需的实际中心距，即

$$a \approx a_0 + \frac{L_d - L_{d0}}{2} \tag{8-33}$$

故

$$a \approx \left[800 + \frac{2500 - 2492.43}{2} \right] mm \approx 808 mm$$

【说明】

①带传动的中心距不宜过大，否则将由于载荷变化引起带的颤动；中心距也不宜过小，中心距越小，则带的长度越短，在一定速度下，单位时间内带的应力变化次数越多，会加速带的疲劳损坏；短的中心距还将导致小带轮包角过小。

②考虑安装调整和补偿张紧力（如胶带伸长而松弛后的张紧）的需要，中心距的变动范围为：$(a - 0.015L_d) \sim (a + 0.03L_d)$。

5. 验算包角 α_1

根据几何关系得：

$$\alpha_1 = 180° - \frac{d_{d2} - d_{d1}}{a} \times 57.3° \tag{8-34}$$

故

$$180° - \frac{315 - 125}{808} \times 57.3° = 166.53° > 120°$$

故包角 α_1 合适。

【说明】

α_1 是影响带传递功率的主要因素之一，包角大则传递功率也大，所以一般 α_1 应大于或等于 120°；若包角小于 120°，则必须加大中心距。

6. 确定 V 带的根数 z

$$z \geqslant \frac{P_c}{(P_0 + \Delta P_0)K_\alpha K_L} \tag{8-35}$$

P_c 为计算功率；P_0 为特定条件下（载荷平稳，$\alpha_1 = 180°$，$i = 1$，特定带长）测得的单根 V 带的许用功率，称为基本额定功率。普通 V 带基本额定功率由表 8-8 选取。

表 8 - 8　单根普通 V 带基本额定功率 P_0　　　　　　　　kW

型号	小轮基准直径 d_1/mm	小带轮转速 n_1/(r/mim)											
		730	800	980	1200	1460	1600	2000	2400	2800	3200	3600	4000
Y	20			0.02	0.02	0.02	0.03	0.03	0.04	0.04	0.05	0.06	0.06
	31.5	0.03	0.04	0.04	0.05	0.06	0.06	0.07	0.09	0.10	0.11	0.12	0.13
	40	0.04	0.05	0.06	0.07	0.08	0.09	0.11	0.12	0.14	0.15	0.16	0.18
	50	0.06	0.07	0.08	0.09	0.11	0.12	0.14	0.16	0.18	0.20	0.22	0.23
Z	50	0.09	0.10	0.12	0.14	0.16	0.17	0.20	0.22	0.26	0.28	0.30	0.32
	63	0.13	0.15	0.18	0.22	0.25	0.27	0.32	0.37	0.41	0.45	0.47	0.49
	71	0.17	0.20	0.23	0.27	0.31	0.33	0.39	0.46	0.50	0.54	0.58	0.61
	80	0.20	0.22	0.26	0.30	0.36	0.39	0.44	0.50	0.56	0.61	0.64	0.67
	90	0.22	0.24	0.28	0.33	0.37	0.40	0.48	0.54	0.60	0.64	0.68	0.72
A	75	0.42	0.45	0.52	0.60	0.68	0.73	0.84	0.92	1.00	1.04	1.08	1.09
	90	0.63	0.68	0.79	0.93	1.07	1.15	1.34	1.50	1.64	1.75	1.83	1.87
	100	0.77	0.83	0.97	1.14	1.32	1.42	1.66	1.87	2.05	2.19	2.28	2.34
	125	1.11	1.19	1.40	1.66	1.93	2.07	2.44	2.74	2.98	3.16	3.26	3.28
	160	1.56	1.59	2.00	2.36	2.74	2.94	3.42	3.80	4.06	4.19	4.17	3.98
B	125	1.34	1.44	1.67	1.93	2.20	2.33	2.64	2.85	2.93	2.94	2.80	2.51
	160	2.16	2.32	2.72	3.17	3.64	3.86	4.40	4.75	4.89	4.80	4.46	3.82
	200	3.06	3.30	3.86	4.50	5.15	5.46	6.13	6.47	6.43	5.95	4.98	3.47
	250	4.14	4.46	5.22	6.04	6.85	7.20	7.87	7.89	7.14	5.60	3.12	
	280	4.77	5.13	5.93	6.90	7.78	8.13	8.60	8.22	6.80	4.26		
C	200	3.80	4.07	4.66	5.29	5.86	6.07	6.34	6.02	5.01	3.32		
	250	5.82	6.23	7.18	8.21	9.06	9.38	9.62	8.75	6.56	2.93		
	315	8.34	8.92	10.23	11.53	12.48	12.72	12.14	9.43	4.16			
	400	11.52	12.10	13.67	15.04	15.51	15.24	11.95	4.34				
	450	12.98	13.80	15.39	16.59	16.41	15.57	9.64					
D	355	14.04	14.83	16.30	16.98	17.25	16.70	15.63	12.97				
	450	21.12	22.25	24.16	24.84	24.84	22.42	19.59	13.34				
	560	28.28	29.55	31.00	30.85	29.67	22.08	15.13					
	710	35.97	36.87	35.58	32.52	27.88							
	800	39.26	39.55	35.26	29.26	21.32							
E	500	26.62	27.57	28.52	25.53	16.25							
	630	37.64	38.52	37.14	29.17								
	800	47.79	47.38	39.08	16.46								
	900	51.13	49.21	34.01									
	1000	52.26	48.19										

本案例中，根据 $d_{d1} = 125\text{mm}$、$n_1 = 1440\text{r/min}$，查表 8 - 9 得：$P_0 = 1.93\text{kW}$；ΔP_0 为 $i \neq 1$ 时基本额定功率的增量，普通 V 带由表 8 - 10 选取。本案例 $i = 2.6$、$n_1 = 1440\text{r/min}$，查表 8 - 9 得：$\Delta P_0 = 0.17\text{kW}$。

K_a 为 $\alpha \neq 180°$ 时的包角修正系数，可按 $K_a = 1.25(1 - 5^{-\alpha/180})$ 计算；本案例 $\alpha = 166.53°$，则 $K_a = 1.25(1 - 5^{-166.5/180}) = 0.968$。

K_L 为带不是特定带长时的长度修正系数，可按 $K_L = 1 + 0.5(\log L_d - \log L_{dT})$ 计算。

L_{dT} 为特定带长（表 8 - 10），本案例 $L_{dT} = 1600\text{mm}$，$L_d = 2500\text{mm}$，则 $K_L = 1 + 0.5$ $(\log 2500 - \log 1600) = 1$。

则 $Z \geqslant \dfrac{9}{(1.93 + 0.17) \times 0.968 \times 1} = 4.33$，取 $Z = 5$。

表 8 - 9 单根普通 V 带 $i \neq 1$ 时基本额定功率的增量 ΔP_0 kW

型号	传动比 i	小带轮转速 $h_1/(\text{r/min})$											
		730	800	980	1200	1460	1600	2000	2400	2800	3200	3600	4000
Y	1.52~1.99	0.00	0.00	0.01	0.01	0.01	0.01	0.01	0.02	0.02	0.02	0.02	0.03
	≥2.0	0.00	0.00	0.01	0.01	0.01	0.01	0.02	0.02	0.02	0.02	0.03	0.03
Z	1.52~1.99	0.01	0.02	0.02	0.02	0.02	0.03	0.03	0.04	0.04	0.04	0.05	0.05
	≥2.0	0.02	0.02	0.02	0.03	0.03	0.03	0.04	0.04	0.04	0.05	0.05	0.06
A	1.52~1.99	0.08	0.09	0.11	0.13	0.15	0.17	0.22	0.26	0.30	0.34	0.39	0.43
	≥2.0	0.09	0.10	0.11	0.15	0.17	0.19	0.24	0.29	0.34	0.39	0.44	0.48
B	1.52~1.99	0.20	0.23	0.26	0.34	0.40	0.45	0.56	0.68	0.79	0.90	1.01	1.13
	≥2.0	0.22	0.25	0.30	0.38	0.46	0.51	0.63	0.76	0.89	1.01	1.14	1.27
C	1.52~1.99	0.55	0.63	0.84	0.94	1.14	1.25	1.57	1.72	1.88	2.04	2.19	2.44
	≥2.0	0.62	0.71	0.83	1.06	1.27	1.41	1.76	1.94	2.12	2.29	2.47	2.75
D	1.52~1.99	1.95	2.22	2.64	3.34	4.03	4.45						
	≥2.0	2.19	2.50	2.97	3.75	4.53	5.00						
E	1.52~1.99	3.86	4.41	5.23	6.41	7.80							
	≥2.0	4.34	4.93	5.89	7.21	8.78							

表 8 - 10 V 带特定长度系列

型号	普通 V 带							窄 V 带			
	Y	Z	A	B	C	D	E	SPZ	SPA	SPB	SPC
特定长度/mm	450	800	1700	2240	3700	6300	7100	1600	2500	3550	5600

【说明】

带的根数 Z 越大，各根带的带长、带的弹性和带轮轮槽尺寸形状间的误差越大，受力越不均匀，因而产生的带的附加载荷越大，所以 Z 不宜过大，一般 $Z \leqslant 7$。

7. 确定初拉力 F_0

$$F_0 = 500 \frac{P_c}{vz}\left[\frac{2.5}{K_\alpha} - 1\right] + qv^2 \tag{8 - 36}$$

由表 8 – 11 查得：$q = 0.1\text{kg/m}$

则

$$F_0 = \left[500 \times \frac{9}{6.42 \times 5}\left(\frac{2.5}{0.968} - 1\right) + 0.1 \times 9.42^2\right]\text{N} = 230.74\text{N}$$

表 8 – 11　V带每米长的质量

型号	Y	Z	A	B	C	D	E
$q/(\text{kg/m})$	0.02	0.06	0.10	0.17	0.30	0.62	0.90

【说明】

初拉力 F_0 为带传动未工作时预先给定的拉力，此力保证带紧套在带轮上，使得带轮转动后能产生足够的摩擦力。初拉力的大小是保证带传动正常工作的重要因素。初拉力过小，摩擦力小，容易发生打滑；初拉力过大，则带寿命低，轴和轴承承受的压力大。

8. 计算带轮轴所受的压力 Q

$$Q = 2ZF_0\sin\frac{\alpha_1}{2} \tag{8 – 37}$$

则：

$$Q = \left[2 \times 5 \times 230.74 \times \sin\frac{166.55°}{2}\right]\text{N} = 2306.8\text{N}$$

【说明】

带轮轴所受压力将作为后续轴和轴承设计的依据。

9. 带轮结构设计(略)

8.5　链传动的特点和组件结构与参数

链传动是一种以链条作为中间挠性件的啮合传动，一般用于两轴相距较远的场合。

8.5.1　链传动的组成、特点和类型

1. 链传动的组成

链传动由主动链轮 1、从动链轮 2、跨绕在两链轮上的闭合链条 3 组成，如图 8 – 15 所示。工作时，通过链条与链轮轮齿的相互啮合来传递运动和动力。

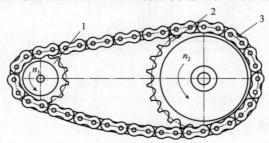

图 8 – 15　链传动

1—主动链轮；2—从动链轮；3—链条

2. 链传动的特点

与带传动相比，链传动主要有以下特点：

（1）链传动是有中间挠性件的啮合传动，无弹性滑动和打滑现象，因此能保持准确的平均传动比；

（2）张紧力小，作用在轴上的压力较小；

（3）结构简单，加工成本低；

（4）对工作条件要求较低，能在高温、多尘、油污等恶劣的环境中工作；

（5）链传动的瞬时传动比不恒定，从动链轮瞬时转速不均匀，传动的平稳性较差，有冲击和噪声，不宜用于高速的场合。

一般链传动的适用范围为：传递功率 $P \leqslant 100 \text{kW}$，链速 $v \leqslant 15 \text{m/s}$，传动比 $i \leqslant 7$，效率为 $0.92 \sim 0.97$。

3. 链传动的类型

链传动所用的链条种类很多。根据用途的不同，链传动分为传动链、起重链和牵引链。传动链用来传递运动和动力；起重链用于起重机械中提升重物；牵引链用于链式输送机中移动重物。在传动链中，常用的是滚子链。滚子链的结构简单，磨损较轻，应用较广。本节重点讲滚子链。

8.5.2 链传动的组件结构与参数

1. 滚子链的组成

如图 8-16 所示，套筒滚子链由内链板 1、外链板 2、销轴 3、套筒 4 和滚子 5 组成。滚子与套筒、销轴与套筒均为间隙配合，从而形成动联接；而套筒与内链板、销轴与外链板间则均为过盈配合而构成内、外链节。传动时，通过套筒绕销轴的自由转动，可使内、外链板之间做相对转动。同时滚子在链轮的齿间滚动，以减轻链与链轮轮齿的磨损。

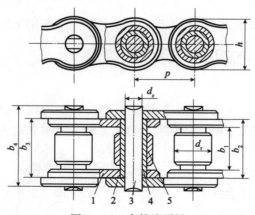

图 8-16 套筒滚子链

1—内链板；2—外链板；3—销轴；4—套筒；5—滚子

为了使链板各截面强度近似相等，减轻质量及惯性力，内、外链板均制成"8"字形。内、外链板交错联接而构成链条。链条的长度常用链节数表示。链节数一般取为偶数，这样在构成环状时，可使内、外链板正好相接。接头处可采用图 8-17（a）所示的开口销或

图 8 – 17(b)所示的弹簧卡来固定。当链节数为奇数时，需用过渡链节才能构成环状，如图 8 – 17(c)所示。由于过渡链节的弯链板工作时会受到附加弯曲应力，所以应尽量避免使用奇数链节。

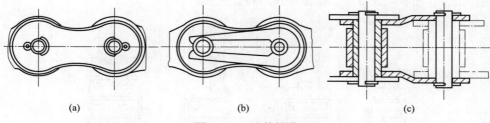

| | (a) | (b) | (c) |

图 8 – 17　连接链节

当传递较大的动力时，可采用双排链或多排链，双排链用得比较多。

2. 滚子链的规格

滚子链已经标准化，由专业工厂生产。根据 GB/T 1243—2006，包括 A、B 两个系列，A 系列用于重载、较高速和重要的传动，B 系列用于一般传动。各种型号滚子链的主要参数、尺寸、极限拉伸载荷和每米质量等见表 8 – 12。

表 8 – 12　滚子链的基本参数和尺寸(GB/T 1243—2006)

链号	节距 p/mm	排距 p_t/mm	滚子半径 d_r/mm	内链节内宽 b_1/mm	销轴直径 d_z/mm	内链板高度 h/mm	极限拉伸载荷（单排）F_B/N	每米质量(单排) q/(kg/m)
05B	8.00	5.64	5.00	3.00	2.31	7.11	4400	0.18
06B	9.525	10.24	6.35	5.72	3.28	8.26	8900	0.04
08A	12.70	14.38	7.92	7.85	3.98	12.07	13800	0.60
08B	12.70	13.92	8.51	7.75	4.45	11.81	17800	0.70
10A	15.875	18.11	10.16	9.40	5.09	15.09	21800	1.00
12A	19.05	22.78	11.91	12.57	5.96	18.08	31100	1.50
16A	25.40	29.29	15.88	15.75	7.94	24.13	55600	2.60
20A	31.75	35.76	19.05	18.90	9.54	30.18	86700	3.80
24A	38.10	45.44	22.23	25.22	11.11	36.20	124000	5.60
28A	44.45	48.87	25.40	25.22	17.71	42.24	169000	7.50
32A	50.80	58.55	28.58	31.55	14.29	48.26	222400	10.10
40A	63.50	71.55	39.68	37.85	19.85	60.33	34700	16.10
48A	76.20	87.83	47.63	47.35	28.81	72.39	500400	22.60

滚子链基本参数包括链节距 p、滚子外径 d_r 和排距 p_t。链节距 p 是指链条上相邻两销轴中心的距离。滚子链的规格用链号来表示，不同的链节距有不同的链号。滚子链的标记方法为：

"链号 – 排数 – 链节数标准代号"，例如，A 系列滚子链，节距 $p=12.7$mm，双排，链节数88，则其标记方法为08A – 2 – 88 GB/T 1243—2006。

3. 链轮的结构

链轮的结构如图 8-18 所示，当链轮尺寸较小时，可制成整体式[图8-18(a)]；中等直径的链轮可制成孔板式[图8-18(b)]；直径较大的链轮可采用焊接结构[图8-18(c)]或装配式[图8-18(d)]，齿圈磨损后可以更换。

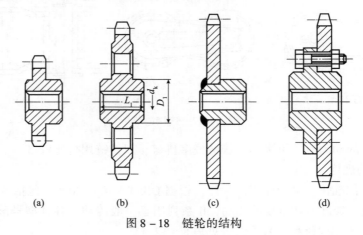

(a)　　　　　(b)　　　　　(c)　　　　　(d)

图 8-18　链轮的结构

4. 链轮的材料

链轮的材料应该保证链轮齿有足够的耐磨性和强度，齿面需要进行硬化处理。而且小链轮的受载次数比大链轮多，磨损和冲击较严重，应该选用较好的材料和较高的硬度。

链轮的常用材料和热处理规范可参照表 8-13。

表 8-13　链轮的常用材料和热处理规范

材料	齿面硬度	应用范围
15、20	渗碳淬火 50~60HRC	$z \leq 25$ 的高速、重载、有冲击载荷的链轮
35	正火 160~200HBS	$z > 25$ 的低速、轻载、平稳传动的链轮
45、50、ZG310-570	淬火 40~45HRC	低、中速，轻、中载，无剧烈冲击、振动和易磨损工作条件下的链轮
15Cr、20Cr	渗碳淬火 50~60HRC	$z < 25$ 的大功率传动链轮，高速、重载的重要链轮
35SiMn、35CrMo、40Cr	淬火 40~45HRC	高速、重载、有冲击、连续工作的链轮
Q235、Q275	140HBS	中速、传递中等功率的链轮，较大链轮
灰铸铁(不低于 HT200)	260~280HBS	载荷平稳、速度较低、齿轮较多($z > 50$)的从动链轮
夹布胶木	—	传递功率小于6kW、速度较高、要求传动平稳、噪声小的链轮

8.6　链传动的运动分析

当链传动工作时，相当于链条绕在一个边长为节距 p、边数为链轮齿数 z 的正多边形上，如图 8-19 所示。

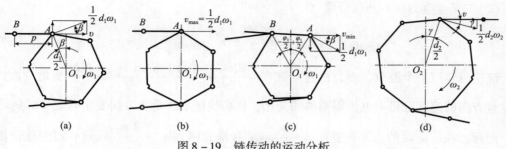

图 8 – 19 链传动的运动分析

1. 平均链速和平均传动比

设链传动中主动链轮 1 的转速为 n_1，从动链轮 2 的转速为 n_2。则有

$$v = \frac{z_1 p n_1}{60 \times 1000} = \frac{z_2 p n_2}{60 \times 1000} \qquad (8-38)$$

式中　v——链条的平均速度，m/s；

　　p——链节距，mm；

　z_1、z_2——主动链轮、从动链轮的齿数；

　n_1、n_2——主动链轮、从动链轮的转速，r/min。

由式(8 – 38)可得链传动的平均传动比为：

$$i = \frac{n_1}{n_2} = \frac{z_2}{z_1} \qquad (8-39)$$

2. 瞬时链速

以链条上某一链节的销轴 A 为研究对象，来分析链条速度的变化情况。在传动过程中，销轴 A 的轴线沿链轮分度圆运动。为了便于分析，设紧边在传动中始终处于水平位置。当主动轮以角速度 ω_1 顺时针转动时，链轮分度圆的圆周速度为 $d_1\omega_1/2$，因此销轴 A 的速度也为 $d_1\omega_1/2$，如图 8 – 19(a)所示。

（1）链条水平方向的速度分量

铰链 A 的速度在水平方向的速度分量即为链条的线速度，其值为：

$$v = \frac{d_1\omega_1}{2}\cos\beta \qquad (8-40)$$

式中　β——主动轮上铰链 A 的圆周速度与水平线的夹角，它的变化范围是 $-\dfrac{\varphi_1}{2} \sim +\dfrac{\varphi_1}{2}$

（其中，$\varphi_1 = \dfrac{360°}{z_1}$，是主动链轮分度圆上节距对应的中心角）。

当 $\beta = 0°$ 时，链速达到最大值，$v = v_{max} = \dfrac{d_1\omega_1}{2}$，如图 8 – 19(b)所示；当 $\beta = \pm\dfrac{180°}{z_1}$ 时，

链速达到最小值，$v = v_{min} = \dfrac{d_1\omega_1}{2}\cos\dfrac{180°}{z_1}$，如图 8 – 19(c)所示。由于三角形 $\cos\beta$ 为周期函数，链轮每转过一个链节，水平链速 v 就在 $v_{min} \sim v_{max} \sim v_{min}$ 的范围内变化一次。因此，虽然主动轮的角速度 ω_1 为常数，但链条的瞬时速度却是周期性变化的。

（2）链条垂直方向的速度分量

$$v' = \frac{d_1 \omega_1}{2} \sin\beta \qquad (8-41)$$

链轮每转过 1 个链节，垂直链速 v' 就在 $-\frac{d_1 \omega_1}{2} \sin\frac{180°}{z_1} \sim +\frac{d_1 \omega_1}{2} \sin\frac{180°}{z_1}$ 变化一次。链条垂直方向的速度分量 v' 也作周期性的变化，从而使链条在垂直方向发生有规律的抖动。

同理，在从动轮的水平链速 $v = \frac{d_2 \omega_2}{2} \cos\gamma$ 和垂直链速 $v' = \frac{d_2 \omega_2}{2} \sin\gamma$（$\gamma$ 的变化范围是 $-\frac{\varphi_2}{2} \sim +\frac{\varphi_2}{2}$。其中，$\varphi_2 = \frac{360°}{z_2}$）的表达式中，链速 v 与夹角 γ 的不断变化 [图 8 - 19（d）]，使得从动轮的角速度 ω_2 也不是常量。

通过上面的分析可知，链条进入链轮后形成多边形折线，造成链条的瞬时速度发生周期性的变化及链条的上下抖动。因此，链传动的瞬时传动比不恒定，在链传动中不可避免地要产生振动和冲击。这种由于链条绕在链轮上形成多边形啮合传动而引起的速度不均匀现象，称为多边形效应。

3. 动载荷

链传动在工作过程中，链条和从动链轮都是做周期性的变速运动，造成了和从动链轮相连的零件也产生周期性的速度变化，从而引起了动载荷。具体来讲，链传动中的动载荷主要由以下因素产生。

（1）链速 v 的周期性变化产生的加速度 a。

$$a = \frac{\mathrm{d}v}{\mathrm{d}t} = -R_1 \omega_1^2 \sin\beta \qquad (8-42)$$

当销轴位于 $\beta = \pm \frac{\varphi_1}{2} = \pm \frac{180°}{z_1}$ 时，加速度达到最大值，即

$$a_{\max} = -R_1 \omega_1^2 \sin\left(\frac{180°}{z_1}\right) = \mp\left(R_1 \omega_1^2 \sin\frac{180°}{z}\right) = \mp\frac{\omega_1^2 p}{2} \qquad (8-43)$$

由式（8-43）可知，当链条的质量相同时，链轮转速越高，节距越大，则链的动载荷越大。

（2）链的垂直方向分速度 v' 周期性变化会导致链传动的横向振动，它也是链传动动载荷中很重要的一部分。

（3）当链条的铰链啮入链轮齿间时，链条铰链做直线运动而链轮轮齿做圆周运动，两者之间的相对速度造成啮合冲击和动载荷。另外，由于链和链轮的制造误差、安装误差以及由于链条的松弛，在启动、制动、反转、突然超载或卸载情况下出现的惯性冲击，也将增大链传动的动载荷。

8.7 带传动和链传动在过程装备中的应用

1. 卧式螺旋卸料沉降离心机中带传动、轴、轴承的应用

螺旋卸料沉降式离心机是高速运转、连续进料、分离分级、螺旋推进器卸料的离心

机，螺旋卸料沉降式离心机分立式螺旋卸料沉降式离心机和卧式螺旋卸料沉降式离心机，图 8 – 20 所示的是卧式螺旋卸料沉降式离心机的基本结构。该离心机已广泛应用于石油、化工、冶金、煤炭、医药、轻工、食品等工业部门和污水处理工程。它利用离心沉降法来分离悬浮液，能连续操作，处理量大，无滤布和滤网，单位产量的耗电量较少，适应性强，维修方便，能长期运转。

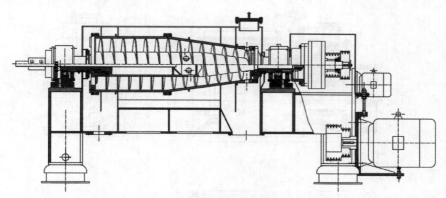

图 8 – 20　卧式螺旋卸料沉降式离心机基本结构

2. 螺旋榨油机中带传动的设计

螺旋榨油机是利用榨螺轴根径由大到小或者螺旋导程逐渐缩小，榨膛内的容积即空余体积逐渐缩小，压缩逐渐增大，将油料的油脂挤压出来。其结构如图 8 – 21 所示，工作过程是先将料胚加入料斗，由转动的榨螺送入榨膛。由于榨螺轴做旋转运动，带动油料在榨膛内运动，互相摩擦，温度升高，又由于榨螺轴根径不断增大，榨膛容积越来越小，压力越来越大，从而挤出料中的油脂。油脂从榨条间缝隙流出，经出油口至接油盘；油饼从出饼圈挤出；油渣从排渣口挤出。

3. 容积式压缩机中带传动的应用

(1) 基本结构

一台完整的往复活塞式压缩机包括两大部分：主机和辅机。主机包括运动机构、工作机构和机身。辅机包括润滑系统、冷却系统。图 8 – 22 所示为风冷单作用活塞压缩机结构。

运动机构是一种曲柄连杆机构，它把曲轴的旋转运动转换为十字头的往复直线运动，主要由曲轴、轴承、连杆、十字头、皮带轮或联轴器组成。

机身是压缩机外壳，用来支承和安装整个运动机构和工作机构，又兼做润滑油箱用。曲轴依靠轴承支承在机身上，机身上的两个滑道又支承着十字头，两个气缸分别位于机身两侧。

(2) 工作原理

工作机构是实现压缩机工作原理的主要部件，主要由气缸、活塞、气阀等构成。气缸呈圆筒形，两端都装有若干吸气阀与排气阀，活塞在气缸中间做往复运动。当所要求的排气压力较高时，可采用多级压缩的方法，在多级气缸中将气体分两次或多次压缩升压，不论有多少级气缸，在每个气缸内都经历膨胀、吸气、压缩、排气四个过程，其工作原理是完全一样的。

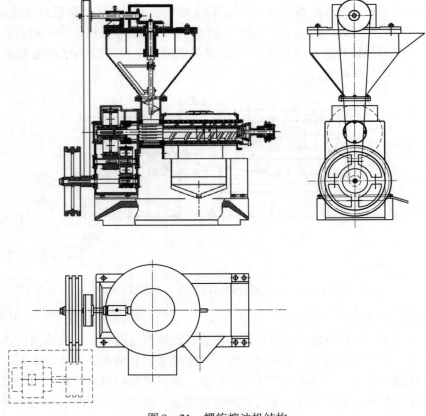

图 8-21　螺旋榨油机结构

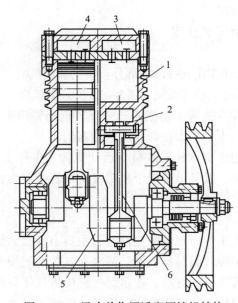

图 8-22　风冷单作用活塞压缩机结构

1—气缸；2—活塞；3—排气阀；4—吸气阀；5—曲轴；6—连杆

8.8 例题与解

例 1 带传动减速工作时，带与小带轮间的摩擦力和带与大带轮间的摩擦力两者大小是否相等？为什么？带传动正常工作时的摩擦力与打滑时的摩擦力是否相等？为什么？

解： 带与大、小带轮间的摩擦力相等。因为带与带轮间的摩擦力等于带的紧边拉力 F_1 与松边拉力 F_2 之差，即 $F_f = F_1 - F_2$，在大、小带轮上是一样的，减速工作时若考虑带的传动效率，小带轮上的摩擦略大些。正常工作与打滑时的摩擦力不相等。因为正常工作时，带与轮间的摩擦力随传递功率的不同而在一定的范围内变化，其值应等于有效拉力；而打滑时，带与带轮间的摩擦力达到最大值。

注： 带传动靠摩擦工作，本题考查了带传动中摩擦力存在的情况；不同的位置及不同的工作状态摩擦力大小是有区别的。即不考虑传动效率时，大、小带轮与带之间的摩擦力相等；考虑传动效率时，主动轮与带之间的摩擦力较大；正常工作与打滑时的摩擦力不相等，正常工作时的摩擦力小于打滑时的摩擦力。

例 2 图 8 - 23 所示为带传动简图。轮 1 为主动轮。试问：

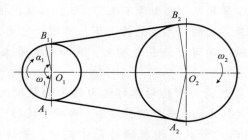

图 8 - 23 例 2 题图

(1)带传动的主要失效形式有哪些？带传动工作时为什么出现弹性滑动现象？这种滑动是否可以避免？

(2)带传动工作时，带处于图中哪一点应力最大？最大应力 σ_{max} 为多少？

解： (1)带传动的主要失效形式是打滑和带的疲劳破坏。带传动工作时，紧边与松边之间存在拉力差，且带是弹性体，所以弹性滑动不可避免，这是出现弹性滑动的根本原因。

(2)紧边开始绕入小带轮的点 A 处应力最大，$\sigma_{max} = \sigma_1 + \sigma_{b1} + \sigma_c$。

注： 本题涉及带传动的几个主要知识点，包括带传动的失效形式、弹性滑动、最大应力及发生位置。通过受力分析可知：①带传动的有效拉力由带与带轮间的摩擦力提供，当负载增大，所需的有效拉力超过极限摩擦力时，带传动打滑失效；②带传动中存在两种相对滑动，即打滑和弹性滑动，两者产生的原因、后果、属性及发生的现象均不同，通过应力分析可知，带在变应力下工作，会发生疲劳破坏，最大应力发生在紧边绕入小轮处。

例 3 控制适当的初拉力是保证带传动正常工作的重要条件，初拉力不足，则带运转时易跳动和打滑；初拉力过大则带的磨损加剧、轴受力大。

注： 本题的目的是考查初拉力的大小对带传动工作能力的影响，过大或过小都不利于

带传动的工作，安装带传动时要对预紧力控制。这虽然考查的是带传动初拉力的取值问题，但在零件设计时该问题具有普遍性，即很多参数无论取大了还是取小了对传动都存在有利与有害的两面，要综合考虑，按推荐值或取值范围选取。

例4 由双速电动机驱动 V 带传动，若电机输出功率不变，则 V 带传动应按哪种转速设计？为什么？

解： 双速电动机的工作速度为 v_1、v_2，由于输出的功率 $P = Fv$ 不变，所以需要带传动提供的有效拉力 F_1 和 F_2 也不相等。V 带传动应按大的有效拉力进行设计，即按低速时的参数设计带传动。因为按低速运行参数设计，带传动能提供的有效拉力较大，可以满足高速时对有效拉力的要求。若按高速运行参数设计，带传动能提供的有效拉力较小，不能满足低速时较大的有效拉力要求，运行时，可能会因有效拉力不足而打滑，还会因带中应力超过许用应力而使带的寿命缩短。

注： 一方面带传动的有效拉力是由带与带轮间的摩擦力提供，有极限值的限制；另一方面有效拉力大小还影响应力值的大小。因此设计时必须按最不利的情况即低速状态来考虑，这样才能不发生打滑并保证寿命。

例5 有一 V 带传动，传动比 $i = 7$，小轮包角 $\alpha = 90°$，使用时常发生打滑现象。现进行改进设计，要求传动比、带轮及带的型号不改变，试提出改进措施并简述理由。

解： 在传动比、带轮及带的型号不变的情况下，可增大包角克服打滑，具体方法有：①加大中心距；②加张紧轮。两者可使包角增大，从而增大最大有效拉力，提高承载能力，避免打滑发生。

注： 本题的目的是考查包角对带传动工作能力的影响及增大包角的方法。通常 $\alpha \geq 120°$。若不限定条件，增大包角还有另外两种方法，即减小传动比和改变带轮直径。

例6 在图 8 – 24 所示的带式运输机的传动方案中，带传动 2 中的小带轮直径为 140mm，大带轮直径为 280mm。现为了提高生产率，拟在输送带驱动轮的扭矩为 1000N·m 不变的条件下，将其转速由 80r/min 提高到 120r/min 左右。如电动机、直齿轮、锥齿轮的承载能力足够，有人建议把大带轮的直径减小为 190mm，其余不变，这个建议对带传动来说是否合理？为什么？是否有其他合理、简便的方法？

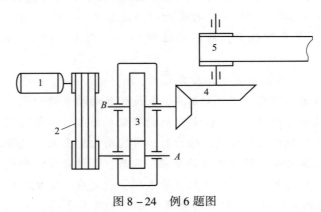

图 8 – 24 例 6 题图

解： 输送机的 T 不变，n 提高 50% 左右，则输出功率增大 50% 左右。

（1）d_2 减小，V带传动的工作能力没有提高（P_0、K_a、K_L、ΔP_0 基本不变），传递功率增大 50% 将使小带轮打滑。故该建议不合理。

（2）d_1 增大 50% 左右，V带传动的工作能力提高（传递功率 P_0 增大 50%，K_a、K_L、ΔP_0 基本不变），故该方案简单合理。

注：该类题属于分析题中较难的一种，考点在于把握影响带传动传递功率的主要因素——带轮直径 d。与例 4 相比较，共同点是转速均有变化，不同点在于一个功率增大，一个功率保持不变。功率不变应按低速受力大者设计带传动，功率变化时主要考虑提高单根带传递的功率 P_0，即增大带轮直径 d。

例7 单根V带传动的张紧力 $F_0 = 354$N，主动轮（小轮）的基准直径 $d_1 = 160$mm，转速 $n_1 = 1500$r/min，小带轮包角 $\alpha = 150°$，V带与带轮间当量摩擦因数 $f_v = 0.485$，试求：

（1）V带紧边、松边时的拉力 F_1、F_2；

（2）V带能传递的最大圆周力 F_{max} 和最大功率 P_{max}；

（3）定性画出带的应力分布图。

解：（1）依题意，是求临界打滑状态时的紧边、松边拉力 F_1、F_2。

$\alpha_1 = 150° = 2.18$rad

由公式 $F_1 = F_2 e^{f_v \alpha}$，$F_1 + F_2 = 2F_0$，得：

$$F_2 = \frac{2F_0}{e^{f_v \alpha_1} + 1} = \frac{2 \times 354}{e^{f_v \alpha_1} + 1} = 182.54\text{N}$$

$$F_1 = 2F_0 - F_2 = 525.46\text{N}$$

（2）最大有效拉力为 $F_{max} = F_1 - F_2 = 342.92$N

最大功率为 $P_{max} = \dfrac{Fv}{1000} = \dfrac{F \times \pi d_1 n_1}{60 \times 1000} = \dfrac{342.92 \times 3.14 \times 160 \times 1500}{60 \times 1000} = 4.31\text{kW}$

（3）带的应力分布图见教材。

注：本题前两问包含了带传动受力分析部分的基本运算，第（3）问考查带传动的应力分布状况。应注意，题目中工作状态为临界打滑状态，此时紧边拉力和松边拉力满足欧拉公式 $F_1 = F_2 e^{f_v \alpha}$，若为正常工作时则无此关系。从本书中可以定性看出，带工作时受到三种应力作用，其中离心应力最小，弯曲应力和拉应力较大，是影响带疲劳强度的主要因素。

例8 简述套筒滚子链产生链传动不均匀性的原因。

解：链传动中，具有刚性链节的链条与链轮相啮合时，链节在链轮上呈多边形分布，在链条每转过一个链节时，链条前进的瞬时速度周期性地由小变大，再由大变小，同时从动链轮的角速度瞬时变化，从而导致运动的不均匀性。

注：链传动不均匀性是链传动的典型特性，是由于链绕在多边形的轮子上啮合造成的。一般情况下，链前进的速度及从动轮的角速度都是变化的，只有当 $d_1 = d_2$，中心距是链节距的整数倍时，从动轮的角速度才和主动轮的相同。

例9 对于高速重载的套筒滚子链传动，应选用节距小的多排链；对于低速重载的套筒滚子链传动，应选用节距大的链传动。

注：链节距是链传动中的一个重要参数，选择得合适与否直接影响到链传动的运动及

动力性能。高速重载时，为了减轻多边形效应，应选小节距链。同时为了满足重载要求，应采用多排链。低速重载时，由于速度低，由多边形效应带来的动载荷相对较小，因此优先考虑大节距链，以解决满足承载能力这一主要问题。

例 10 在链传动中，节距 p、小链轮齿数 z_1 和链速 v 对传动各有何影响？

解： 链传动中，节距 p 越大，链的尺寸、质量和承载能力就越大，但链节距 p 越大，多边形效应越明显，产生的冲击、振动和噪声越大。小链轮齿数影响传动平稳性和使用寿命，小链轮齿数越少，运动速度的不均匀性和动载荷越大；小链轮齿数过多，轮廓尺寸和质量增加，易产生跳齿和脱链。链速影响传动平稳性和寿命，链速越高，多边形效应越明显，相应动载荷也越大。

注： 节距 p 增大、小链轮齿数 z_1 减少都导致链传动的运动不均匀增加。链速 v 增大，则动载荷增大，所以链传动常用在低速传动中。齿数 z_1 根据链速选择，链速 v 越大，齿数 z_1 选得越大。

例 11 链传动中链节数取偶数，链轮齿数取与链节数互为质数的奇数，为什么？

解： 链轮的齿数取与链节数互为质数的奇数时，在传动过程中每个链节与每个链轮齿都有机会啮合，这样可以使磨损均匀；反之，若两链轮的齿数为偶数，则链节与齿数之间存在公约数，由于传动具有周期性，只有少数的几个齿和链节经常啮合，造成受力磨损不均匀，有些部位提早失效，缩短链传动的使用寿命。

注： 齿数选择是链传动设计中一项重要的工作，合理选择齿数将减轻链轮的磨损，与齿轮传动中两齿轮齿数互为质数的道理相同。

例 12 旧自行车上链条容易脱落的主要原因是什么？

解： 链传动中的主要失效形式之一是链条铰链的磨损，由于磨损会使链条上的链节增大，从而增加了链条的长度，链条与链轮间的配合联接变松容易产生脱落。

注： 本题考查了链传动的磨损失效机理，恰好是发生在日常生活的典型事例，实践性较强，所以成为考试中常见的题目。

第 9 章　滑动轴承和滚动轴承

轴承用来支承轴及轴上零件，保持轴的旋转精度和减少转轴与支承之间的摩擦与磨损。按轴与轴承间的摩擦形式，轴承可分为两类。

（1）滑动轴承。滑动轴承工作时，轴与轴承间存在着滑动摩擦。为减少摩擦与磨损，在轴承内常加入润滑剂。

（2）滚动轴承。滚动轴承内有滚动体，运行时轴承与轴间为滚动摩擦。和滑动摩擦相比，滚动摩擦的摩擦和磨损都较小。

滚动轴承由于摩擦因数小，启动阻力小，而且已经标准化，设计、使用、润滑和维护都很方便，因此在一般机器中应用较广，但是在高速、高精度、重载、结构上要求剖分等场合，滑动轴承就显示出它的优越性能。因而在汽轮机、离心式压缩机、内燃机、大型电机中多采用滑动轴承，此外，在低速且带有冲击的机器中，如水泥搅拌机、滚筒清砂机、破碎机等也常采用滑动轴承。

9.1　摩擦、磨损基本知识

在法向力作用下相互接触的两个物体发生相对滑动，或有相对滑动趋势时，在接触表面上就会产生抵抗滑动的阻力，这一自然现象称为摩擦，其所产生的阻力叫作摩擦力。摩擦是一种不可逆的过程，其结果必然有能量损耗和摩擦表面物质的丧失或转移，即磨损。磨损会使零件的尺寸遭到缓慢而连续的破坏，使机器的效率及可靠性逐渐降低，从而丧失原有的工作性能，最终还可能导致零件的突然破坏。为了控制摩擦、磨损，提高机器效率，减少能量损失，降低材料消耗，保证机器工作的可靠性，已经找到了一个有效的手段——润滑。

本节着重介绍摩擦、磨损的基本知识。

9.1.1　摩擦

按表面润滑情况，摩擦分为以下几种状态。

1. 干摩擦

当两摩擦表面间不加任何润滑剂时，将出现固体表面直接接触的摩擦，如图 9 −1（a）所示，工程上称为干摩擦。此时，摩擦系数最大，一般 $f > 0.3$，伴随着大量的摩擦功的损耗和严重的磨损，在滑动轴承中则表现为强烈的温升，甚至把轴瓦烧毁。所以，在滑动轴承中不允许出现干摩擦。

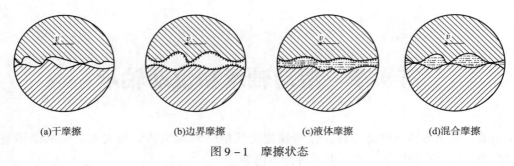

(a)干摩擦　　　　　(b)边界摩擦　　　　　(c)液体摩擦　　　　　(d)混合摩擦

图9-1　摩擦状态

2. 边界摩擦

两摩擦表面间有润滑油存在，由于润滑油与金属表面的吸附作用，将在金属表面上形成极薄的边界油膜，如图9-1(b)所示。边界油膜的厚度比1μm还小，不足以将两金属表面分隔开，所以相互运动时，金属表面微观的高峰部分仍将互相接触，这种状态称为边界摩擦。一般而言，金属表层覆盖一层边界油膜后，虽不能绝对消除表面的磨损，却可以起到减轻磨损的作用。这种状态的摩擦系数 $f=0.1\sim0.3$。

3. 液体摩擦

两摩擦表面被流体(液体或气体)完全隔开，如图9-1(c)所示，形成厚几十微米的压力油膜，此时只有液体之间的摩擦，称为液体摩擦。由于两摩擦表面被油隔开而不直接接触，摩擦系数很小，$f=0.001\sim0.1$，不会发生金属表面的磨损，是理想的摩擦状态。但实现流体摩擦(流体润滑)必须具备一定的条件。

4. 混合摩擦

在一般机器中，摩擦面多处于边界摩擦和液体摩擦的混合状态，称为混合摩擦(或称为非液体摩擦)，如图9-1(d)所示。

9.1.2　磨损

运动副之间的摩擦将导致机体表面材料的逐渐丧失或转移，即形成磨损。磨损会影响机器的工作效率，降低其工作的可靠性，甚至促使机器提前报废。

根据磨损机理不同，一般将磨损分为粘着磨损、磨粒磨损、疲劳磨损及腐蚀磨损。

1. 粘着磨损

相对运动的两表面经常处于混合摩擦状态或边界摩擦状态，当载荷较大、相对运动速度较高时，边界膜可能被破坏，金属直接接触，形成粘接点。继续运动时会发生材料在表面间的转移、表面刮伤以致胶合等。这种现象叫粘着磨损。粘着磨损与材料的硬度、相对滑动速度、工作温度及负荷大小等因素有关。

2. 磨粒磨损

从外部进入摩擦表面间的游离硬颗粒(如空气中的尘土或磨损造成的金属微粒)或硬的微凸体峰尖在较软材料的表面上犁刨出很多沟纹，被移去的材料，一部分流动到沟纹的两旁，一部分则形成一串的碎片，脱落下来成为新的游离颗粒，这样的微切削过程就叫磨粒磨损。影响这种磨损的因素主要有材料的硬度和磨粒的尺寸与硬度，一般情况下，材料的硬度越高，耐磨性越好；金属的磨损量随磨粒平均尺寸、磨粒硬度的增加而加大。

3. 疲劳磨损

在交变应力多次重复作用下，零件工作表面或表面下一定深度处会形成疲劳裂纹，随着应力循环次数的增加，裂纹逐步扩展进而表面金属脱落，致使金属表面上出现许多凹坑，这种现象叫疲劳磨损，又称"点蚀"。点蚀使零件不能正常工作而失效，这是交变应力作用下高副接触零件常见的失效形式之一。

4. 腐蚀磨损

摩擦副受到空气中的酸或润滑油、燃油中残存的少量无机酸(如硫酸)及水分的化学作用或电化学作用，在相对运动中造成金属表面材料的损失称为腐蚀磨损。

9.1.3　润滑

在相对运动的摩擦表面间加入润滑剂可以降低摩擦，减轻磨损同时还起到冷却、吸振、绝缘、传力、防腐、密封和排污的作用。

1. 润滑剂

最常用的润滑剂有润滑油及润滑脂两类，此外还有固体润滑剂(石墨、二硫化钼等)、气体润滑剂(聚四氟乙烯、空气等)和水。绝大多数滑动轴承使用润滑油润滑，在一些要求不高的重载低速(轴颈圆周速度小于 $1\sim2m/s$)场合或难以供油的情况下使用润滑脂润滑。固体润滑轴承多用于不允许任何油污污染或无法用流体润滑剂稳定润滑的工况，如某些食品机械、航空机械装置等。在水中工作的轴承(如船舶的螺旋桨轴承)或用橡胶、树脂制的轴瓦可以用水润滑。

在一般条件下，大多数滑动轴承使用矿物油润滑，有特殊条件时使用合成油润滑。润滑油最重要的物理性能指标是黏度，它表示润滑油流动内部摩擦阻力的大小。其次是油性，它指润滑油吸附在接触表面的能力，油性越大，吸附力越强。选用润滑油时，应考虑轴承载荷、速度、工作情况以及摩擦表面状况等条件，原则上当转速低、载荷大时，应选用黏度大的润滑油。

润滑脂是用油、金属皂调制而成的膏状润滑剂。润滑脂的主要性能指标是针入度、滴点。针入度是指用质量为 150 g 的标准锥形针，在 5s 内沉入温度为 25℃ 的润滑脂中的深度(以 0.1mm 为单位)。滴点是指在规定的条件下加热润滑脂，当其熔化流下第一滴时的温度，它表示润滑脂的耐热能力。脂润滑轴承可根据工作温度、抗水性、机械稳定性选取润滑脂品种。承载要求高时宜选针入度小的润滑脂；相对滑动速度大且温度高时，可选针入度大、稳定性好的润滑脂。

2. 润滑方法及润滑装置

选定润滑剂后，需要采用适当的方法和装置将润滑剂送至润滑表面以进行润滑。

(1)油润滑

油润滑的润滑方法有间歇供油润滑和连续供油润滑两种。

间歇供油润滑有手工油壶注油和油杯注油。这种润滑方法只适用于低速不重要的轴承或间歇工作的轴承。

对于比较重要的轴承，必须采用连续供油润滑。连续供油润滑方法及装置主要有以下几种。

①油绳润滑。如图 9-2 所示，把毛质绳索的一端浸入弹簧盖油杯中的油内，利用毛细管和虹吸管作用从另一端向润滑部位供油。该方法供油连续均匀、结构简单，但供油量不大，且停机时仍在供油，直至吸完为止。这种方法不易调节供油量。

②滴油润滑。如图 9-3 所示，手柄竖立时，针阀被提起，油孔打开，杯内的油通过导油管的侧孔连续不断流入轴承；当手柄横卧时，针阀被弹簧拉下，油孔封闭，供油停止，供油量的大小可通过螺母来调节。但一旦油中存在杂质时，阀有被堵塞的危险。

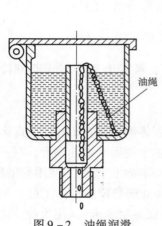

图 9-2　油绳润滑

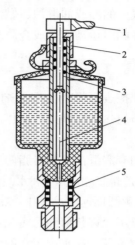

图 9-3　滴油润滑

1—手柄；2—调节螺母；3—导油管；4—针阀；5—观察孔

③油环润滑。如图 9-4 所示，在轴颈上套一油环，油环的下部浸在油中，当轴颈回转时，靠摩擦力带动油环转动而将润滑油带到摩擦面上。该润滑装置适用于水平位置、运转稳定且要求轴颈的圆周速度不小于 0.5m/s 的轴承。

④飞溅润滑。利用密封壳体中转动的、浸入油池适当深度的零件，使油飞溅到摩擦表面上，或在轴承座上制有油沟，以便聚集飞溅的油流入摩擦面。该润滑方式适用于速度中等的机械。

⑤压力循环润滑。如图 9-5 所示，利用油泵将一定压力的润滑油经过油路导入轴承，润滑油经轴承两端流回油池，构成循环润滑。该润滑方式供油量充足，润滑可靠，并有冷却和冲洗轴承的作用。但润滑装置结构复杂、费用较高，常用于重载、高速或载荷变化较大的轴承。

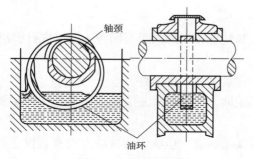

图 9-4　油环润滑

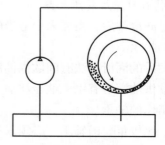

图 9-5　压力循环润滑

（2）脂润滑

润滑脂只能间歇供给。常用的润滑装置有图 9 - 6 所示的旋盖式油杯和图 9 - 7 所示的润滑脂压注油嘴。旋盖式油杯杯盖用螺纹与杯体联接，定期旋拧杯盖可将储存于杯体内的润滑脂压入轴承工作面。压注油嘴靠油枪压注润滑脂至轴承工作面。

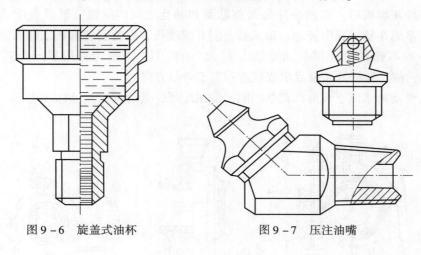

图 9 - 6　旋盖式油杯　　　　　　图 9 - 7　压注油嘴

9.2　滑动轴承的类型、结构及材料

滑动轴承按照承受载荷的方向分为主要承受径向载荷的向心滑动轴承（又称径向滑动轴承）和主要承受轴向载荷的推力滑动轴承。

9.2.1　滑动轴承的类型

1. 向心滑动轴承

向心滑动轴承的结构形式主要有整体式和剖分式两大类。

（1）整体式滑动轴承

整体式滑动轴承由轴承座 1、轴瓦 2 和紧定螺钉 3 组成，如图 9 - 8 所示。这种轴承结构简单、成本低，但装拆时必须通过轴端，而且磨损后轴颈和轴瓦之间的间隙无法调整，故多用于轻载、低速和间歇性工作的场合，如手动机械、农业机械等。

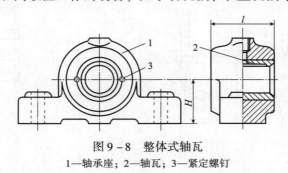

图 9 - 8　整体式轴瓦
1—轴承座；2—轴瓦；3—紧定螺钉

（2）剖分式滑动轴承

剖分式滑动轴承分为正滑动轴承和斜滑动轴承两种。剖分式滑动轴承是由轴承座 1，轴承盖 2，剖分的上、下轴瓦 3 和 4 及连接螺栓 5 组成，如图 9-9 所示。为使轴承盖和轴承座很好地对中并承受径向力，在剖分面上做有阶梯形的定位止口。剖分面间放有少量垫片，以便在轴瓦磨损后，借助垫片来调整轴颈和轴瓦之间的间隙。轴承盖应适度压紧轴瓦，使轴瓦不能在轴承孔中转动。轴承盖上制有螺纹孔，以便安装油杯或油管。轴承所受的径向力一般不超过对开剖分面垂线左右 35° 的范围，否则应采用斜剖分式滑动轴承（图 9-10），使对开剖分面垂直于或接近垂直于载荷方向。

剖分式滑动轴承便于装拆和调整间隙，应用广泛，其结构尺寸已标准化。

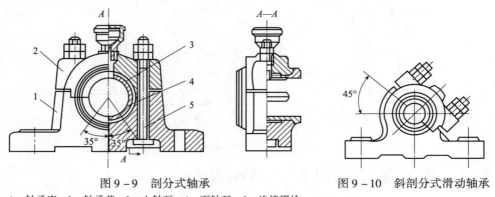

图 9-9　剖分式轴承　　　　　图 9-10　斜剖分式滑动轴承
1—轴承座；2—轴承盖；3—上轴瓦；4—下轴瓦；5—连接螺栓

2. 普通推力滑动轴承

普通推力滑动轴承的结构简图如图 9-11 所示，它由轴承座和轴颈组成。推力轴承的工作表面可以是轴的端面或轴上的环形平面。由于支承面上离中心越远，其相对滑动速度越大，从而使端面磨损和压力分布不均。为避免工作面上压强严重不均，通常采用环状端面，如图 9-11(b) 所示。有时设计成图 9-11(c) 所示的空心轴颈。当载荷较大时，可采用多环轴颈，如图 9-11(d) 所示。多环轴颈能够承受较大的双向载荷。推力环数目不宜过多，一般为 2~5 个，否则载荷分布不均现象更为严重。

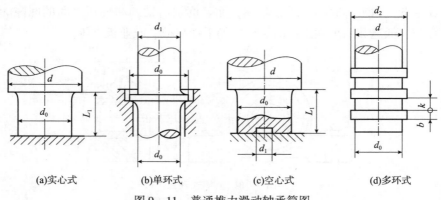

(a)实心式　　　(b)单环式　　　(c)空心式　　　(d)多环式
图 9-11　普通推力滑动轴承简图

9.2.2　滑动轴承的结构

常用的轴瓦可分为整体式和剖分式两种结构。整体式轴瓦(又名轴套)分光滑的[图 9 – 12(a)]和带纵向油沟的[图 9 – 12(b)]两种。除轴承合金以外的其他金属材料、粉末冶金材料和石墨都可制成这种结构。

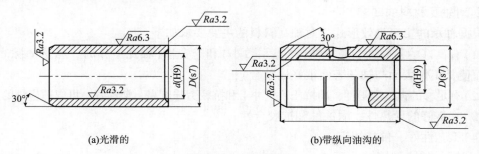

(a)光滑的　　　　　　　　　　　(b)带纵向油沟的

图 9 – 12　整体轴瓦

剖分式轴瓦由上、下轴瓦组合而成,如图 9 – 13 所示。其两端的凸肩用以限制轴瓦的轴向蹿动。为了调整轴承间隙,可在上、下轴瓦剖分面处去掉 0.3～0.5mm,加上垫片。剖分轴瓦用于对开式滑动轴承。

为了使润滑油能够很好地分布到轴瓦的整个工作表面,在轴瓦的非承载区要开设油沟和油孔。常见的油沟形式有轴向的、周向的和斜向的三种,如图 9 – 14 所示。为了使油在整个接触表面上均匀分布,油沟沿轴向应有足够的长度,通常取为轴瓦宽度的 80% ,不能开通,以免油从轴瓦端部漏掉,起不到应有的润滑作用。油沟的具体尺寸和剖面形状可参考有关机械设计手册。

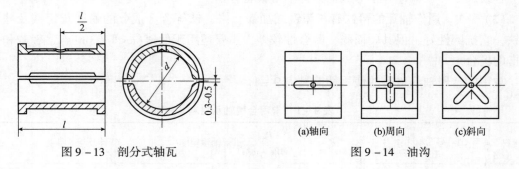

图 9 – 13　剖分式轴瓦　　　　(a)轴向　　(b)周向　　(c)斜向

图 9 – 14　油沟

为了合理使用材料,对于重要的轴承,常在钢、青铜或铸铁的轴瓦上浇铸一层轴承合金做轴承衬,基体叫瓦背,这就是常说的双金属轴瓦,如图 9 – 15 所示。三金属轴瓦是在瓦背和轴瓦材料之间再加一个中间层(常用青铜及铜合金),中间层的作用是提高表层的强度,使表层易于与瓦背贴合牢靠,或在表层材料磨损后还可以起到耐磨的作用。

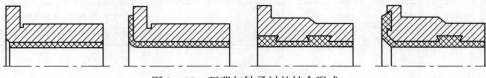

图 9 – 15　瓦背与轴承衬的结合形式

9.2.3 滑动轴承的材料

所谓滑动轴承材料指的是轴瓦和轴瓦表面轴承衬材料。滑动轴承的主要失效形式是轴瓦的磨损和胶合，此外，还可能产生轴瓦的疲劳破坏和由于制造工艺原因而引起的轴承衬脱落。所以对轴瓦的材料和结构有些特殊要求。

1. 对轴瓦材料的要求

根据轴承的主要失效形式，对轴瓦材料的主要要求如下：

（1）有良好的耐磨性、减摩性（摩擦系数小）和跑合性（轴瓦工作时，易于消除表面不平度而使其工作表面与轴颈表面很好地贴合）；

（2）有足够的强度和塑性，即抗压、抗冲击和抗疲劳强度高，塑性好，可以适应轴的变形；

（3）有良好的导热性、耐蚀性和抗胶合性；

（4）工艺性好、价格便宜。

2. 常用的轴瓦材料

轴瓦材料可分为三类：金属材料、粉末冶金材料和非金属材料。

（1）轴承合金（通称巴氏合金或白合金）。这种材料主要是锡（Sn）、铅（Pb）、锑（Sb）和铜（Cu）的合金，耐磨性、减摩性和跑合性良好，塑性高，抗胶合能力强，多用于重载、高速场合。但其强度低，成本高，故常用作轴承衬。

轴承合金元素的熔点大多较低，所以只适于150℃以下的工作条件。

（2）铜合金。青铜是常用的轴瓦材料，其强度比轴承合金高，价格较轴承合金便宜，但减摩性、跑合性、塑性等不如轴承合金，适用于重载、中速情况下。黄铜的应用不如青铜广泛，其减摩性、耐磨性都低于青铜，而且容易产生胶合，但其价格低、铸造工艺性好、容易加工，在低速和中等载荷条件下常代替青铜。

（3）铸铁。用作轴瓦的铸铁有灰铸铁或加镍、铬、钛等合金成分的耐磨灰铸铁及球墨铸铁，它抗磨性好，但其硬而脆，跑合性较差，主要适用于低速（$v < 1 \sim 3\text{m/s}$）、轻载和无冲击的场合。

常用的金属轴承材料的使用性能见表9-1。

表9-1 常用金属轴承材料

材料	牌号	$[P]$/ MPa	$[v]$/ (m/s)	$[Pv]$/ (MPa·m/s)	轴颈硬度	特性及用途举例
铸锡基轴承合金	ZSnSb11Cu6	25（平稳）	80	20	27	用作轴承衬，用于重载、高速、温度低于110℃的重要轴承
	ZSnSb12Pb10Cu	20（冲击）	60	15		
铸铅基轴承合金	ZPbSb16Sn-16Cu2	15	12	10	30	用于不剧变的重载、高速的轴承，如车床、发电机、压缩机等的轴承，温度低于120℃
	ZPbSb15Sn10	20	15	15	20	用于冲击负荷 $Pv < 10\text{MPa·m/s}$ 或稳定负荷 $P \leqslant 20\text{MPa}$ 下工作的轴承

材料	牌　号	$[P]/$ MPa	$[v]/$ (m/s)	$[Pv]/$ (MPa·m/s)	轴颈硬度	特性及用途举例
铸造青铜	ZCuPb5-Sn5Zn5	8	3	10	50～100	锡锌铅青铜，用于中载、中速工作的轴承
	ZCuAl10-Fe5Ni5	30	8	12	120～140	铝铁青铜，用于受冲击负荷处，轴承温度可至300℃，轴颈经淬火。不低于300HBW
	ZCuPb30	25(平稳) 15(冲击)	12 28	30	25	铅青铜，浇铸在钢轴瓦上做轴承衬。可受很大的冲击载荷，也适用于精密机床主轴
铸造黄铜	ZCuZn38-Mn2Pb2	10	1	10	68～78	锰铅黄铜的轴瓦，用于冲击及平稳负荷的轴承
铸锡铝合金	ZAlZn11Si7	20	9	16	80～90	用于75kW以下的减速器，各种轧钢机轧辊轴承，工作温度低于80℃
灰铸铁	HT150	4	0.5		163～241	用于低速、不受冲击的轻载轴承
	HT200	2	1			
	HT250	1	2			
球墨铸铁	QT500－7	0.5～12	5～1.0	2.5～12	170～230	球墨铸铁，用于经热处理的轴相配合的轴承
	QT450－10				160～210	球墨铸铁，用于不经淬火的轴相配合的轴承

(4)其他材料。除上述几种常用的材料外，还采用粉末冶金轴承材料(含油轴承)、非金属轴承材料，如石墨、橡胶、塑料(如尼龙)、硬木等。由于尼龙轴承和含油轴承在轻工机械中应用广泛，因此这两类轴承材料将在后面做简要介绍。

关于轴承材料的选择，除了根据载荷的大小和性质、滑动速度等条件外，还应考虑经济性问题。如非高速、重载或非重要场合，一般不要选用高锡的轴承合金和青铜，而是根据条件不同，以低锡青铜(如ZQSn6－6－3)或无锡青铜、黄铜、铸铁等材料代用。

9.3　非液体摩擦滑动轴承的校核计算

非液体摩擦轴承工作在混合摩擦状态下，在摩擦表面间有些地方呈现液体摩擦，有些地方呈现边界摩擦。非液体摩擦滑动轴承的主要失效形式是边界膜破坏，摩擦系数增大，磨损加剧，严重时导致胶合。边界膜抗破坏的能力，即边界膜的强度与油的油性有关，也与轴瓦材料有关，还与摩擦表面的压力和温度有关。温度高，压力大，边界膜容易破坏。设计非液体摩擦滑动轴承时一旦材料选定，则应限制工作温度和压力。但计算每点的压力很困难，目前只能用限制平均压力 P 的办法进行条件性计算。轴承温度对边界膜的影响很大，轴承内各点的温度不同，目前尚无适用的温度计算公式。但温度的升高是由摩擦功耗引起的，设平均压力为 P，滑动速度为 v，摩擦系数为 f，则单位时间内单位面积上的摩擦功可视为 fPv，因此可以用限制表征摩擦功的特征值 Pv 来限制摩擦功耗。

9.3.1 非液体摩擦径向轴承的计算

进行滑动轴承计算时，已知条件通常是轴径承受的径向载荷 R、轴的转速 n、轴径的直径 d（由轴的强度计算和结构设计确定的）和轴承工作条件。所谓轴承计算实际是确定轴承的长径比 L/d，选择轴承材料，然后校核 P、Pv、v。一般取 $L/d = 0.5 \sim 1.5$。

1. 校核轴承摩擦表面平均压强

单位压力 P 过大，不仅可使轴瓦产生塑性变形破坏边界膜，而且一旦出现干摩擦状态则加速零件磨损。所以应保证平均压强不超过许用值 $[P]$，即

$$P = F_r/(L \cdot d) \leqslant [P] \, (\text{MPa}) \tag{9-1}$$

式中 F_r——作用在轴径上的径向载荷，N；

d——轴颈的直径，mm；

L——轴承长度，mm；

$[P]$——许用压强，MPa，由表 9-1 查取。

如果式（9-1）不能满足，则应另选材料改变 $[P]$ 或增大 L，或增大 d，重新计算。

2. 校核 Pv

Pv 值大，表明摩擦功大，温升大，边界膜易破坏，其限制条件为：

$$Pv = F_r(\pi dn)/(L \cdot d \cdot 60 \times 1000) \leqslant [Pv] \, (\text{MPa} \cdot \text{m/s}) \tag{9-2}$$

式中 n——轴颈转速，r/min；

$[Pv]$——Pv 的许用值，由表 9-1 查取。其他符号同前。

对于速度很低的轴，可以不验算 Pv，只验算 P。同样，如果 Pv 不能满足式（9-2），也应重选材料或改变 L，必要时改变 d。

3. 验算速度 v

对于跨距较大的轴，装配误差或轴的挠曲变形，会造成轴及轴瓦在边缘接触，局部比压很大，若速度很大，则局部摩擦功也很大，这时只验算 P 和 Pv 并不能保证安全可靠，因为 P 和 Pv 都是平均值，因此，要验算 v 值。

$$v = \frac{\pi dn}{60 \times 1000} \leqslant [v] \, (\text{m/s}) \tag{9-3}$$

式中 $[v]$——轴颈速度的许用值，m/s，由表 9-1 查取。其他符号同前。

如果 v 值不能满足式（9-3），也要修改参数 L 或 d，或另选材料增加 $[v]$。

9.3.2 非液体摩擦推力滑动轴承的校核计算

推力滑动轴承的校核计算与径向滑动轴承相同。

1. 校核平均压强 P

$$P = \frac{F_a}{Z \frac{\pi}{4}(d_0^2 - d_1^2) \cdot k} \leqslant [P] \tag{9-4}$$

式中 F_a——作用在轴承上的轴向力，N；

d_0、d_1——止推面的外圆直径和内圆直径，mm；

　　Z——推力环数目；

　　$[P]$——许用压强，MPa，对于多环推力轴承，轴向载荷在各推力环上分配不均匀，表 9 – 1 中 $[P]$ 值应降低 50%；

　　k——由于止推面上有油沟，使止推面积减小的系数，通常取 $k = 0.9 \sim 0.95$。

2. 校核 Pv_m 值

$$Pv_m \leqslant [Pv_m] \tag{9-5}$$

式中　v_m——环形推力面的平均线速度，m/s，其值为：

$$v_m = \frac{\pi d_m n}{60 \times 1000} \tag{9-6}$$

式中　d_m——环形推力面的平均直径，mm，$d_m = (d_0 + d_1)/2$；

　　$[Pv_m]$——Pv_m 的许用值，由于该特征值是用平均直径计算的，轴承推力环边缘上的速度较大，所以 $[Pv_m]$ 值应较表 9 – 1 中给出的 $[Pv]$ 值低一些，对于钢轴颈配金属轴瓦，通常取其值为 $[Pv_m] = 2 \sim 4\,\text{MPa} \cdot \text{m/s}$。如以上几项计算不满足要求，可改选轴瓦材料，或改变几何参数。

例1　试按非液体摩擦设计电动绞车中卷筒两端的滑动轴承。钢绳拉力为 30kN，卷筒转速 $n = 25\text{r/min}$，结构尺寸如图 9 – 16 所示，其中轴颈直径 $d = 60\text{mm}$。

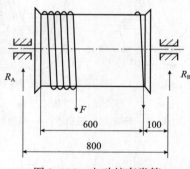

图 9 – 16　电动绞车卷筒

解：（1）求滑动轴承上的径向载荷 R。当钢绳在卷筒中间时，两端滑动轴承受力相等，且为钢绳拉力之半。但是，当钢绳绕在卷筒边缘时，一侧滑动轴承受力达最大值，为

$$R = R_B = F \times \frac{700}{800} = 30000 \times \frac{7}{8} = 26250\text{N}$$

（2）取长径比 $L/d = 1.2$，则：

$$L = 1.2 \times 60 = 72\text{mm}$$

（3）计算比压 P

$$P = \frac{R}{dL} = \frac{26250}{72 \times 60} = 6.076\text{MPa}$$

（4）计算 Pv 值

$$Pv = F_r(\pi dn)/(L \cdot d \cdot 60 \times 1000) = \frac{26250 \times 3.14 \times 60 \times 25}{72 \times 60 \times 60 \times 1000} = 0.48\text{MPa} \cdot \text{m/s}$$

根据上述计算，查表 9 - 1 可知，选用铸锡锌铅青铜（$ZCuPb_5Sn_5Zn_5$）作为轴瓦材料是足够的，其 $[P] = 8MPa$，$[Pv] = 10MPa \cdot m/s$。

9.4 滚动轴承的结构、类型和代号

9.4.1 滚动轴承的结构

滚动轴承的典型结构如图 9 - 17 所示，它由内圈 1、外圈 2、滚动体 3 和保持架 4 组成。滚动体在内、外圈间滚动，其形状如图 9 - 18 所示，有球形、圆柱形、圆锥形和鼓形等。保持架将滚动体均匀隔开，以减少滚动体间的摩擦及磨损。通常内圈与轴颈配合，外圈与轴承座孔或机座孔配合，内圈随轴颈转动，外圈固定不动；也可以外圈转动，内圈固定不动。

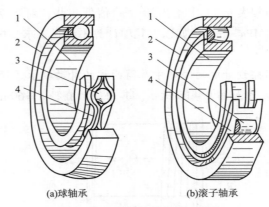

(a)球轴承　　　　　　　(b)滚子轴承

图 9 - 17 滚动轴承的基本结构
1—内圈；2—外圈；3—滚动体；4—保持架

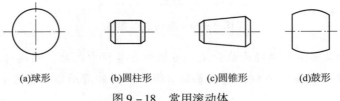

(a)球形　　　　(b)圆柱形　　　　(c)圆锥形　　　　(d)鼓形

图 9 - 18 常用滚动体

9.4.2 滚动轴承的主要类型及特点

滚动轴承的类型很多，按照滚动体的形状不同，滚动轴承可分为球轴承和滚子轴承。滚子又分为圆柱滚子、圆锥滚子、球面滚子和滚针等。

如果按轴承承受的外载荷的不同来分类，滚动轴承可以概括地分为向心轴承、推力轴承和向心推力轴承三大类。接触角是滚动轴承的一个主要参数，轴承的受力状态和承载能力等都与接触角有关。滚动体与外圈接触处的法线和轴承径向平面（垂直于轴承轴心线的平面）之间的夹角 α，称为公称接触角。公称接触角越大，轴承承受轴向载荷的能力也

越强。

另外，按照工作时能否自动调心，轴承可分为刚性轴承和调心轴承。

如图9-19所示，将常用的各类滚动轴承的特点、应用介绍如下。

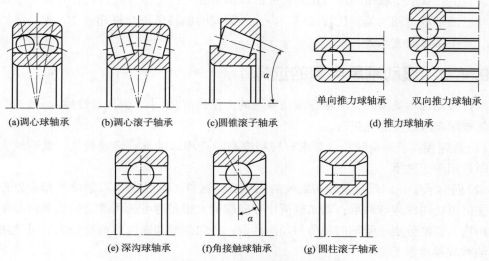

图9-19　滚动轴承的主要类型

1. 调心球轴承

调心球轴承[图9-19(a)]主要承受径向载荷，也可承受不大的轴向载荷。由于外圈的滚道是以轴承中点为中心的球面，故能自动调心，它允许内、外圈轴线的偏转角达2°~3°，该类轴承适用于多支点和挠曲较大的轴上，以及难于精确对中的支撑处。

2. 调心滚子轴承

调心滚子轴承[图9-19(b)]与调心球轴承的特性基本相同，但承受载荷的能力比相同尺寸的调心球轴承大，常用于重型机械上。

3. 圆锥滚子轴承

圆锥滚子轴承[图9-19(c)]由于滚动体与滚道的接触为线接触，故能同时承受较大的径向和单向轴向载荷。内、外圈沿轴向可以分离，故轴承装拆方便，间隙可调。该轴承应成对使用，常用于重载、中低速条件中。

4. 推力球轴承

单向推力球轴承[图9-19(d)]只能承受单向的轴向力，它的一个套圈与轴紧配合，另一个套圈与轴有0.2~0.3mm的间隙。双向推力球轴承[图9-19(d)]能承受双向的轴向力，其中套圈必须与轴颈紧配合。该类轴承适用于低、中转速条件中。

5. 深沟球轴承

深沟球轴承[图9-19(e)]主要承受径向载荷，也可承受不大的轴向载荷，但承受冲击载荷的能力差；其内、外圈轴线允许的偏转角为2′~30′。该类轴承适用于刚性较大和转速高的轴上。

6. 角接触球轴承

角接触球轴承[图9-19(f)]的接触角有15°、25°、40°三种，可同时承受径向载荷和单向轴向载荷，一般成对使用。

7. 圆柱滚子轴承

圆柱滚子轴承[图9-19(g)]的内圈或外圈可以分离，故只能承受径向载荷，不能承受轴向载荷；其承受载荷的能力比同尺寸的球轴承要大；工作时允许内、外圈有小量的轴向位移。该轴承对轴的偏斜比较敏感，内、外圈间的偏转角不允许超过2′~4′，适用于刚度大、对中性好的支承处。

9.4.3 滚动轴承类型的选择

选择滚动轴承类型时，应根据滚动轴承的工作载荷(大小、方向、性质)、转速、轴的刚度等要求参考以下意见进行。

(1)转速较高、载荷较小、要求旋转精度高时选用球轴承；转速较低、载荷较大、有冲击时选用滚子轴承。

(2)同时承受径向载荷及轴向载荷的轴承，应区别不同情况选取轴承类型。以径向载荷为主的可选用深沟球轴承；轴向载荷比径向载荷大很多时可选用推力轴承和向心轴承的组合结构，以便分别承受轴向载荷和径向载荷；径向载荷和轴向载荷都很大时可选用角接触球轴承或圆锥滚子轴承。

(3)选用轴承还应考虑调心性能，各类轴承内、外圈轴线的相对倾斜角度是有限制的，超过限制角度，会使轴承寿命缩短。当支点跨距大、轴的弯曲变形大，以及多支点轴，可选用调心性能好的调心轴承。

此外，选用轴承时还应考虑经济性、允许空间、噪声与振动方面的要求。

9.4.4 滚动轴承的代号

滚动轴承的类型很多，每一类型的轴承在结构、尺寸、精度和技术要求等方面又各不相同，为了便于生产、设计和使用，GB/T 272—2017《滚动轴承 代号方法》规定了滚动轴承代号。该代号通常印在滚动轴承的端面上，由基本代号、前置代号和后置代号组成，用字母和数字表示，见表9-2。

表9-2 滚动轴承代号的构成

前置代号	基本代号					后置代号							
	五	四	三	二	一								
轴承分部件代号	类型代号	尺寸系列代号		内径代号		内部结构代号	密封与防尘结构代号	保持架及其材料代号	特殊轴承材料代号	公差等级代号	游隙代号	多轴承配置代号	其他代号
		宽度系列代号	直径系列代号										

注：基本代号下面的一至五表示代号自右向左的位置序数。

1. 基本代号

基本代号用来表示轴承的类型、结构和尺寸，是轴承代号的基础。基本代号由类型代号、尺寸系列代号和内径代号组成。类型代号用数字或字母表示，后两者用数字表示。

（1）类型代号。滚动轴承的常用类型代号见表9－3。

表9-3　轴承类型代号与尺寸系列代号

轴承类型	类型代号	尺寸系列代号	组合代号	轴承类型	类型代号	尺寸系列代号	组合代号
调心球轴承	1	（0）2	12	深沟球轴承	6	18	618
	（1）	22	22			19	619
	1	（0）3	13			（1）0	60
	（1）	23	23			（0）2	62
调心滚子轴承	2	22	222			（0）3	63
		23	223			（0）4	64
		31	231	角接触球轴承	7	（1）0	70
		32	232			（0）2	72
圆锥滚子轴承	3	02	302			（0）3	73
		03	303			（0）4	74
		13	313	圆柱滚子轴承（外圈无挡边）	N	10	N10
		20	320			（0）2	N2
		22	322			22	N22
		23	323			（0）3	N3
推力球轴承	5	11	511			23	N23
		12	512			（0）4	N4
		13	513				
		14	514				

注：表中带（　）号的数字在组合代号中可省略。

（2）尺寸系列代号。尺寸系列代号由轴承的宽度系列代号和直径系列代号组成。宽度系列是指内、外径相同的轴承有几个不同的宽度；直径系列是指内径相同的轴承有几个不同的外径，见表9－3。

（3）内径代号。内径代号表示轴承的内径尺寸，为公称直径，用数字表示，表示方法见表9－4。

表9-4　轴承内径代号

内径代号	00	01	02	03	04～96
轴承内径/mm	10	12	15	17	数 x5

注：轴承内径代号用两位阿拉伯数字表示。内径为22、28、32，大于等于500mm的轴承用内径毫米数直接表示，但与组合代号之间用"/"分开。例如深沟球轴承62/22，内径 $d=22$mm。

2. 前置代号和后置代号

前置代号和后置代号是轴承的结构形状、尺寸、公差、技术要求等有改变时，在其基本代号的前、后增加的补充代号，其排列顺序见表9－2。

（1）前置代号。前置代号表示成套轴承的分部件，用字母表示，代号及含义见GB/T 272—2017《滚动轴承　代号方法》。

（2）后置代号。用字母（或字母加数字）表示，共有8组。

内部结构代号表示轴承内部结构变化，常用代号含义见表9-5。

表9-5　常用内部结构代号

代号	含　义	示　例	代号	含　义	示例
B	公称接触角 $\alpha = 40°$	7208B 角接触球轴承 $\alpha = 40°$			
C	公称接触角 $\alpha = 15°$	7208B 角接触球轴承 $\alpha = 15°$	E	结构改进加强型	N207E
AC	公称接触角 $\alpha = 25°$	7208B 角接触球轴承 $\alpha = 25°$			

备注：公差等级代号分为普通、6、6X、5、4、2 六级，分别用/PN、/P6、/P6X、/P5、/P4、/P2、/SP、/UP 表示。其中，普通级的精度为最低；2 级的精度为最高；6X级的精度仅用于圆锥滚子轴承；普通级在轴承代号中可省略不标，/SP、/UP 分别相当于5级、4 级尺寸精度，4 级旋转精度。

例2　试说明轴承代号6208、7311C/ P5、30310/ P6X 的含义。

解： 6208——内径为40 mm，宽度系列为0（省略），直系列为2，公差等级为普通级的深沟球轴承。

7311C/P5——内径为55 mm、宽度系列为0（省略）、直径系列为3、公差等级为5 级、接触角 $\alpha = 15°$的角接触球轴承。

30310/P6X——内径为50 mm、宽度系列为0（省略）、直径系列为3、公差等级为6X级的圆锥滚子轴承。

9.5　滚动轴承的失效形式及其寿命计算

9.5.1　失效形式

滚动轴承工作时，可以是外圈固定、内圈转动，也可以是内圈固定、外圈转动，处于上半圈的滚动体不承载，下半圈各滚动体按其所在位置的不同，将受到不同的载荷。如图9-19 所示，载荷作用线上的点将受到最大的接触载荷。滚动轴承的失效形式主要有以下几种。

1. 疲劳点蚀

滚动轴承工作时，由于内圈、外圈和滚动体接触表面受变应力，工作一段时间后，接触面就可能发生疲劳点蚀，导致轴承产生振动和噪声，直至轴承失效。通常点蚀是滚动轴承的主要失效形式。

2. 塑性变形

不回转、缓慢摆动或转速很低的滚动轴承，一般不会产生点蚀，但在较大的静载荷或冲击载荷作用下，会使轴承滚道和滚动体接触处的局部应力超过材料的屈服极限而出现塑性变形，形成不均匀凹坑，从而导致轴承失效。

3. 磨损及碎裂

当滚动轴承的工作环境恶劣、润滑不良、密封不好或安装使用不当时，各元件会发生碎裂或过早磨损而导致轴承失效。

对于一般转速的轴承，为防止点蚀，应进行寿命计算；而对于转速较低的轴承，为防止塑性变形，则应进行静强度计算。对于高速轴承，除计算寿命外还应校验其极限转速。

9.5.2　轴承寿命的计算

1. 滚动轴承的基本额定寿命

轴承寿命是指轴承中任一滚动体或内、外圈滚道上出现疲劳点蚀以前工作的总转数，或在一定转速下的总工作小时数。

实验表明，即使是结构、尺寸、材料、热处理和加工工艺都完全相同的一批轴承，在完全相同的条件下运转，它们的疲劳寿命也可能相差几十倍。因此，不能用单个轴承的寿命作为计算依据，而要根据统计方法，采用可靠度评价方式规定：一组相同的轴承，在相同的条件下运转，其中10%的轴承发生疲劳点蚀破坏，而90%的轴承不发生疲劳点蚀前的总转数(以 10^6 r 为单位)或在一定转速下的工作小时数作为轴承的疲劳寿命，并把这个疲劳寿命叫作基本额定寿命，以 L_{10} 或 L_h 表示。

因此，基本额定寿命对于一批轴承来说是指90%的轴承所能达到或超过的寿命；而对于单个轴承来讲，是指不发生疲劳点蚀的概率为90%。在进行轴承寿命计算时，必须先根据机器的类型、使用条件及对可靠度的要求，确定一个恰当的预期计算寿命，即设计机器时所要求的轴承寿命。

2. 滚动轴承的基本额定动载荷

滚动轴承的寿命与所受载荷的大小有关，工作载荷越大，轴承的基本额定寿命越短，因此，用基本额定动载荷表示滚动轴承的承载特性。所谓基本额定动载荷 C 是指轴承的基本额定寿命为 10^6 r 时所能承受的载荷值。对于向心轴承，指的是纯径向载荷，称为径向基本额定动载荷，以 C_r 表示；对于推力轴承，指的是纯轴向载荷，称为轴向基本额定动载荷，以 C_a 表示；对于角接触轴承，指的是载荷的径向分量。不同型号的轴承有不同的基本额定动载荷值，它表征了不同型号轴承的承载能力，C 值越大，承载能力越大。轴承样本给出了每个型号轴承的基本额定动载荷值 C，单位为 N。

3. 滚动轴承寿命的计算公式

对于具有基本额定动载荷 C 的轴承，当它所受的载荷 P 恰好为 C 时，其基本额定寿命就是 10^6 r；但是当其所受的载荷 $P \neq C$ 时，轴承的寿命为多少？这就是轴承寿命计算所要解决的一类问题。轴承寿命计算所要解决的另一类问题是：轴承所受的载荷等于 P，而且要求轴承具有的寿命为 L_{10} (以 10^6 r 为单位)，那么须选用具有多大的基本额定动载荷的轴承？下面就来讨论解决上述问题的方法。

图 9 – 20 所示为在大量试验研究基础上得出的轴承载荷 – 寿命曲线，该曲线表示轴承的载荷 P 与基本额定寿命 L_{10} 之间的关系。其方程式为：

$$P^{\varepsilon} L_{10} = 常数 \tag{9-7}$$

因为 $P = C$ 时，$L_{10} = 1(10^6 \text{r})$，故有 $P^{\varepsilon} L_{10} = C^{\varepsilon} \cdot 1$，即

$$L_{10} = \left(\frac{C}{P} \right)^{\varepsilon} (10^6 \text{r}) \tag{9-8}$$

式中 ε——寿命指数，对于球轴承，$\varepsilon = 3$；对于滚子轴承，$\varepsilon = 10/3$。

实际计算时，用小时表示轴承的寿命比较方便。令 n 代表轴承的转速（r/min），则以小时数表示的轴承寿命 L_h 为：

$$L_h = \frac{10^6}{60n}\left(\frac{C}{P}\right)^{\varepsilon} = \frac{16667}{n}\left(\frac{C}{P}\right)^{\varepsilon} \qquad (9-9)$$

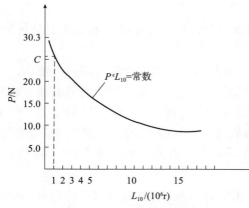

图 9-20   轴承的载荷-寿命曲线

4. 滚动轴承的当量动载荷

滚动轴承的寿命计算公式中所用的载荷，对于只能承受纯径向载荷 F_r 的向心轴承或只能承受纯轴向载荷 F_a 的推力轴承来说，即为外载荷 F_r 或 F_a。但是，对于那些同时承受径向载荷 F_r 和轴向载荷 F_a 的轴承来说，为了能和基本额定动载荷进行比较，必须把实际作用的复合外载荷折算成与基本额定动载荷方向相同的假想载荷，在该假想载荷作用下轴承的寿命与在实际的复合外载荷作用下轴承的寿命相同，则称该假想载荷为当量动载荷，用 P 表示。它的计算公式为：

$$P = XF_r + YF_a \qquad (9-10)$$

式中 X——径向动载荷系数；

Y——轴向动载荷系数。

X、Y 可分别按 $\frac{F_a}{F_r} > e$ 或 $\frac{F_a}{F_r} \leqslant e$ 两种情况，按表 9-6 查取。参数 e 是个界限值，用于判断是否考虑轴向载荷的影响，其值与轴承类型和 $\frac{F_a}{C_{0r}}$ 有关（C_{0r} 是轴承的径向基本额定静载荷）。

表 9-6   滚动轴承的径向动载荷系数 X 及轴向动载荷系数 Y

轴承类型	$\frac{F_a}{C_{0r}}$	e	$\frac{F_a}{F_r} > e$		$\frac{F_a}{F_r} \leqslant e$	
			Y	X	Y	X
深沟球轴承	0.14	0.19	2.30	0.56	0	1
	0.028	0.22	1.99			
	0.056	0.26	1.71			
	0.084	0.28	1.55			
	0.11	0.30	1.45			
	0.17	0.34	1.31			
	0.28	0.38	1.15			
	0.42	0.42	1.04			
	0.56	0.44	1.00			

轴承类型	$\dfrac{F_a}{C_{0r}}$	e	$\dfrac{F_a}{F_r} > e$		$\dfrac{F_a}{F_r} \leq e$	
			Y	X	Y	X
角接触球轴承 $\begin{pmatrix}7000C\\ \alpha = 15°\end{pmatrix}$	0.015	0.38	1.47			
	0.029	0.40	1.40			
	0.058	0.43	1.30			
	0.087	0.46	1.23			
	0.12	0.47	1.19	0.44	0	1
	0.17	0.50	1.12			
	0.29	0.55	1.02			
	0.44	0.56	1.00			
	0.58	0.56	1.00			
角接触球轴承 $\begin{pmatrix}7000AC\\ \alpha = 25°\end{pmatrix}$	—	0.68	0.87	0.41	0	1
角接触球轴承 $\begin{pmatrix}7000B\\ \alpha = 40°\end{pmatrix}$	—	1.14	0.57	0.35	0	1
圆锥滚子轴承	—	$1.5\tan\alpha$	$0.4\cot\alpha$	0.40	0	1

注：对于 $\dfrac{F_a}{C_{0r}}$ 的中间值，其 e 值和 Y 值可由线性插值法求得。

由式（9－10）求得的当量动载荷只是一个理论值，实际上，由于振动、冲击和其他载荷对机器的影响，F_r 和 F_a 与实际值往往有差别，考虑到这些影响，应当为当量动载荷乘上一个根据经验而定的载荷系数 f_p，其值见表9－7。如果轴承在温度高于120℃的环境下工作，轴承的 P 值有所升高，则引入温度系数 f_t 予以修正，f_t 可查表9－8。故实际计算时，轴承的当量动载荷应为：

$$P = f_p f_t (XF_r + YF_a) \tag{9－11}$$

表9－7 载荷系数 f_p

载荷性质	举 例	f_p
无冲击或轻微冲击	电动机、通风机、水泵等	1.0～1.2
中等冲击	减速器、车辆、机床、起重机、木工加工机械传动装置等	1.2～1.8
强烈冲击	破碎机、轧钢机、振动筛等	1.8～3.0

表9－8 温度影响系数 f_t

轴承工作温度/℃	<120	125	150	175	200	225	250	300	350
f_t	1	1.05	1.15	1.2	1.25	1.35	1.4	1.7	2

5. 角接触轴承轴向载荷的计算

角接触球轴承和圆锥滚子轴承在受到径向载荷时，由于接触角 α 的影响，各滚动体所受轴向分力的和称为内部派生轴向力 S，其方向始终沿轴向由轴承外圈宽边指向窄边，如图 9-21 所示。为了使内部轴向力得到平衡，以免轴产生蹿动，这类轴承通常是成对使用的。

图 9-22 表示了两种角接触轴承不同的安装方式。根据力的径向平衡条件，由径向外力 F_r 计算出作用在两个轴承上的径向载荷 F_{r1}、F_{r2}。当 F_r 的大小及作用位置固定时，径向载荷 F_{r1}、F_{r2} 也就固定。由径向载荷派生的内部轴向力 S_1、S_2 的大小可按照表 9-9 相应的公式计算。图中 O_1、O_2 分别为轴承 1 和轴承 2 的压力中心，即支反力作用点。O_1、O_2 与轴承端面的距离可由手册查取。

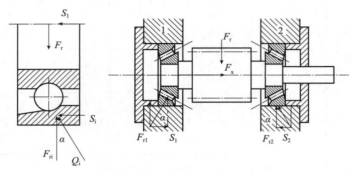

图 9-21 角接触轴承(圆锥滚子轴承)轴向载荷的分析

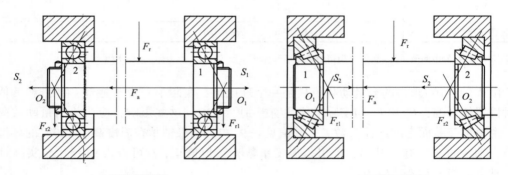

(a)反装(背靠背)　　　　　　　　　　　　(b)正装(面对面)

图 9-22 角接触球轴承(圆锥滚子轴承)轴向载荷的分析

表 9-9 角接触球轴承内部轴向力计算公式

圆锥滚子轴承	角接触球轴承		
	7000C	7000AC	7000B
$S = F_r/2Y$	$S = 0.4F_r$	$S = 0.68F_r$	$S = 1.14F_r$

注：Y 为轴向动载荷系数，见表 9-6。

以图 9-22 为例，轴和与其配合的轴承内圈为分离体，按其轴向力平衡为条件，确定轴承的轴向力 F_{a1} 和 F_{a2}。

(1)当 $F_a + S_2 = S_1$ 时，则轴承 1、2 所受的轴向载荷分别为 $F_{a1} = S_1$、$F_{a2} = S_2$。

(2)当 $F_a + S_2 > S_1$ 时，则轴有向左蹿动的趋势，但实际上轴必须处于平衡位置(轴承座要通过轴承外圈施加一个附加的轴向力来阻止轴的蹿动)，所以轴承 1 所受的总轴向力

F_{a1} 必须与 $F_a + S_2$ 相平衡，即 $F_{a1} = F_a + S_2$；而轴承 2 只受本身的内部轴向力 S_2 作用，即 $F_{a2} = S_2$。

（3）当 $F_a + S_2 < S_1$ 时，同前理，轴承 1 只受其本身的内部轴向力 S_1 作用，即 $F_{a1} = S_1$；而轴承 2 所受的轴向力 $F_{a2} = S_1 - F_a$。

6. 静载荷计算

计算静载荷的目的是限制滚动轴承的塑性变形。对于低速回转的轴承，当承载最大的滚动体与内、外圈滚道上产生的塑性变形之和等于滚动体直径的万分之一时所承受的载荷称为基本额定静载荷 $C_0(\text{N})$，其值可查轴承手册。

当轴承同时承受径向载荷和轴向载荷作用时，应按当量静载荷 P_0 进行计算，它是一个假想的载荷，在这个假想载荷作用下轴承所产生的塑性变形量与实际径向载荷和轴向载荷同时作用所产生的塑性变形量相同。当量静载荷的计算公式为：

$$P_0 = X_0 F_r + Y_0 F_a \qquad (9-12)$$

式中 X_0、Y_0——当量静载荷的径向系数和轴向系数，可查轴承手册。

若按式（9-12）计算出 $P_0 < F_r$，则取 $P_0 = F_r$。

按额定静载荷选择和验算轴承的公式为：

$$\frac{C_0}{P_0} \geqslant S_0 \qquad (9-13)$$

式中 S_0——静载荷安全系数，其值可查有关手册。

例 3 某减速器输入轴的两个轴承中受载较大的轴承所受的径向载荷 $F_{r1} = 2180\text{N}$，轴向载荷 $F_{a1} = 1100\text{N}$，轴的转速 $n = 970\text{r/min}$，轴的直径 $d = 55\text{mm}$，载荷稍有波动，工作温度低于 120℃，要求轴承的预期计算寿命为 15000h，试选择轴承型号。

解：（1）初选轴承型号。根据已知条件，试选择深沟球轴承，因其直径为 55mm，则其型号初选为 6211，由轴承手册查得 $C_r = 33500\text{N}$，$C_{0r} = 25000\text{N}$。

（2）计算当量动载荷。因 $F_{a1}/C_{0r} = 1100/25000 = 0.044$，由表 9-6，查得 $e \approx 0.25$。

由于 $F_{a1}/F_{r1} = 1100/2180 = 0.51 > e \approx 0.25$，查表 9-6，得 $X = 0.56$，$Y = 1.73$。考虑轴承工作中载荷稍有波动，由表 9-7 查得：$f_p = 1.1$，则当量动载荷为：

$$P_1 = f_p (X F_{r1} + Y F_{a1}) = 1.1 \times (0.56 \times 2180 + 1.73 \times 1100) = 3436\text{N}$$

（3）校核轴承寿命。轴承寿命为 $L_h = \dfrac{10^6}{60n} \left(\dfrac{C}{P}\right)^\varepsilon = \dfrac{16667}{970} \left(\dfrac{33500}{3436}\right)^\varepsilon = 15924\text{h}$。$L_h > 15000\text{h}$，满足要求，故选用 6211 型号轴承。

例 4 如图 9-23 所示，试选择一斜齿圆柱齿轮减速器主动轴上的滚动轴承。已知轴颈 $d = 35\text{mm}$，转速 $n = 1200\text{r/min}$，轴承承受径向载荷 $F_{r1} = 1200\text{N}$，$F_{r2} = 2000\text{N}$，轴向载荷 $F_x = 700\text{N}$，使用时间为 $L_h = 16000\text{h}$。

解：（1）选择轴承类型和型号。由于轴的转速较高，轴向载荷与径向载荷相比不大，故可选用角接触球轴承。又已知 $d = 35\text{mm}$，初选 70207C 型轴承，由机械设计手册查得 $C_r = 30500\text{N}$，$C_{0r} = 20000\text{N}$。

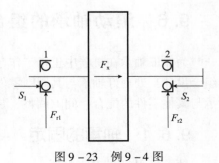

图 9-23 例 9-4 图

（2）计算轴承的轴向载荷 F_{a1}、F_{a2}。

由表 9-9 中的公式计算轴承的派生轴向力为：

$$S_1 = 0.4F_{r1} = 0.4 \times 1200\text{N} = 480\text{N}$$

$$S_2 = 0.4F_{r2} = 0.4 \times 2000\text{N} = 800\text{N}$$

其方向为 S_1 向右，S_2 向左，故有：

$$F_{a1} = S_1 = 480\text{N}$$

$$F_{a1} = S_2 - F_x = 800\text{N} - 700\text{N} = 100\text{N}$$

$$F_{a2} = S_2 = 800\text{N}$$

$$F_{a2} = S_1 + F_x = 1180\text{N}$$

由此可知：轴承 1 的轴向载荷为 480N，轴承 2 的轴向载荷为 1180N。

（3）计算当量动载荷。

轴承 1 为

$$\frac{F_{a1}}{C_{0r}} = \frac{480\text{N}}{20000\text{N}} = 0.024$$

查表 9-6 得，$e = 0.40$，则 $F_{a1}/F_{r1} = 480\text{N}/1200\text{N} = 0.4 = e$，得 $X = 1$，$Y = 0$。

由表 9-7 取 $f_p = 1$，由表 9-8 取 $f_t = 1$，则：

$$P_1 = (XF_{r1} + YF_{a1})f_p f_t = (1 \times 1200\text{N} + 0 \times 480\text{N}) \times 1 \times 1 = 1200\text{N}$$

轴承 2 为

$$\frac{F_{a2}}{C_{0r}} = \frac{1180\text{N}}{20000\text{N}} = 0.059$$

查表 9-6 得，$e = 0.43$，则 $F_{a2}/F_{r2} = 1180\text{N}/2000\text{N} = 0.59 \geqslant e$。

查表 9-6 得，$X = 0.44$，$Y = 1.3$，且由表 9-7 取 $f_p = 1$，由表 9-8 取 $f_t = 1$。则 $P_2 = (XF_{r2} + YF_{a2})f_p f_t = (0.44 \times 2000\text{N} + 1.3 \times 1180\text{N}) \times 1 \times 1 = 2414\text{N}$。

（4）计算所需的额定动载荷。

同一轴上的两个轴承，一般选用相同的型号。因此，按式（9-9）计算所需的额定动载荷时，应取较大的 P_2，则：

$$C = P_2 \sqrt[3]{\frac{60nL_h}{10^6}} = 2414 \sqrt[3]{\frac{60 \times 1200 \times 16000}{10^6}}\text{N} = 25305\text{N} \leqslant 25400\text{N}$$

故选用 70207C 轴承合适。

9.6　滚动轴承的组合设计

为保证轴承在机器中正常工作，除合理选择轴承类型、尺寸外，还应正确进行轴承的组合设计，处理好轴承与其周围零件之间的关系。也就是要解决轴承的轴向位置固定、轴承与其他零件的配合、间隙调整、装拆和润滑密封等一系列问题。

9.6.1　轴承的固定

轴承的固定有两种方式。

1. 两端固定(双支点单侧固定)

使轴的两个支点中每一个支点都能限制轴的单向移动,两个支点合起来就限制了轴的双向移动,这种固定方式称为两端固定,如图9-24(a)所示。两端固定适用于工作温度变化不大的短轴,考虑到轴因受热会伸长,应在轴承盖与外圈端面之间留出热补偿间隙C,如图9-24(b)所示,$C=0.2\sim0.3$mm。

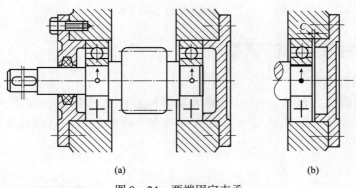

(a)   (b)

图9-24 两端固定支承

2. 一端固定、一端游动(单支点双侧固定,另一支点游动)

这种固定方式是在两个支点中选一个支点双向固定以承受轴向力,另一支点则可做轴向游动,如图9-25所示。可做轴向游动的支点称为游动支点,显然它不能承受轴向载荷。

选用深沟球轴承作为游动支点时,应在轴承外圈与端盖间留适当间隙,如图9-25(a);选用圆柱滚子轴承时,轴承外圈应做双向固定,如图9-25(b)所示,以免内、外圈同时移动,造成过大错位。这种固定方式适用于温度变化较大的长轴。

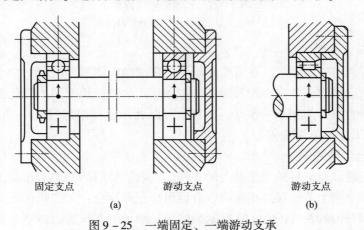

固定支点   游动支点   游动支点

(a)   (b)

图9-25 一端固定、一端游动支承

3. 两端游动(双支点游动)

如图9-26所示,轴左、右两端都采用圆柱滚子轴承,内、外圈都固定,以保证在轴承外圈的内表面与滚动体之间能够产生左右轴向游动。此种支承方式一般只用在人字齿轮传动中,而且另一轴必须轴向位置固定。

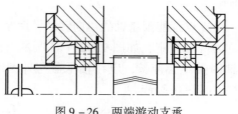

图 9 - 26　两端游动支承

9.6.2　轴承组合的调整

1. 轴承间隙的调整

轴承间隙的调整方法有：①加减轴承盖与机座间垫片厚度，如图 9 - 27(a) 所示；②利用螺钉 1 通过轴承外圈压盖 3 移动外圈位置(调整之后，用螺母 2 锁紧防松)，如图 9 - 27(b) 所示。

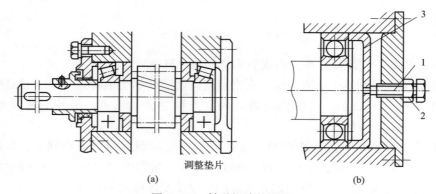

调整垫片

(a)　　　　　　　　　　　　　　　(b)

图 9 - 27　轴承间隙的调整
1—螺钉；2—螺母；3—轴承外圈压盖

2. 轴承的预紧

对于某些可调游隙式轴承，在安装时给予一定的轴向压紧力(预紧力)，使内、外圈产生相对位移而消除游隙，并在套圈和滚动体接触处产生弹性预变形，借此提高轴的旋转精度和刚度，这种方法称为轴承的预紧。预紧力可以利用金属垫片[图 9 - 28(a)]；或磨窄套圈[图 9 - 28(b)]等方法获得。

3. 轴承组合位置的调整

轴承组合位置调整的目的是使轴上的零件(如齿轮、带轮等)具有准确的工作位置。如锥齿轮传动，要求两个节锥顶点相重合，方能保证正确啮合；又如蜗杆传动，则要求蜗轮中间平面通过蜗杆的轴线。图 9 - 29 所示为锥齿轮轴承组合位置的调整，套杯与机座间的垫片 1 用来调整锥齿轮轴的轴向位置，而垫片 2 则用来调整轴承游隙。

9.6.3　滚动轴承的配合

由于滚动轴承是标准件，为了便于其更换及适应大量生产，轴承内圈孔与轴的配合采用基孔制，轴承外圈与轴承座孔的配合则采用基轴制。

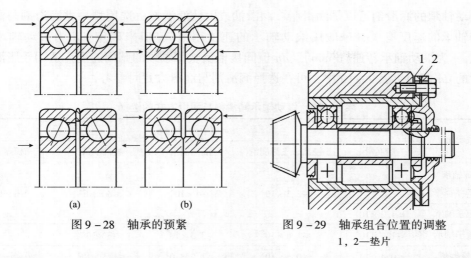

图 9-28 轴承的预紧

图 9-29 轴承组合位置的调整
1，2—垫片

选择配合时，应考虑载荷的方向、大小和性质，以及轴承类型、转速和使用条件等因素。当外载荷方向不变时，转动套圈应比固定套圈的配合紧一些。一般情况下内圈随轴一起转动，外圈固定不转，故内圈与轴常取过渡配合，如轴的公差采用 K6、M6；外圈与座孔常取较松的过渡配合，如座孔的公差用 H7、J7 或 Js7。当轴承做游动支承时，外圈与座孔应取保证有间隙的配合，如座孔公差采用 G7。

9.6.4 轴承的装拆

设计轴承组合时，应考虑是否有利于轴承的装拆，以便在装拆过程中不致损坏轴承和其他零件。

如图 9-30 所示，若轴肩高度大于轴承内圈外径，就难以放置拆卸工具的钩头。对于外圈拆卸要求也是如此，应留出拆卸高度 h_1，如图 9-31(a) 和 (b) 所示，或在壳体上做出能放置拆卸螺钉的螺孔，如图 9-31(c) 所示。

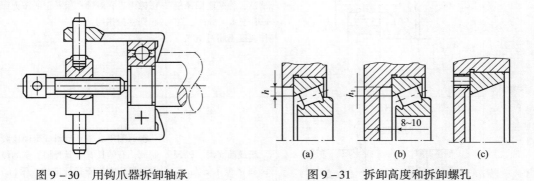

图 9-30 用钩爪器拆卸轴承

图 9-31 拆卸高度和拆卸螺孔

9.6.5 滚动轴承的润滑

润滑的主要目的是减小摩擦与减轻磨损，滚动轴承的滚动接触部位形成的油膜还有吸收振动、降低工作温度、噪声和防止锈蚀等作用。

滚动轴承的润滑剂可以是润滑脂、润滑油或固体润滑剂，选用哪一类润滑剂与润滑方式，与轴承的速度有关，一般用滚动轴承的速度因数 dn 值来确定。d 为滚动轴承内径（mm），n 为滚动轴承转速（r/min），dn 值间接地反映了轴颈的圆周速度。适用于脂润滑和油润滑的 dn 值列于表 9-10 中，可在选择润滑剂与润滑方式时参考。

表 9-10　滚动轴承润滑剂与润滑方式的选择

轴承类型	$dn/(mm \cdot r/min)$				
	脂润滑	浸油、飞溅润滑	滴油润滑	喷油润滑	油雾润滑
深沟球轴承、角接触球轴承	$\leq 1.6 \times 10^5$	$\leq 2.5 \times 10^5$	$\leq 4 \times 10^5$	$\leq 6 \times 10^5$	$> 6 \times 10^5$
圆柱滚子轴承	$\leq 1.2 \times 10^5$				
圆锥滚子轴承	$\leq 1.0 \times 10^5$	$\leq 1.6 \times 10^5$	$\leq 2.3 \times 10^5$	$\leq 3 \times 10^5$	—
推力球轴承	$\leq 0.4 \times 10^5$	$\leq 0.6 \times 10^5$	$\leq 1.2 \times 10^5$	$\leq 1.5 \times 10^5$	—

9.6.6　滚动轴承的密封

密封是为了防止外部尘埃、水分及其他杂物进入轴承，并防止轴承内润滑剂流失。轴承的密封方法的选择与润滑的种类、工作环境、温度、密封表面的圆周速度有关。密封方法通常可归纳为接触式、非接触式和组合式三大类，具体见表 9-11。

表 9-11　常用的滚动轴承的密封形式

密封类型	图　例	适用场合	说　明
接触式密封	毛毡圈密封	脂润滑。要求环境清洁，轴颈圆周速度 v 小于 4～5m/s，工作温度不超过 90℃	矩形断面的毛毡圈 1 被安装在梯形槽内，它对轴产生一定的压力而起到密封作用
	密封圈密封　 (a)　　　(b)	脂或油润滑。轴颈圆周速度 $v < 7$m/s，工作温度范围为 $-40 \sim 100$℃	密封圈用皮革、塑料或耐油橡胶制成，有的具有金属骨架，有的没有骨架，密封圈是标准件。图(a)所示为密封唇朝里，目的是防漏油；图(b)所示为密封唇朝外，主要目的是防止灰尘、杂质进入

密封类型	图　例	适用场合	说　明
非接触式密封	间隙密封 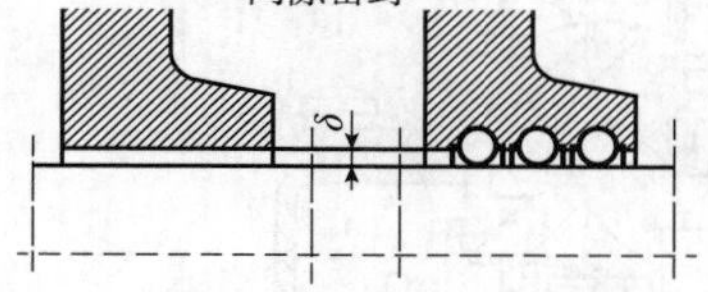 δ	脂润滑。干燥清洁环境	靠轴与盖间的细小环形间隙密封，间隙越小越长，效果越好，间隙 δ 取 0.1～0.3mm
	迷宫式密封 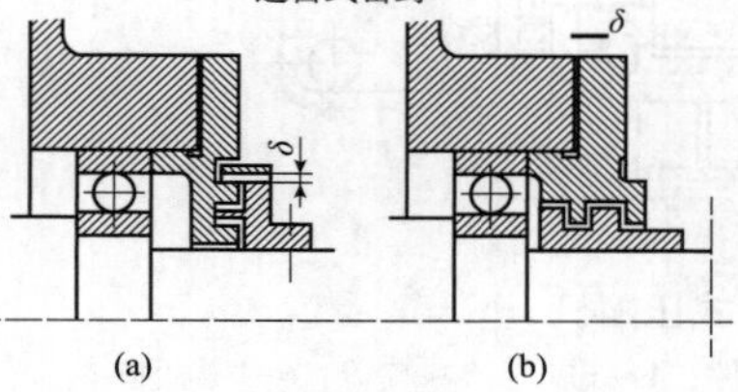 δ δ (a)　　(b)	脂润滑或油润滑。工作温度不高于密封用脂的滴点。这种密封效果可靠	将旋转件与静止件之间的间隙做成迷宫(曲路)形式，并在间隙中充填润滑油或润滑脂以加强密封效果。分径向、轴向两种，图(a)所示为径向曲路，径向间隙 δ 不大于 0.1～0.2mm；图(b)所示为轴向曲路，因考虑到轴受热后会伸长，间隙应取大些，$\delta = 1.5～2$mm
组合密封	毛毡加迷宫密封 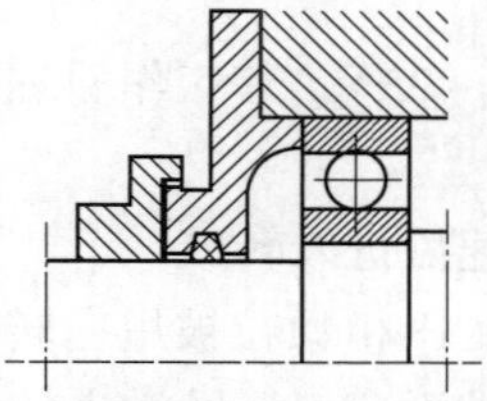	适用于脂润滑或油润滑	这是组合密封的一种形式，毛毡加迷宫，可充分发挥其各自优点，提高密封效果。组合方式很多，不一一列举

9.6.7　滚动轴承应用实例

1. 螺杆式压缩机中轴承的应用

螺杆式压缩机的结构如图 9－32 所示，在气缸内装有一对互相啮合的螺旋形阴阳转子，这两个转子都具备几个凹形齿，并且会互相反向旋转。其中，转子之间和机壳与转子之间的间隙非常小。主转子，也被称为阳转子或凸转子，多数由电动机驱动。另一转子，也被称为阴转子或凹转子，是由主转子通过喷油形成的油膜进行驱动，或由主转子端和凹转子端的同步齿轮驱动。在转子旋转过程中，润滑油会被喷入压缩腔室，这样既可以起到密封也能起到冷却和润滑的作用。当螺旋转子的凹槽经过吸气口时，会充满气体。转子旋转的时候，其凹槽被机壳壁封闭，形成一个压缩腔室。当转子凹槽封闭后，会向压缩腔室压缩油气混合物，使腔室容积减小，油气混合物被压缩并推向排气口。最终，当压缩腔室经过排气口时，油气混合物会从压缩机排出，从而完成一个吸气—压缩—排气的过程。这个过程会随着转子的旋转而不断重复，使得压缩机的输气连续且平稳。此外，螺杆式压缩机的每个转子都由减摩轴承支承，而这些轴承由靠近转轴端部的端盖固定。进气端由滚柱轴承支承。通常，排气端的轴承用于转子定位，即作为止推轴承，它能抵抗轴向推力，承受径向载荷，为轴向运行提供必要的最小间隙。因此，螺杆式压缩机的工作循环可以清晰地分为吸气、压缩和排气三个过程。

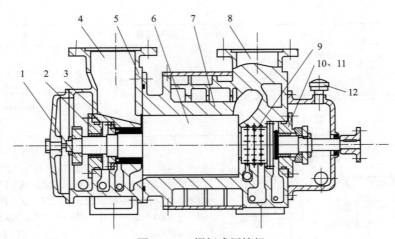

图 9 - 32　螺杆式压缩机

1—同步齿轮；2—径向轴承；3—轴封组件；4—进口；5—端盖；6—螺杆；
7—机体；8—出口；9—轴封组件；10—轴承；11—推力盘组件；12—排气口

2. 卧式螺旋离心机中用到的轴承

卧式螺旋离心机是一种用于固液分离的设备（图 9 - 33），其工作原理基于高速旋转产生的离心力。以下是卧式螺旋离心机的工作原理。

物料输入。物料通过进料管进入转鼓内部，被加速后进入转鼓。

分离过程。在高速旋转的转鼓作用下，密度较大的固相颗粒被甩向转鼓的内壁，形成固体层；密度较小的液相则形成内层液环，由转鼓大端溢流口连续溢出转鼓。

排渣与排液。螺旋推料器将沉积的固相物连续不断地推至转鼓锥端，经排渣口排出机外；较轻的液相物则通过转鼓上方的溢流口排出。

干燥过程。在螺旋推料器转动过程中，固体得以干燥，并最终被推送至转鼓的圆周方向，通过排料口排出。

卧式螺旋离心机的主要特点包括结构紧凑、连续操作、运转平稳、适应性强、生产能力大、维修方便等。它适合分离含固相物粒度大于 0.005mm、浓度范围为 2% ~40% 的悬浮液，广泛应用于化工、轻工、制药、食品、环保等行业。

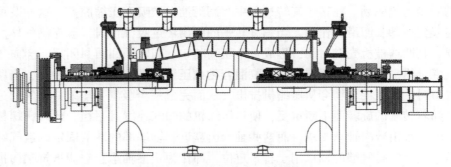

图 9 - 33　卧式螺旋离心机结构图

9.7 例题与解

例1 滑动轴承有什么特点,适用于何种场合?

解: 滑动轴承按摩擦状态分为两类:

(1)非液体摩擦滑动轴承:结构简单、成本低,但因是混合摩擦或边界摩擦,其摩擦大、磨损大、效率低。适用于轻载、低速、不重要的场合。

(2)液体摩擦滑动轴承:设计、制造、调整、维护要求高,成本高,但因采用液体摩擦,摩擦小、效率高、转动精度高、工作平稳、可减振缓冲。适用于重载、高速、高精度的场合。

注: 两类不同的滑动轴承其特点和应用场合完全不同。

例2 轴瓦上开设油孔和油沟的原则是什么?

解: 油孔和油沟不得开在轴瓦的承载区,以免降低油膜的承载能力。油沟的轴向长度应比轴瓦的长度短,不能沿轴向完全开通到轴瓦端部,以免润滑油从轴瓦两端大量泄漏流失,影响承载能力。

例3 已知一向心滑动轴承,该轴承整体有衬正滑动轴承,承受载荷5000N,工作转速1250r/min,轴的直径 $d = 60$mm,工作宽度 $L = 20$mm,轴承材料为锡青铜(ZQSn6-6-3),试计算该轴承。

解:

$$压强 P = P_1/(d \times L) = 5000/(60 \times 20) = 4.17$$

$$V = (\pi \times d \times n)/(60 \times 1000) = (\pi \times 60 \times 1250)/(60 \times 1000) = 3.93$$

$$Pv = (P_1 \times n)/(19100 \times L) = (5000 \times 1250)/(19100 \times 20) = 16.36$$

注: 计算过程参见《机械设计手册》第四版(化学工业出版社)。

例4 试说明轴承代号62203和7312AC/P6的含义。

解: 62203表示内径 $d = 17$mm,深沟球轴承,宽度系列为2(宽)系列,直径系列为2(轻)系列,0级公差等级。

7312AC/P6表示内径 $d = 12 \times 5 = 60$mm,角接触球轴承,宽度系列为0系列(不标出),直径系列为3(中)系列,公称接触角 $\alpha = 25°$,6级公差等级。

轴承详细的代号方法可查阅GB/T 272—2017《滚动轴承 代号方法》。

例5 如图9-34所示,轴的两端安装有角接触轴承(7207c)反装,已知:轴承受径向载荷 $F_{r1} = 1000$N,$F_{r2} = 2100$N,轴向外载荷 $F_a = 900$N,轴的转速 $n = 5000$r/min,$f_p = 1.2$,$C = 23500$N,$e = 0.56$,当 $F_a/F_r > e$ 时,$X = 0.44$,$Y = 1$;当 $F_a/F_r \leq e$ 时,$X = 1$,$Y = 0$($S = e \times F_r$),试计算该轴承的寿命。

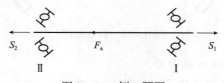

图9-34 例5题图

解：（1）计算两轴承的派生轴向力 S

$$S_1 = eF_{r1} = 0.56 \times 1000 = 560N$$

$$S_2 = eF_{r2} = 0.56 \times 2100 = 1176N$$

（2）计算两轴承的轴向载荷 F_a

$$S_2 + F_a = 1176 + 900 = 2076N$$

$\because S_2 + F_a > S_1$

$\therefore$ 轴有左移的趋势，轴承 I 被"压紧"，轴承 II 被"放松"，

故

$$F_{a1} = S_2 + F_a = 2076N$$

$$F_{a2} = S_2 = 1176N$$

（3）判断 F_a / F_r 与 e 的大小

$$\because \frac{F_{a1}}{F_{r1}} = \frac{2076}{1000} = 2.076 > e \quad \therefore X_1 = 0.44 \quad Y_1 = 1$$

$$\because \frac{F_{a2}}{F_{r2}} = \frac{1176}{2100} = 0.56 > e \quad \therefore X_2 = 1 \quad Y_2 = 0$$

（4）计算两轴承的当量动载荷 $P = XF_r + YF_a$

$$P_1 = f_p(X_1 F_{r1} + Y_1 F_{a1}) = 1.2 \times (0.44 \times 1000 + 1 \times 2076) = 3019.2N$$

$$P_2 = f_p(X_2 F_{r2} + Y_2 F_{a2}) = 1.2 \times (1 \times 2100 + 0) = 2520N$$

（5）求寿命

$$L_h = \frac{16667}{n}\left(\frac{C}{P}\right)^\varepsilon = \frac{16667}{5000}\left(\frac{23500}{3019.2}\right)^3 = 1571h$$

例6 两端"面对面"正装一对 30206 圆锥滚子轴承，转速 $n = 1430r/min$，受力分析如图 9-35 所示：径向载荷为 $F_{rA} = 4000\ N$，$F_{rB} = 4250\ N$，轴向载荷 $F_a = 350\ N$。方向向左，有中等冲击，试计算轴承的当量动载荷 P。

相关参数：30206 轴承的计算系数 $(e) = 0.35$、$(Y) = 1.6$。内部轴向力计算公式 $S = F_r/[2(Y)]$。

类型	$F_a/F_r \leq e$		$F_a/F_r > e$		判断系数 e
	X	Y	X	Y	
30206	1	0	0.40	(Y)	(e)

图 9-35 例 6 题图

解：（1）计算两轴承的派生轴向力 S

圆锥滚子轴承的派生轴向力为 $S = F_r/(2Y)$，则：

$$S_A = \frac{F_{rA}}{2(Y)} = \frac{4000}{2 \times 1.6} = 1250N \quad \text{方向向右}$$

$$S_B = \frac{F_{rB}}{2(Y)} = \frac{4250}{2 \times 1.6} = 1330N \quad \text{方向向左}$$

(2)计算两轴承的轴向载荷 F_a

因为 $S_B + F_a > S_A$ 代数和指向左，正装 A 为被"压紧"，轴承 B 被"放松"，故

$$F_{a紧} = S_B + F_a = 1330 + 350 = 1680N$$

$$F_{a松} = S_B = 1330N$$

(3)计算两轴承的当量动载荷 $P = XF_r + YF_a$

轴承 A：$\dfrac{F_{aA}}{F_{rA}} = \dfrac{1680}{4000} = 0.42 > e = 0.35$

查表得 $X_A = 0.4$，$Y_A = 1.6$

$P_A = 0.4 \times 4000 + 1.6 \times 1680 = 4290N$

轴承 B：$\dfrac{F_{aB}}{F_{rB}} = \dfrac{1330}{4250} = 0.319 < e = 0.35$

查表得 $X_B = 1$，$Y_B = 0$

$P_B = 1 \times 4250 = 4250N$

第10章 轴及轴系

10.1 轴的功用与种类

轴是机械中的重要零件，其功用主要是承受扭矩与弯矩，支承其他回转件并传递运动与动力。

(1)按轴的受载情况不同，可分为心轴、传动轴和转轴。

①心轴：只承受弯矩而不传递扭矩的轴。它又有转动心轴(工作时的弯曲应力是交变应力)和固定心轴(工作时的弯曲应力是静应力)两种，如图 10 - 1(a)所示。

②传动轴：只传递扭矩的轴。图 10 - 1(b)所示为汽车发动机至后桥的轴，在汽车的启动、停车、行走和载荷变化过程中，可认为其扭转剪应力是脉动循环。

③转轴：既承受弯矩又传递扭矩的轴，它是机械中最常见的轴。图 10 - 1(c)所示为减速器中做单向转动的轴，其工作时的弯曲应力为对称循环，扭转剪应力为脉动循环。

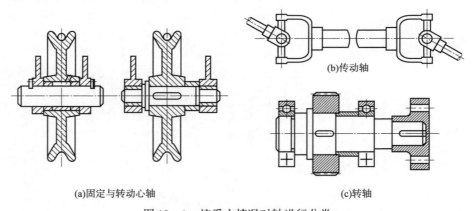

(a)固定与转动心轴   (b)传动轴   (c)转轴

图 10 - 1 按受力情况对轴进行分类

(2)按轴线的几何形状分，轴可分为直轴(如光轴、阶梯轴和空心轴等)、曲轴和挠性轴等几种(图 10 - 2)。

光轴在农业机械和纺织机械中比较常用。空心轴是为了减轻质量和满足使用上的要求，如车床主轴中空位置需要放置加工的圆杆，一些航空发动机主轴中空位置需要放置输油管路等。曲轴常用于往复式机械中，如曲柄压力机和内燃机等。挠性轴是多层钢丝密集缠绕而成的钢丝软轴，可将转矩和回转运动灵活地传递到不同位置，且具有缓冲作用，常用于受连续振动的场合，如牙钻设备和混凝土振捣器中。阶梯轴由于结构上方便轴上零件的装拆、定位和固定，而且符合等强度梁的概念，在机械上应用最广泛。

本章讨论直轴的结构和设计问题，主要包括以下具体内容：

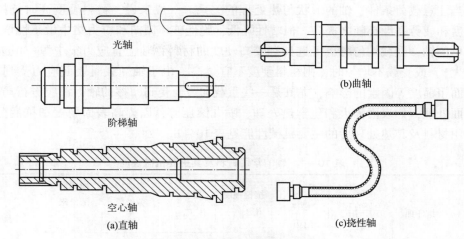

图 10 - 2　按形状对轴进行分类

（1）轴所选材料的强度、硬度及其热处理状态，材料价格，加工工艺性；

（2）轴是否满足强度、刚度和使用寿命的要求；

（3）轴和轴系的尺寸、结构和配置是否与机器相适应；

（4）轴上各种零件（如齿轮、带轮、轴承等）的联接方式、定位和固定、装配和拆卸等结构是否合理；

（5）轴在密封、装配时轴向位置的调整及其检测手段等。

10.2　轴的材料与强度计算

10.2.1　轴的材料与热处理

合理的选材是轴设计的一个重要内容。由于轴大多受交变应力作用，主要的破坏形式为疲劳断裂，故轴的材料首先要有足够的疲劳强度，同时还应满足工艺性和经济性。一般主要为碳钢、合金钢，毛坯形式为轧制圆钢和锻件。

1. 碳钢

常用的碳钢有 35、45 等优质中碳钢，进行正火或调质处理。轻载或不重要的轴，也可用 Q235、Q275 等。与合金钢相比，碳钢经济性好、综合机械性能较高、应用广泛。

2. 合金钢

合金钢比碳钢具有更高的机械性能，淬火性能好，通常用于重载、高速的重要轴或有特殊要求的轴，如耐高温、低温，耐腐蚀、磨损，要求尺寸小、强度高等。常用的材料有 40Cr、20Cr、20CrMnTi 等，经调质、表面淬火、渗碳淬火等处理。由于合金钢和碳素钢的弹性模量相差很小，故合金钢在提高轴刚度方面并没有优势。

3. 球墨铸铁

对于形状复杂、尺寸大的轴，球墨铸铁有成形容易、价格低、吸振、耐磨、应力敏感性小等优点，但可靠性差一些。

应当注意载荷条件、轴的形状与热处理的关系。一般来说，材料硬度高时抗拉强度、屈服强度和疲劳强度都随之提高，但塑性降低，脆性破坏倾向和应力集中敏感性增加。因而，简单的轴，受载均匀时，可选具有较高硬度的材料；轴上有应力集中源（如键槽、截面变化大），或受载不均匀时，则材料硬度不宜过高。由于轴受载时表面应力受到应力集中、表面粗糙度等因素的影响，尤其是一些重载和表面受到摩擦的轴，都应进行局部或全部的表面处理，如表面淬火和化学热处理、喷丸滚压等，以提高表面硬度和抗疲劳性能。轴的常用材料及其热处理后的主要机械性能见表 10 – 1。

表 10 – 1　轴的常用材料及其主要机械性能

材料牌号	热处理	毛坯直径/ mm	硬度 HB	抗拉强度 $R_m(\sigma_b)$	屈服点 σ_s	弯曲疲劳极限 σ_{-1}	扭转疲劳极限 τ_{-1}	备注
				N/mm² 不小于				
Q235、 Q235F				440	240	180	105	用于不重要或载荷不大的轴
20	正火	25	≤156	420	250	180	100	用于载荷不大的，要求韧性较高的轴
	正火	≤100	103～156	400	220	165	95	
		>100～300		380	200	155	90	
		>300～500		370	190	150	85	
	回火	>500～700		360	180	145	80	
35	正火	25	≤187	540	320	230	130	应用较广泛
	正火	≤100		520	270	210	120	
		>100～300	149～187	500	260	205	115	
	回火	>300～500	143～187	480	240	190	110	
		>500～750	137～187	460	230	185	105	
		>750～1000		440	220	175	100	
	调质	≤100	156～207	560	300	230	130	
		>100～300		540	280	220	125	
45	正火	25	≤241	610	360	260	150	应用最广泛
	正火	≤100	170～217	600	300	240	140	
		>100～300	162～217	580	290	235	135	
	回火	>300～500		560	280	225	130	
		>500～750	156～217	540	270	215	125	
	调质	≤200	217～255	650	360	270	155	
40Cr	调质	25		1000	800	485	280	用于载荷较大，而无很大冲击的重要轴
		≤100	241～286	750	550	350	200	
		>100～300	229～269	700	500	320	185	
		>300～500		650	450	295	170	
		>500～800	217～255	600	350	255	145	

10.2.2　轴径的估算和强度计算

在开始设计轴时，由于轴上零件的位置和支承跨度没有确定，不能求出轴所受的弯矩，只能按照纯扭转情况估算轴的最小直径。然后，对轴进行结构设计，再对轴的危险部位进行弯曲与扭转组合强度校核，对重要或细长轴还要进行刚度校核。

1. 传动轴的强度计算

传动轴只传递转矩而不承受弯矩，其强度条件为

$$\tau = \frac{M_n}{W_n} \leqslant [\tau] \qquad (10-1)$$

式中　τ——剪应力；

　M_n——传递的转矩；

　W_n——抗扭截面系数；

　$[\tau]$——许用剪应力。

当轴的转速为 $n(\text{r/min})$，传递的功率为 $P(\text{kW})$，则转矩：

$$M_n = \frac{9.55 \times 10^3 P}{n} \qquad (10-2)$$

当轴的截面为圆的实心轴时，$W_n = \dfrac{\pi d^3}{16} \approx 0.2 d^3$

则

$$\tau = \frac{9.55 \times 10^6 P}{0.2 d^3 n} \leqslant [\tau] \qquad (10-3)$$

式中　d——轴的直径，mm。

对于实心圆轴，设计公式为

$$d \geqslant \sqrt[3]{\frac{9.55 \times 10^6 P}{0.2[\tau]n}} = \sqrt[3]{\frac{9.55 \times 10^3}{0.2[\tau]}} \cdot \sqrt[3]{\frac{P}{n}} \qquad (10-4)$$

令 $C = \sqrt[3]{\dfrac{9.55 \times 10^3}{0.2[\tau]}}$，则

$$d \geqslant C\sqrt[3]{\frac{P}{n}} \qquad (10-5)$$

对于空心圆轴，设计公式为

$$d \geqslant C\sqrt[3]{\frac{P}{n(1-\beta^4)}} \qquad (10-6)$$

式中，$\beta = \dfrac{d_1}{d}$，即空心轴的内径 d_1 与外径 d 之比，通常取 $\beta = 0.5 \sim 0.6$。

常数 C 及 $[\tau]$ 见表 10-2。若轴上有一个键槽，可将算得的直径增大 3% ~ 5%，如有两个键槽可增大 7% ~ 10%。

表 10 –2　轴常用材料的 [τ] 值及 C 值

轴的材料	20、Q235	35、Q275	45	40Cr、35SiMnMo
[τ]/MPa	12 ~ 20	20 ~ 30	30 ~ 40	40 ~ 52
C	160 ~ 135	135 ~ 118	118 ~ 106	106 ~ 98

2. 转轴的强度计算

转轴同时承受转矩和弯矩，其强度应按弯、扭组合计算，其处于二向应力状态下，如图 10 – 3 所示。

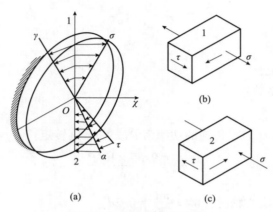

图 10 – 3　转轴应力状态

根据二向应力状态下，主应力与其他应力的关系代入强度理论关系式中，得

第三强度理论下：

$$\sigma_{eq3} = \sqrt{\sigma^2 + 4\tau^2} \leqslant [\sigma] \qquad (10-7)$$

第四强度理论下：

$$\sigma_{eq4} = \sqrt{\sigma^2 + 3\tau^2} \leqslant [\sigma] \qquad (10-8)$$

式中，σ_{eq3}、σ_{eq4} 为当量应力。

又因为弯曲应力 $\sigma = \dfrac{M}{W}$，扭转应力 $\tau = M_n/W_n$，并注意到对于圆截面，抗扭截面系数 $W_n = \dfrac{\pi d^3}{16}$ 是抗弯截面系数 $W = \dfrac{\pi d^3}{32}$ 的 2 倍，即 $W_n = 2W$，对于弯、扭组合，其当量弯矩为：

$M_{eq3} = \sqrt{M^2 + M_n^2}$ 和 $M_{eq4} = \sqrt{M^2 + \dfrac{3}{4}M_n^2}$

则

$$\sigma_{eq3} = \frac{M_{eq3}}{W} = \frac{1}{W}\sqrt{M^2 + M_n^2} \leqslant [\sigma] \qquad (10-9)$$

$$\sigma_{eq4} = \frac{M_{eq4}}{W} = \frac{1}{W}\sqrt{M^2 + \frac{3}{4}M_n^2} \leqslant [\sigma] \qquad (10-10)$$

下面以第三强度理论说明具体计算步骤：

（1）作出轴的计算简图；

（2）作出弯矩图；

（3）作出扭矩图；

（4）校核轴的强度。

按第三强度理论有：

$$\sigma_{eq3} = \sqrt{\sigma^2 + 4\tau^2} \tag{10-11}$$

通常由弯矩所产生的弯曲应力 σ 是对称循环变应力，而由扭矩产生的扭转切应力 τ 则常常不是对称循环变应力。为了考虑两者循环特性不同的影响，引入折合系数 α，则计算应力为

$$\sigma_{eq3} = \sqrt{\sigma^2 + 4(\alpha\tau)^2} \tag{10-12}$$

式中的弯曲应力为对称循环变应力。当扭转切应力为变应力时，取 $\alpha \approx 0.3$；当扭转切应力为脉动循环变应力时，取 $\alpha \approx 0.6$；若扭转切应力亦为对称循环变应力时，则取 $\alpha \approx 1$。

对于直径为 d 的圆轴，弯曲应力 $\sigma = \dfrac{M}{W}$，扭转切应力 $\tau = \dfrac{M_n}{W_n} = \dfrac{M}{2W}$，将 σ 和 τ 代入式 （10-12），则轴的弯扭合成强度条件为

$$\sigma_{ca} = \sqrt{\left(\frac{M}{W}\right)^2 + 4\left(\frac{\alpha T}{2W}\right)^2} = \frac{\sqrt{M^2 + (\alpha T)^2}}{W} \leqslant [\sigma_{-1}] \tag{10-13}$$

式中　σ_{ca}——轴的计算应力，MPa；

M——轴所受的弯矩，N·mm；

M_n——轴所受的扭矩，N·mm；

W——轴的抗弯截面系数，mm³，计算公式见表 10-3；

$[\sigma_{-1}]$——对称循环变应力时轴的许用弯曲应力，其值按表 10-4 选用。

表 10-3　抗弯、抗扭截面系数计算公式

截面	W	W_T	截面	W	W_T
	$\dfrac{\pi d^3}{32} = 0.1 d^3$	$\dfrac{\pi d^3}{16} = 0.2 d^3$		$\dfrac{\pi d^3}{32} - \dfrac{bt(d-t)^2}{d}$	$\dfrac{\pi d^3}{16} - \dfrac{bt(d-t)^2}{d}$
	$\dfrac{\pi d^3}{32}(1-\beta^4)$ $\approx 0.1 d^3(1-\beta^4)$ $\beta = \dfrac{d_1}{d}$	$\dfrac{\pi d^3}{16}(1-\beta^4)$ $\approx 0.2 d^3(1-\beta^4)$ $\beta = \dfrac{d_1}{d}$		$\dfrac{\pi d^3}{32}\left(1 - 1.54\dfrac{d_1}{d}\right)$	$\dfrac{\pi d^3}{16}\left(1 - \dfrac{d_1}{d}\right)$
	$\dfrac{\pi d^3}{32} - \dfrac{bt(d-t)^2}{2d}$	$\dfrac{\pi d^3}{16} - \dfrac{bt(d-t)^2}{2d}$		$[\pi d^4 + (D-d)(D+d)^2 zb]/32D$ z——花键齿数	$[\pi d^4 + (D-d)(D+d)^2 zb]/16D$ z——花键齿数

注：近似计算时，单、双键槽一般可忽略，花键轴截面可视为直径等于平均直径的圆截面。

表 10-4　许用弯曲应力

材料	许用应力 $[\sigma_{-1}]$	用途	材料	许用应力 $[\sigma_{-1}]$	用途
Q235A	40	用于不重要及受载荷不大的轴	20Cr	60	用于要求强度及韧性均较高的轴
45	55	应用最广泛	3Cr13	75	用于腐蚀条件下的轴
40Cr	70	用于载荷较大，而无很大冲击的重要轴	1Cr18Ni9Ti	45	用于高温、低温及腐蚀条件下的轴

10.3　轴的刚度计算

轴在弯矩作用下会产生弯曲变形，如图 10-4 所示，在转矩作用下会产生扭转变形，如图 10-5 所示。前者用轴的挠度 y 和转角来度量，后者用轴的扭角 φ 来度量。若轴的刚度不足，将产生过大的弯曲或扭转变形，会影响轴和轴上零件的正常工作，甚至会影响整个机械的正常工作。同时，刚度不适当又往往是轴发生振动的重要原因。因此，必要时应进行轴的刚度计算。

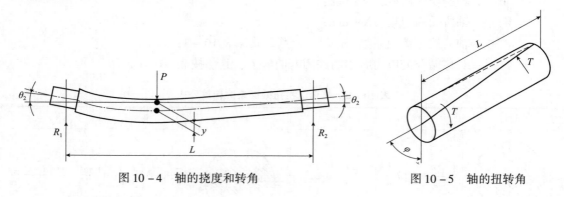

图 10-4　轴的挠度和转角　　　　　　　　图 10-5　轴的扭转角

轴的弯曲刚度条件为

$$y \leqslant [y] \tag{10-14}$$
$$\theta \leqslant [\theta] \tag{10-15}$$

轴的扭转刚度条件为

$$\varphi \leqslant [\varphi] \tag{10-16}$$

式中　$[y]$——轴的许用挠度，mm；

　　　$[\theta]$——轴的许用转角，rad；

　　　$[\varphi]$——轴的许用扭角，(°)/m，可查机械设计手册。轴的刚度计算可参照材料力学中的有关公式进行。

10.4 轴及轴系的结构设计

10.4.1 轴的结构设计

轴的结构设计是根据轴上零件的安装、定位以及轴的制造工艺等方面的要求，合理地确定轴的结构形式和尺寸。轴的结构设计不合理，会影响轴的工作能力和轴上零件的工作可靠性。

1. 轴上主要零件的布置

根据工作要求确定轴上主要零件(如齿轮、带轮、轴承、联轴器等)的正确位置，是轴设计时应该首先考虑的问题。图 10-6 所示为单级圆柱齿轮减速器的输入轴。齿轮对称布置在两轴承之间，可使载荷沿齿宽均匀分布，两轴承应尽量靠近齿轮以减小跨距，以提高轴的强度和刚性。

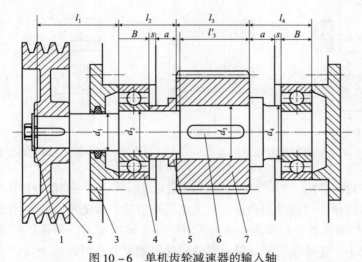

图 10-6 单机齿轮减速器的输入轴
1—轴端挡圈；2—带轮；3—轴承盖；4—滚动轴承；5—套筒；6—平键；7—齿轮和固定

各段轴的长度主要根据被安装零件及其配合尺寸(或者安装零件的位移及其留有的调整间隙等)而定。如 l_1 段根据带轮安装长度、轴承端盖和装拆要求确定；l_2 和 l_4 段根据轴承宽度 B 及尺寸 s、a 定；l_3 段的根据是为使齿轮轴向定位可靠，轴长 l_3 应比齿轮轮毂的宽度短 $2\sim3$mm，即 $l_3 = l_{3'} + (2\sim3)$mm。

各段直径应与相匹配的零件毂孔直径一致，并最好采用标准值。为使零件安装时顺利进入配合段，各段直径呈阶梯变化。若没有定位和结构需要，轴径变化小一些可以有效防止应力集中，提高轴的疲劳强度。

2. 轴上零件的定位和固定

轴上零件的定位是指将其在轴上安装到位，轴上零件的固定是指工作时它们与轴之间相对位置保持不变。在轴的结构设计中往往采用相同的措施来实现轴上零件的定位。

（1）轴上零件的周向定位和固定：为使零件和轴一起转动并可靠地传递运动和动力，周向固定可以用普通平键或花键联接。当要求对中性好，并在振动条件下工作时，可用轴孔间的过盈配合$\left(\dfrac{H7}{r6}, \dfrac{H7}{s6}, \dfrac{H7}{u6}\right)$。也可两者同时采用。在载荷很小时，还可以采用紧定螺钉[图 10 –7（a）]或销钉[图 10 –7（b）]固定。

（2）轴上零件的轴向定位和固定：图 10 –6 中齿轮 7 右端为轴环固定，带轮右端和右轴承左端均为轴肩固定。图 10 –8 为轴肩与轴环结构细节，r 为轴肩或轴环圆角半径，从零件定位可靠和强度方面考虑，应保证 h 较 R 或 C 稍大；$r \approx (0.67 \sim 0.75)h$，$h \approx (0.07 \sim 0.1)d$，$b \approx 1.4h$ 或 $b \approx (0.1 \sim 0.15)d$，滚动轴承的定位轴肩直径 d_4 可查轴承手册中的安装尺寸 d_a 确定。

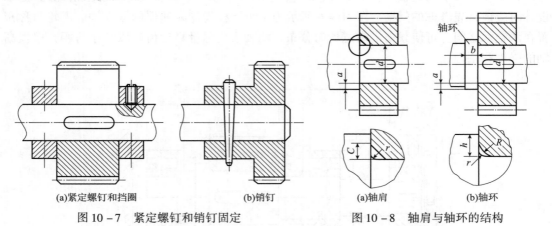

(a)紧定螺钉和挡圈　　　　(b)销钉　　　　　　(a)轴肩　　　　(b)轴环

图 10 –7　紧定螺钉和销钉固定　　　　图 10 –8　轴肩与轴环的结构

图 10 –6 中套筒 5 用于同时对左轴承和齿轮起固定作用，套筒常用于中间轴段，其结构简单，对轴无削弱，但会增加质量，长度也不宜过长，以免本身加工困难。也可以用图 10 –9 中的轴端挡圈、弹性挡圈或轴端挡板对零件作轴向固定。弹性挡圈和轴端挡板所能承受的轴向力较小。还可以用圆螺母对零件作轴向固定，它可以承受较大的轴向力。圆螺母多用细牙螺纹，以减小对轴的削弱。

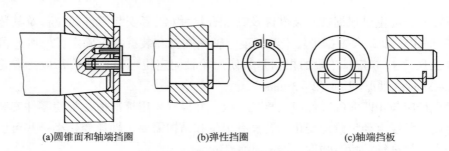

(a)圆锥面和轴端挡圈　　　　　(b)弹性挡圈　　　　　(c)轴端挡板

图 10 –9　圆螺母和弹性挡圈固定

轴上零件常用的轴上定位固定方法见表 10 –5。

表 10 –5　轴上零件的轴向定位固定方法

定位、固定方式	结构图形	应用说明
轴肩或轴环	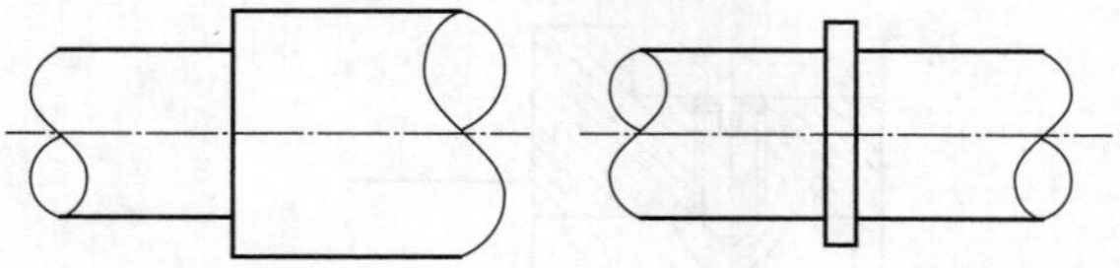	固定可靠，承受轴向力大
套筒	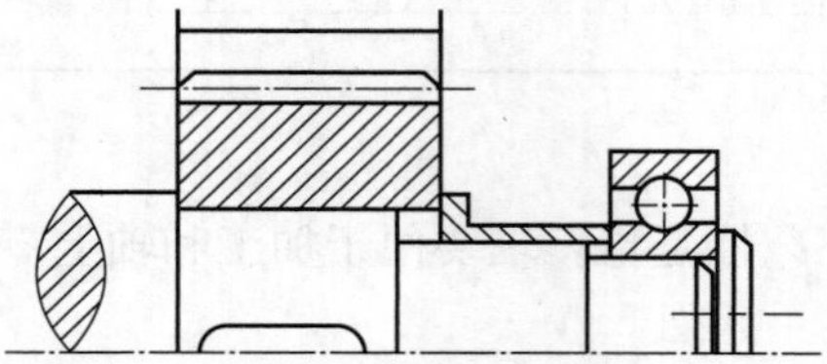	固定可靠，承受轴向力大，多用于轴上相邻两个零件相距不远的场合
锥面	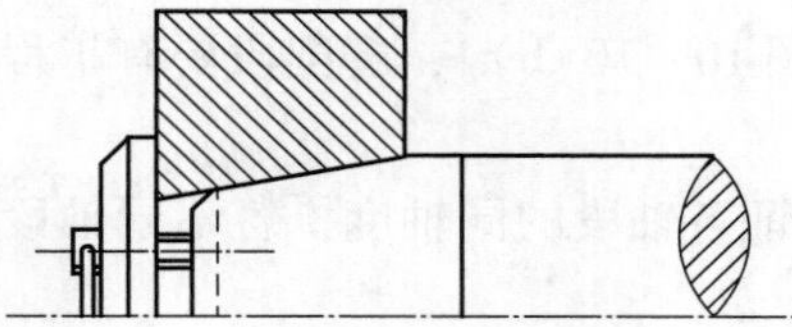	对中性好，常用于调整轴端零件位置或需经常拆卸的场合
圆螺母与止动垫片	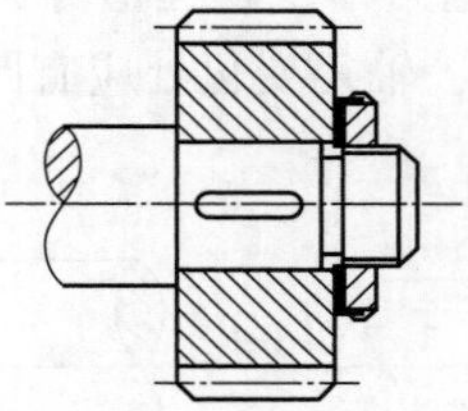	常用于零件与轴承之间的距离较大，轴上允许车制螺纹的场合
双圆螺母	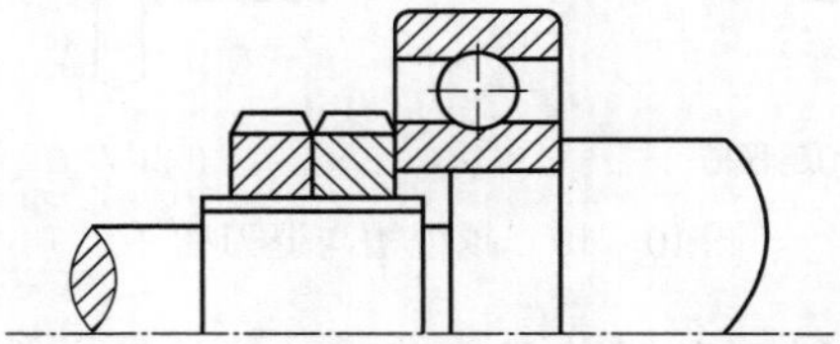	可以承受较大的轴向力，螺纹对轴的强度削弱较大，应力集中严重
弹性挡圈	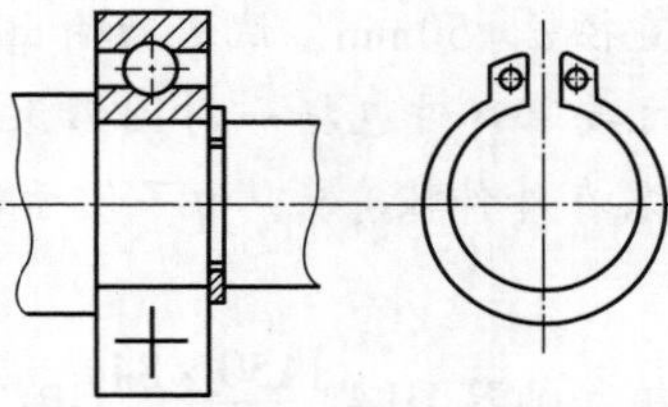	承受轴向力或不承受轴向力的场合，常用作滚动轴承的轴向固定
轴端挡圈	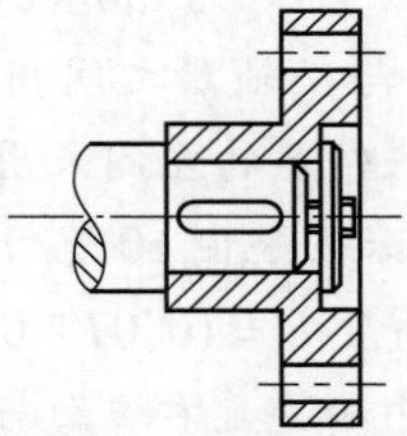	用于轴端零件要求固定的场合

续表

定位、固定方式	结构图形	应用说明
紧定螺钉	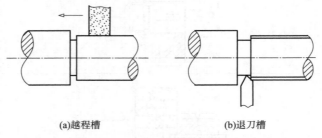	承受轴向力小或不承受轴向力的场合

3. 轴的结构工艺性

所谓轴具有良好的结构工艺性是指：轴要便于加工和轴上零件的装拆。一般有以下需要考虑的因素和处理方式：

（1）在保证定位的前提下，阶梯尽可能少以减少加工；

（2）螺纹轴段要有退刀槽[图10-10(b)]，磨削段要有越程槽[图10-10(a)]，并均应符合有关规范；

（3）轴两端应设工艺孔以保证各轴段的同轴度，若不同轴段均有键槽时，应布置在同一母线上，以便于装夹和铣削；

（4）轴上的键槽、圆角、倒角、退刀槽、越程槽等，应尽可能分别采用同一尺寸以便加工和检验，轴端要有倒角以便装配，轴径变化处应有圆角以减小应力集中。

（a）越程槽 　　　　　　（b）退刀槽

图10-10　越程槽与退刀槽

例题　已知某一化工设备中的输送装置平稳，工作转矩变化较小，其减速器为一级斜齿圆柱齿轮减速器，其输出轴的直径 $d=50$mm，试进行输出轴的结构设计。

按照工作要求，输出轴系的主要零部件包括一对圆锥滚子轴承、斜齿圆柱齿轮（对称布置在两支承中间）和联轴器（安装在外伸段）等。为了便于轴上零件的装拆，采用阶梯轴结构。

输出轴的外伸段选用弹性柱销联轴器 $HL4\dfrac{JA50\times84}{JA50\times84}$ GB/T 5014—2017。

因此外伸段长度为84mm，外伸段与联轴器之间用稍有过盈的过渡配合 H7k6 作径向定位，用 A 型平键联接做周向固定。联轴器的左侧采用轴肩做轴向定位。

密封段直径为60mm，符合密封件采用毡圈60FZ/T 92010—1991要求的轴径规范，而且满足对右侧联轴器的轴向定位轴肩高度 $h=(0.07\sim0.10)d=(0.07\sim0.10)\times50=3.5\sim5$mm 的要求。考虑轴承透盖的轴向尺寸和透盖右端面与联轴器左端面有一定的间隔，取该段长度为 66mm。安装斜齿轮的轴头段直径为 66mm，采用过盈配合 H7/r6 与轴头做径向定位，用 B 型平键联接做周向固定。左侧使用轴环做轴向定位和固定，右侧采用套筒实现与右轴承的轴向定位和固定。为保证斜齿轮的轴向定位可靠，取轴头段长度为 92（比斜齿轮宽度短 2mm）。

左、右两段轴颈上安装圆锥滚子轴承 30213（$d = 65mm$、$T \approx 25mm$、$d_{amin} = 74mm$、$a \approx 24mm$），根据轴承孔径取轴颈直径 65mm，根据轴承宽度取左轴颈长度 25mm，右轴颈长度为 47mm。根据 30213 轴承安装尺寸要求取轴环直径 76mm，同时满足斜齿轮左侧的轴向定位轴肩高度要求。轴承内圈与轴颈采用稍有过盈的过渡配合 k6，实现周向定位与固定，同时满足它们之间的对中要求。

根据斜齿轮宽度 94mm，轴承与箱体内壁之间间隔 5mm，斜齿轮端面与箱体内壁之间间隔 15mm，以及圆锥滚子轴承的支座反力作用点 $a \approx 24mm$，求出输出轴的支承跨度为 $l = 136mm$。同理求出右轴承支座仅力作用点到外伸段中点的距离为 132mm。

输出轴的结构设计简图如图 10-11 所示。

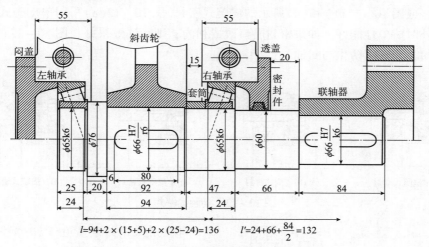

$$l = 94 + 2 \times (15+5) + 2 \times (25-24) = 136 \qquad l' = 24 + 66 + \frac{84}{2} = 132$$

图 10-11　输出轴的结构设计简图

10.4.2　轴系的结构设计

轴系的结构设计包括轴系零件的组合设计、回转构件的定位和固定方式设计，以及配合、装拆、调整、润滑与密封等。

1. 轴系零件的润滑与密封

轴系零件通常需要润滑的是齿轮与轴承。齿轮的润滑通常采用飞溅或喷淋的方式实现，因而轴系零件的润滑问题，更多的是轴承（尤其是滚动轴承）的润滑问题。也正因为轴承多装在轴系的两端，因此轴承端盖和密封又通常与轴承在轴上安装的结构和润滑问题相联系。

（1）轴系零件的润滑：齿轮和蜗杆蜗轮等啮合传动件的润滑，已经在有关的章节里介绍过。滑动轴承的润滑是通过自身的相应润滑结构来保证的。滚动轴承的润滑对轴承的正常运转起着非常重要的作用，只有润滑适当，才有可能减小磨损和摩擦，提高轴承的承载能力和使用寿命。此外，润滑还能起到降低工作温度和防锈的作用。选用润滑剂的主要考虑因素是：轴承的工作温度、载荷、转速、工作环境和尺寸大小。

当轴颈 d 与轴承工作转速 n 的乘积(速度因数)$dn \leqslant (2 \sim 3) \times 105 mm \cdot r/min$ 时，一般用润滑脂，填充量不超过轴承空间的 $1/3 \sim 1/2$，装脂不足或过多，都会引起摩擦发热而影响轴承的正常工作。

当轴承在较高的转速和工作温度下，或者在轴承附近有方便的润滑油来源时，应采用油润滑。油润滑较脂润滑摩擦阻力小，具有冷却和清洗作用，可采用飞溅、浸油、喷油等方法。通常情况下，轴承载荷大、工作温度高时选用黏度大的润滑油；反之，选用黏度小的润滑油。在用浸油润滑时，油面高度不应超过最低滚动体的中心，以免产生过大的搅油损耗和发热。

(2)轴系零件的密封：密封的目的是防止灰尘、水分和其他杂质侵入轴承内部和传动件的啮合面中，以及防止润滑剂流失。按密封的方法不同，分为接触式密封和非接触式密封。接触式密封用于接触处线速度 $v < 5m/s$ 的情况下，使用图 10 - 12(a)和(b)所示的毡圈式密封，或图 10 - 12(c)和(d)所示的皮碗式密封[图 10 - 12(c)采用单皮碗式密封，密封唇口朝外时防尘性能好，如果密封唇口改成朝内，则封油效果好；图 10 - 12(d)采用双皮碗式密封，兼顾了防尘与封油]。

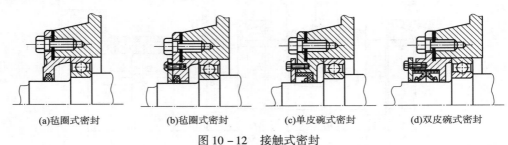

(a)毡圈式密封　(b)毡圈式密封　(c)单皮碗式密封　(d)双皮碗式密封

图 10 - 12　接触式密封

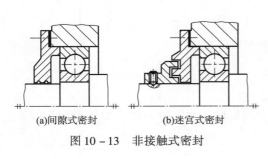

(a)间隙式密封　(b)迷宫式密封

图 10 - 13　非接触式密封

非接触式密封装置在工作过程中不与运动件接触，避免了轴颈与密封件之间的摩擦、磨损和发热，适用于高速工作环境。常用的有间隙式和迷宫式两种。间隙式密封通过在轴颈与轴承盖之间设计较长的环状间隙(0.1 ~ 0.3mm)并填满润滑剂来达到密封的目的[图 10 - 13(a)]，这种方式适用于脂润滑和低速油润滑。迷宫式密封是通过在旋转件与固定件之间构成迂回曲折的小缝隙来实现密封的[图 10 - 13(b)]。缝隙中填满润滑剂，对油和脂均有良好的密封效果，允许圆周速度可达30m/s，密封可靠，但结构复杂。

2. 轴系的轴向定位和固定

为保证各零件的位置不产生轴向窜动，轴系须进行轴向定位；同时，还要预留适当的轴向间隙，以保证当工作温度变化时，轴系能自由伸缩。轴系部件是依靠轴承在支座上的支承结构实现轴向与周向支承定位的。

典型的轴系轴向定位和固定方式有三种。

（1）两支点单向固定支承：即两端轴承各限制一个方向的轴向位移，对于整个轴系而言，两个方向都受到了轴向定位。图 10-14(a)中深沟球轴承和图 10-14(b)中圆锥滚子轴承是在两端由轴承盖顶住外圈实现轴向定位的，但在一端留有间隙 $\Delta = 0.25 \sim 0.4\text{mm}$ 以补偿受热增长，而间隙的大小由调整垫片的厚度加以保障。这种支承结构简单，安装调整方便，适用于跨距不大(400mm 以下)和工作温度变化不大的轴。

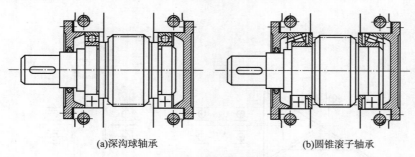

(a)深沟球轴承　　　　　　　　(b)圆锥滚子轴承

图 10-14　两支点单向固定支承

（2）单支点双向固定支承：这种支承形式如图 10-15 所示，一个支承的轴承内、外圈双向固定，另一个支承的轴承可以轴向游动。适用于温度变化大和跨距大的轴。图 10-15(a)中的左端安装了一对双向固定的角接触球轴承，可以承受双向轴向载荷，右游动端采用圆柱滚子轴承，虽然它的内圈和外圈两边都固定，但是滚子与内圈一起可以与外圈内表面之间作双向轴向相对移动。图 10-15(b)中的右游动端轴承外圈两端面均无约束，其外圈与孔座是间隙配合。

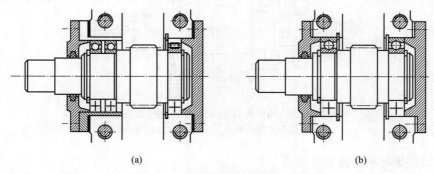

(a)　　　　　　　　　　　　　(b)

图 10-15　双单支点双向固定支承

（3）双支点游动支承：图 10-16 所示的人字齿轮主动轴采用两端游动支承。由于齿轮两侧轮齿的螺旋角不易加工得完全对称，为了补偿啮合误差，两端轴承采用圆柱滚子轴承，其固定方式同图 10-15(a)中的右端游动支承。为了使该轴系在箱体中有固定的位置，与其啮合的另一轴系则必须两端固定。在人字齿轮传动中，这种支承结构可使轮齿受力均衡，简化安装。

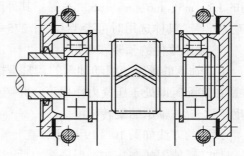

图 10-16　双支点游动支承

3. 轴系的轴向位置调整

在一些机器部件中，轴上某些零件要求工作时能通过调整达到正确的轴向位置。如图 10 – 17 中，应使圆锥齿轮副的锥顶重合[图 10 – 17(a)]，或使蜗轮的中间平面通过蜗杆的轴线[图 10 – 17(b)]。在图 10 – 18 中，圆锥齿轮传动的小圆锥齿轮轴系组合部件采用了套杯结构，一对圆锥滚子轴承是正装，套杯与轴承座之间的垫片 1 用以调整圆锥齿轮的轴向位置，以保证圆锥齿轮副的分度圆锥顶点重合；轴承盖和套杯之间的垫片 2 用来调整轴承间隙。

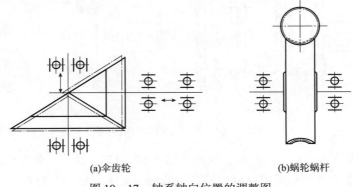

(a)伞齿轮   (b)蜗轮蜗杆

图 10 – 17　轴系轴向位置的调整图

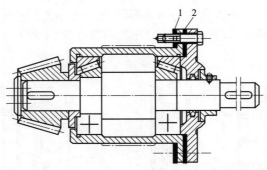

图 10 – 18　圆锥齿轮轴承组合轴向位置的调整

1—轴向位置调整垫片；2—轴承间隙调整垫片

4. 滚动轴承与轴和座孔的配合

滚动轴承是标准件，一般其内圈随轴颈转动，内圈与轴采用较紧的基孔制配合，如常用的 k5、m5、m6、n6、p6、r6 等；其外圈与座孔采用较松的基轴制配合，如常用的 H7、G7、J7 等。具体选用时可参考 GB/T 275—2015《滚动轴承　配合》。

5. 轴系零件的预紧和装拆

（1）轴承的预紧：滚动轴承的预紧是指在轴承安装时，采用结构措施使滚动体和套圈滚道在装配时即处于压紧力作用下，并产生预变形。预紧可消除轴承内部间隙，提高轴承的刚度，提高轴承的旋转精度。

预紧的方法如图 10 – 19 所示，在一个支承点上成对安装方向相反的角接触轴承，就是一种广泛使用的办法。为保证受力后产生轴向预变形，可在两轴承的内圈或外圈之间加间隔衬垫，如图 10 - 19(a)预留间隙 Δ (可以控制预紧量的大小)，使安装后的轴承内、外圈之间产生轴向位移。图 10 - 19(b)则利用加装蝶形弹簧以获得稳定的预紧力。

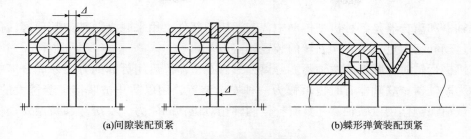

(a)间隙装配预紧   (b)蝶形弹簧装配预紧

图 10 - 19 轴承的预紧方式

(2)轴系零件的装拆：轴系的结构设计中应考虑怎样有利于轴上零件的安装和拆卸，以便在装拆过程中不损坏轴和轴上的其他零件。轴上的齿轮一般用压入或热配方式套入，套筒等一般均为过渡配合，安装较为容易。

滚动轴承的装拆原则是不允许通过滚动体传递装拆压力，即装拆内圈时施加的装拆压力必须直接作用于内圈，而装拆外圈时施加的装拆压力必须直接作用于外圈，以防止损坏轴承。图 10 - 20 所示是常见的滚动轴承的安装方法。用压力机通过装配管给轴承的内圈或外圈施压，将轴承压套到轴颈上，或将轴承压套到轴承座孔内。对于精度要求较高或尺寸较大的轴承，可将轴承放入 80 ~ 100℃ 的热油中预热后安装。

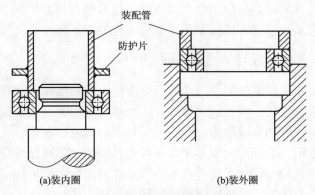

(a)装内圈   (b)装外圈

图 10 - 20 滚动轴承的安装

拆卸轴承一般采用压力机或勾爪器等拆卸工具。为了便于拆卸滚动轴承，应在轴承的装拆位置留有足够的拆卸高度 h(h 值不得小于内圈或外圈高度的 $1/3 ~ 1/2$，或根据手册中规定的安装尺寸确定)，或在箱体上加工出拆卸螺钉用的螺孔(图 10 - 21)。

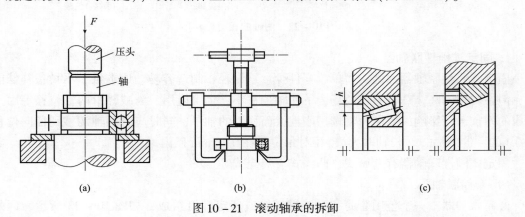

(a)   (b)   (c)

图 10 - 21 滚动轴承的拆卸

10.5　联轴器、离合器和制动器

联轴器和离合器是各种机械传动中普遍运用的部件，用来联接两轴或其他回转件，是在传动运动和动力过程中一同回转的装置。

在机械运转时，联接的两轴不能分离，只有在机器停后用拆卸的方法才能分离的联接装置称为联轴器。联轴器有时也可作为一种安全装置，用以防止被联接承受过大的载荷，起到过载荷保护作用。联轴器还具有补偿两轴相对位移的能力，有缓冲和减振安全保护等功能。

在不停机的情况下，机器运转过程中，通过各种操纵方式，具有将在同轴线上传递运动和动力的两轴随时接合或分离功能的装置，称为离合器。通过离合器可实现机器传动系统的相对起动或停止，改变传动比，使传动件之间相互同步或超越运动，同时离合器还可作为起动或过载时的控制传递转矩大小的安全保护装置。

制动器是用于机构或机器减速或使其停止的装置，亦可用作调节或限制其运动速度，它是保证机构或机器正常安全工作的重要部件。

10.5.1　联轴器

根据联轴器使用性能可分为刚性联轴器和挠性联轴器。刚性联轴器由刚性零件组合而成，要求被联接的两轴中心线严格对中，无缓冲减振能力，没有补偿的性能。

联轴器所联接的两轴由于制造和安装的误差、受载零件的变形、机座下沉及热变形等原因，引起两轴线不能保证对中，即产生不同程度的相对偏移与位移。这种偏移与位移只能靠挠性联轴器元件或靠弹性元件的弹性变形来补偿。挠性联轴器具有一定的位移补偿能力，能适应两轴之间相对位移的变化，从而避免了两轴引起的附加应力，它还具有减振与缓冲的能力。两轴可能出现的偏移形式如图 10－22 所示。

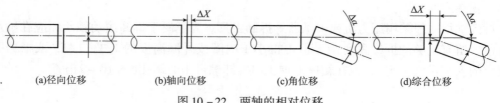

(a)径向位移　　　(b)轴向位移　　　(c)角位移　　　(d)综合位移

图 10－22　两轴的相对位移

1. 固定式刚性联轴器

固定式刚性联轴器的结构简单、零件少、重量轻、制造容易、成本低，不具备补偿能力，但在转速不高、载荷平稳的场合下两轴偏移小，仍可应用。为减轻由两轴位移等因素造成的附加载荷影响，要求两轴选用刚性大而稳固的轴承，同时应将两轴调整到径向位移为 0.002～0.05mm，（长轴取大值）相对角位移在 0.05mm 以内。

固定式刚性联轴器有套筒式、凸缘式、夹壳式等。

（1）套筒联轴器

套筒联轴器由一个公用套筒和联接键销钉或紧定螺钉组成，如图 10－23 所示，但是联接器装拆不方便，轴必须作较长的轴向移动。
所以这种联轴器适用于轴的对中性好、低速、
无冲击、安装精度高的场合，套筒常用 45 号钢
制造。

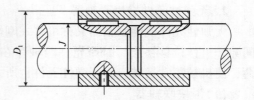

图 10 - 23　平轴套筒联轴器

（2）凸缘联轴器

凸缘联轴器是固定式刚性联轴器中应用最
广泛的一种，装拆较方便，传递转矩大，工作
可靠，可以联接两种不同直径的轴。两轴联接对中常用三种办法：图 10 - 24（a）所示为利
用铰制孔螺栓对中，这种螺栓联接是依靠螺栓与螺栓孔壁之间挤压来传递转矩，能提高传
递能力；图 10 - 24（b）所示为凹凸榫对中，这种凸缘加工不方便，装拆时需沿轴向移动，
对中精度高，靠预紧螺栓在凸缘接触表面产生的摩擦力传递转矩；图 10 - 24（c）所示为用
一对剖分环对中，装拆时无须沿轴向移动，后两种凸缘联轴器可采用铰制孔螺栓联接，保
证两轴的同轴度。

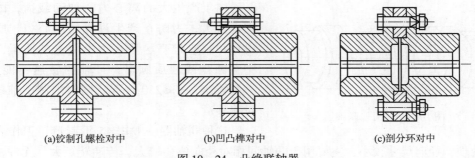

(a)铰制孔螺栓对中　　　　　　　(b)凹凸榫对中　　　　　　　(c)剖分环对中

图 10 - 24　凸缘联轴器

（3）夹壳联轴器

夹壳联轴器由沿轴向割分的两半筒形联轴器（夹壳）和螺栓组成（图 10 - 25）。通过拧
紧螺栓使夹壳夹紧两轴。并依靠夹壳和轴表面之间的摩擦力来传递转矩。其特点是装拆方
便，无须沿轴向移动，但夹壳联轴器只能联接轴径相同的两轴，其缺点是不易平衡，高速
时产生的离心力会降低夹紧表面的摩擦力，从而降低转矩，故一般只用于低速和立轴方向
转动的轴系。

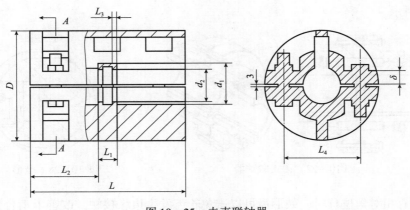

图 10 - 25　夹壳联轴器

2. 无弹性元件挠性联轴器

无弹性元件挠性联轴器又称可移式刚性联轴器，它是利用自身具有相对可动的元件或间隙，可作位移补偿。因而允许两轴存在一定的相对位移，不致引起承受很大的附加载荷，使机械正常运转。因无弹性元件，所以这类联轴器没有缓冲和减振的功能。

（1）滑块联轴器

滑块联轴器是由两个端面带凹槽的半联轴器Ⅰ、Ⅲ和一个两面具有十字交叉凸榫的中间圆盘（或方形滑块）所组成。如图 10 – 26 所示，安装时中间圆盘的凸榫分别嵌入左、右两半联轴器的凹榫中，两半联轴器分别与两轴固定联在一起。在机械工作时，中间圆盘上的凸榫可在两端半联轴器的凹槽内滑动，以实现两半联轴器的联接，并获得补偿两轴相对位移的能力。

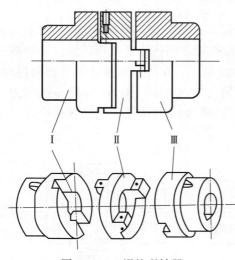

图 10 – 26 滑块联轴器

由于产生大的离心力附加动载荷，因此磨损也就大。为防止产生过大的离心力，所以在设计和制造时要尽量减小中间盘的质量，采取中空圆盘或轻质圆盘，且轴的转速不能太高，一般转速为 $n < 250\text{r/min}$。同时限制了轴线的相对偏移量。

这种联轴器一般用 45 钢制造，工作表面进行热处理，径向尺寸较小，主要用于两轴间相对径向位移较大、传递转矩大、无冲击、低速传动、要求不高的轴系中。

（2）齿式联轴器

齿式联轴器是在可移式刚性联轴器中应用最为广泛的一种，齿式联轴器一般由两个外齿轮轴套和两个内齿圈的外套组成，其中两个外齿轮轴套通过键分别与两轴相联接，两个齿圈的外套用螺栓互相联接，如图 10 – 27 所示。齿式联轴器是由一个外齿轮轴套和一个内齿圈啮合，内齿圈固定在凸缘半联轴器上。两个半联轴器同样用键分别与轴联接。为了使齿式联轴器具有良好的补偿两轴综合位移的能力，将外齿轮的轮齿面做成鼓形齿面，如图 10 – 28 所示。

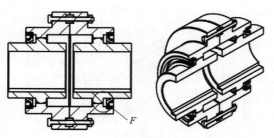

图 10 – 27 齿式联轴器

局部视图 F

图 10 – 28 鼓形齿面

当两轴有相对角位移时，鼓形齿可以避免轮齿发生边缘接触，改善了啮合面上压力分布的均匀性。并可增加许用角位移。一般角位移 $\alpha \leqslant 30'$，采用鼓形齿时，允许角位移 $\alpha \leqslant$ 3°，如图 10 – 29 所示。齿式联轴器承载能力大，在高速重载下可靠地工作，具有较强的位移补偿能力(一般允许径向位移 $y \leqslant 0.4 \sim 6.3\,mm$)。该联轴器易安装，常用于启动频繁、正反转变化多的设备中。如起重机械、轧钢机等重型机械和高速大功率的透平机械、汽轮机、透平压缩机等。但是这种联轴器制造困难、要求精度高，所以成本较高，现在已多种列入标准化。

图 10 – 29　齿形联轴器两轴相对位移

（3）万向联轴器

图 10 – 30 所示为十字销万向联轴器，它具有允许两轴间大角位移的特点，两轴间的角度偏移最大可达 35° ~ 45°，而且在运转过程中可以随时改变两轴的轴间角。它是由两个叉形零件、一个十字形零件和轴销等组成。

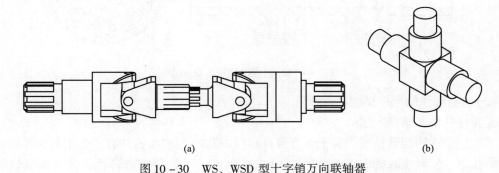

(a)　　　　　　　　　　　　(b)

图 10 – 30　WS、WSD 型十字销万向联轴器

由图 10 – 30 可知，交叉形零件与轴销之间构成可动铰链联接，允许两轴有较大的角偏移，其缺点是两轴不在同一轴线时，主动轴以定角速度 ω_1 回转，而从动轴角速度 ω_2 将在 $\omega_1\cos\alpha \sim \omega_1/\cos\alpha$ 内作周期性变化，因而在传动中引起附加动载荷。从动轴上的零件转动惯量越大，即所产生的附加载荷也就越大，因此万向联轴器一般成对使用，如图 10 – 30 (b)所示，并且使轴的两个叉子位于同一平面内，主、从动轴与中间轴之间所形成的夹角 α 亦必须相等。这样主、从动轴的角速度亦随时相等，从而避免附加载荷的产生。十字销式万向联轴器因具有传动效率高的优点，故得到广泛应用，如汽车、拖拉机、轧钢机、金属切削机床等，已列入 JB/T 5901—2017《十字销万向联轴器》。

3. 弹性元件挠性联轴器

弹性元件挠性联轴器就是利用弹性元件的弹性变形来补偿两轴的相对位移。因可动元件之间的间隙小，能缓和冲击，减轻振动，并能改善传动装置的动态特性，所以其特别适宜于需要经常启动或逆转传动的轴系。

弹性联轴器的减振性能主要取决于弹性元件的材料和结构。弹性元件所能储存的能量越多，则联轴器的缓冲能力越强，元件的弹性滞后性能越好，联轴器的消振能力也越强，因此在启动频繁、变载荷、高速运转，两轴又不能严格对中的场合，应用弹性联轴器最好。弹性元件有以金属材料为元件和以非金属材料为元件两种。弹性元件主要是各种弹簧，其特点是强度大、传动载荷能力大、尺寸小、寿命较长。非金属弹性元件的材料主要有橡胶、尼龙和聚氨酯等工程塑料，弹性模量低，弹性变形量大，可得各向异性弹性的特性，有弹性滞后特性，因此消振能力强、缓冲性能好，而且重量轻、价格便宜。

（1）金属弹性元件膜片联轴器

弹性阻尼膜片联轴器由若干沿径向辐射状分布的膜片片组构成，如图 10 - 31 所示。各片长度从中部向两侧对称地逐渐缩短，传递转矩时，组成可动联接，有振动时，簧片弯曲变形，即增加阻尼达 0.5 ~ 0.9。其特点是：弹性高、阻尼大、传递转矩能力大、结构紧凑、工作可靠、使用寿命长，适宜于载荷变化大、有扭转振动的轴。

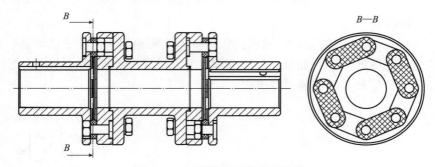

图 10 - 31　弹性阻尼簧片联轴器

（2）非金属弹性元件挠性联轴器

①弹性柱销联轴器

弹性柱套联轴器就是利用若干非金属材料（如尼龙）等制成的柱套，置于两半联轴器凸缘上的孔中，使两半联轴器联接，如图 10 - 32 所示。因柱套富有弹性，并与半联轴器上的柱销孔有间隙，所以具有很好的位移补偿能力和缓冲消振能力。其制造方便、耐久性好，适用于轴向窜动大，有正、反转，启动频繁的轴系。

②轮胎式联轴器

轮胎式联轴器其结构就是利用外形呈轮胎状的橡胶元件与金属板硫化黏结在一起，再用螺栓与两半联轴器联接在一起，如图 10 - 33 所示。

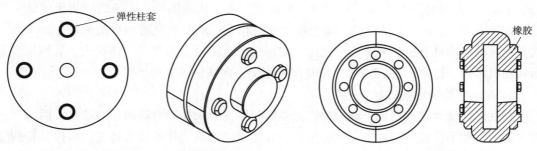

图 10 - 32　JFI 型弹柱套联轴器　　　　图 10 - 33　轮胎式联轴器

轮胎式联轴器的优点是具有很高的柔度、阻尼大、补偿两轴位移量大、结构简单、制造成本低，相对扭转角 $\phi = 60° \sim 30°$。其缺点是随扭转角的增加，在两轴上会产生相当大的附加轴向力，在高速下运转时，由于外径扩大会引起轴向收缩而产生较大的轴向拉力，为消除这些不利因素，则需要保持一定量的轴向预压缩变形。

③梅花形弹性联轴器

将梅花形弹性元件置于半联轴器凸爪之间以实现两半联轴器的联接，如图 10 – 34 所示。联轴器工作时，沿转动方向嵌在主动至从动凸爪之间的弹性体(瓣)传递转矩。梅花形弹性元件的材料以聚氨酯橡胶为主，具有高的弹性和耐磨性，且耐冲击、耐油性好。

梅花形弹性联轴器的特点是结构简单、零件少，这种联轴器只适用于对减振、缓冲、补偿性要求不高的中小功率传动轴系。

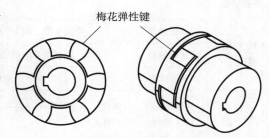

梅花弹性键

图 10 – 34　IM 型梅花形弹性联轴器

4. 联轴器类型型号的选择

联轴器大部分已标准化，选用者应根据使用要求，如机械机构类型、要求传递工作情况、计算转矩、工作转速、轴径、伸出轴头、被联接的两轴最大位移量等和工作条件来确定选用类型和规格。各类联轴器的主要特点及应用见表 10 – 6，具体在选择时应考虑以下几点。

(1)机械类型和传动系统的配置情况，如原动机和工作机的类型、传动系统的质量和转动惯量的大小、传动系统的外形尺寸、装拆空间、所联接轴的位置、联接轴的配合要求孔形和平衡要求。

(2)所需传递转矩的大小和性质及对缓冲消振方面的要求。在稳定的工作情况下，所运转的最大转矩和转矩的时间特性，如对大功率的重载传动，可选用齿式联轴器；对载荷变化大，有严重冲击载荷和要求消除轴系扭转振动的传动，同轴度不易保证的轴系，可选用有弹性元件的挠性联轴器，如橡胶金属环联轴器、轮胎式联轴器。

(3)联轴器的工作转速高低及其引起的离心力大小。对于高速传动轴，宜选用平衡精度高的联轴器，如载荷大的机器，宜选用重量轻、转动惯量小的联轴器；正反转变化多、启动频繁，又有较大的冲击载荷，两轴又易对中的轴系，则应选用无弹性元件的挠性联轴器。

(4)两轴相对位移的大小和方向。当安装调整后，难以保持两轴严格精确对中，或工作过程中两轴产生较大的附加相对位移时，应选用挠性联轴器，如当径向位移较大时，可选用滑块联轴器；角位移较大或相交两轴的联接，可选用万向联轴器等。

(5)联轴器的可靠性、使用寿命和工作环境。通常由金属元件制成的无须润滑的联轴器比较可靠，而需要润滑的联轴器使用寿命较长。含有橡胶等非金属元件的联轴器对温度、油类腐蚀性介质有敏感性，但容易老化。

(6)对联轴器在满足使用性能的前提下，必须考虑制造、安装、维护、装拆等因素。成本最低的联轴器(如刚性联轴器)，一般非金属弹性元件联轴器(如弹性套柱销联轴器、梅花弹性联轴器等），由于其具有良好的综合性能，故适用于中小功率传动轴系。

表 10 - 6   各类联轴器的主要特点及应用

类型		特点	应用场合
固定式刚性联轴器	凸缘联轴器	结构简单、不允许有位移、传递转矩大	载荷平稳、严格对中
可移式刚性联轴器	齿式联轴器	结构复杂、良好综合位移补偿	重载
	滑块联轴器	结构简单、综合位移补偿	中载、低速
	万向联轴器	结构复杂、大角度位移	相交轴线
弹性联轴器	弹性套柱销联轴器	弹性好，较大轴向位移补偿、微量的径向位移、角位移补偿	频繁起动，正、反转，轴向窜动较大，载荷较平稳
	弹性柱销联轴器	弹性较好，较大轴向位移补偿、微量的径向位移、角位移补偿	频繁起动，正、反转，轴向窜动大，载荷较平稳
	轮胎联轴器	弹性好、补偿位移强、减振强	频繁起动，正、反转，大转矩，冲击大，潮湿多尘

10.5.2　离合器

1. 离合器的特点和分类

离合器是利用各种操纵方法来实现主、从动部分在同轴线上传递运动和动力，具有接合或分离功能的装置。按原动机、工作机各部件间工作的要求，离合器实现启动和停止，改变传动件的工作状态、传动比，还可用作控制传递转矩的大小，以达到安全保护作用。

对离合器的要求：

（1）离合迅速，平衡无冲击，分离彻底，动作准确可靠，利用离合器联接的两个轴必须保持同轴线。

（2）结构简单，质量小，惯性小，工作安全，效率高，体积小。

（3）接合元件耐磨性高，使用寿命长，散热条件好。

（4）操作方便、省力，制造容易，调整维修方便，成本低。

2. 离合器的类型与应用

离合器的类型可查阅 GB/T 10043—2003 离合器分类，离合器按接合元件传动工作原理可分为牙嵌式离合器和摩擦式离合器；按离合过程的动作可分为操纵式离合器和自控式离合器。操纵式又分为机械式、气压式、液压式。机械离合器利用杠杆等机构直接操纵接合元件，使离合器结合分离。中小型离合器可用人力操纵，操纵力在 80 ~ 160N。脚踏板操纵力一般在 100 ~ 200N，行程均为 100 ~ 150mm。

（1）牙嵌式离合器

图 10 - 35 所示为牙嵌式离合器的典型结构。通过离合板 7、鼓套 4、鼓轮 2 的相互作

用实现动力的传递与分离，弹簧可以起到很好的缓冲作用，减少设备的振动。

（2）摩擦式离合器

摩擦式离合器是靠工作面上的摩擦力来传递转矩，摩擦元件上的压力是靠各种机构产生的，常用的有弹簧和杠杆机构，远距操纵的离合器则用液压、气压或电磁装置等。摩擦式离合器的工作面可做成圆盘形、圆锥形等，圆盘摩擦式离合器又分为单盘式和多盘式两种，如图 10 - 36 所示。

在图 10 - 36（a）中，半离合器 1 与主动轴圆定联接，而另一半离合器 2 可

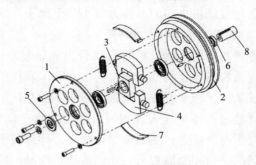

图 10 - 35　两轮离合器
1—离合器盖；2—鼓轮；3—轮毂；4—鼓套；
5—盖板；6—保持环；7—离合板；8—输入轴

在从动轴上滑动，当用力 Q 压紧两半离合器时，两轴就接合，靠其接合产生摩擦力而传递转矩。图 10 - 36（b）所示为两组摩擦片，滑环 6 通过压块 4 压紧摩擦片，所有摩擦片受到压紧力 Q 的作用，传递转矩。

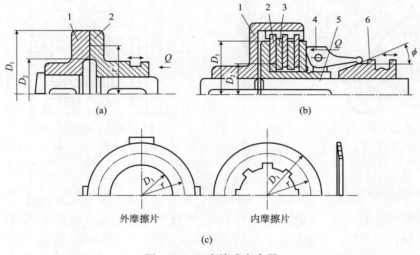

(a)　　　　　　　(b)

(c)

图 10 - 36　摩擦式离合器

摩擦式离合器与离嵌合式离合器相比，其优点在于：在任何速度下，两轴都可以接合或分离，接合过程平稳，冲击、振动较小；从动轴的加速度时间和所传递的最大转矩可以调节，从动轴转速总是小于主动轴的转速，因而内、外摩擦片之间就有相对滑动产生，必须消耗功率，并引起摩擦片的磨损和发热，温度升高时会引起摩擦因数的改变，甚至导致摩擦片的胶合、塑性变形。因此，钢制摩擦片，应限制其表面温度不超过 300 ~ 400℃，而整个离合器的平均温度不高于 100 ~ 120℃。

（3）手动汽车离合器

手动汽车离合器如图 10 - 37 所示。飞轮 3 与动力源内燃机直接连接，当离合器踏板未踩下时，离合器压盘与发动机之间存在一定的摩擦力，可以将发动机的动力传递给变速

器。而当离合器踏板踩下时，离合器压盘受到驱动离合器压盘主缸的压力，从而使得离合器压盘与发动机之间的摩擦力减小甚至消失，实现发动机与变速器的分离。

（4）磁粉离合器

磁粉离合器借助磁粉间的结合力和磁粉与工作面间的摩擦力来传递转矩。图 10 – 38 所示为磁粉离合器的原理图，与主动轴 1 联接的主动件 3 为一圆柱形的壳体，从动轴 8 与转子 6 联接，转子上嵌有激磁线圈 4，在转子与壳体之间的同心环形间隙中，充填着磁粉。当电流经过滑环 9 通入线圈时，产生垂直于间隙的磁通，于是磁粉被磁化聚集形成磁粉链，产生磁联接力，使磁粉黏度增大，导致转子和壳体间的刚性联接。这样，动力就由磁粉层间的磁力和摩擦力从主动轴传至从动轴。线圈断电后，磁粉去磁恢复为松散状态，并在离心力的作用下，将磁粉甩向壳体内壁，在转子与磁粉间形成一定的间隙，此时磁粉就失去了传递转矩的作用，离合器脱开。

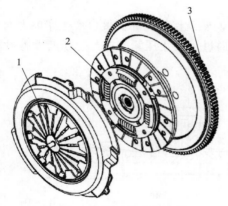

图 10 – 37　手动汽车离合器
1—压盘；2—摩擦片；3—飞轮

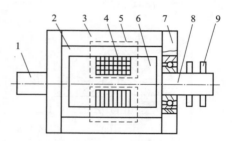

图 10 – 38　磁粉离合器
1—主动轴；2—磁粉；3—主动件；4—线圈；
5—磁路；6—转子；7—端盖；8—从动轴；9—滑环

磁粉离合器按线圈的运动状态有滑环式和无滑环两类；按工作表面的形状则有圆柱形、圆筒形和圆盘形三种，如图 10 – 39 所示。圆柱形的结构尺寸和转动惯量比较大，但强度高，磁粉分布均匀，性能稳定，可用于传递转矩大的传动轴系。圆筒形结构从动部分的转动惯量和外形尺寸都较小，但磁粉在两层工作间隙间的分布受到离心力影响，其均匀性和分散性都较差，适合要求动作灵敏度较高的传动系统。圆盘形结构加工方便，可用在转矩较小的场合以及接合频率高的传动系统，可延长其寿命。

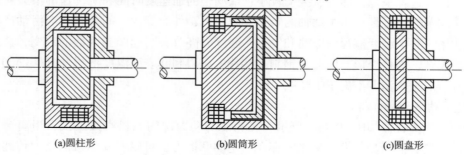

(a)圆柱形　　　　　　　　(b)圆筒形　　　　　　　　(c)圆盘形

图 10 – 39　磁粉离合器的几种结构形式

磁粉离合器的特点：

①转矩随激磁电流呈线性变化，转矩控制范围广，控制精度高，输出转矩与转速无关，可在主、从动轴转速同步或有转速差的条件下工作。

②接合平稳、动作迅速、响应快、控制功率小（约为输出功率的 1%），而且传递转矩大。

③从动部分转动惯量小、结构简单、质量小、噪声小。

④具有恒转矩特性及过载保护作用。

磁粉离合器主要用于接合频率高，要求接合平稳，需要调节起动时间，或过载时能起安全保护作用及要求自动调节转矩、转速和保持的恒转矩的传动系统中。

（5）自控式离合器

根据机器运转参数的改变能自动完成接合和分离动作的离合器称为自控式离合器，常用的自控式离合器可分为以下三类。

①安全离合器。当载荷超过一定数值时，能自动分离，载荷恢复正常后又能自动接合，断续传递动力，有防止系统过载的安全作用。

②定向离合器(亦称超越离合器)。根据主、从动轴间的相对速度差的不同，实现分离、接合，或只按一个转向传递转矩，反向自动分离，停止传递。

③离心离合器。当轴的转速到达某一定值时，靠离心力自动分离或自动接合。

3. 离合器的选择及应用

离合器的型式很多，大部分已标准化，在选用时可从机械设计手册或有关使用说明书中查找选用。

在选择离合器时，根据机器工作的特点和使用要求，按各类离合器的性能特点，首先确定离合器的类型，然后可根据机器的要求和参数及两轴的直径，计算出设计计算转矩和主、从动轴转速，在手册中查出适用的型号、规格，在必要时，对主要件进行承载能力的核算、分析、比较，最后再决定具体选用的类型。

10.6　过程装备中轴系零部件的应用

10.6.1　搅拌釜中搅拌轴的设计

搅拌釜(图 10 - 40)中的搅拌轴是与传动装置的传动轴和搅拌装置的搅拌器相连接的、用于传递动力的构件。搅拌轴常采用圆截面实心轴和空心轴；材料一般用 45 优质碳素钢，要求不高的场合也可以用 Q235 钢。搅拌轴结构如图 10 - 41 所示。

设计搅拌轴时，应考虑四个因素：①扭转变形；②临界转速；③扭矩和弯矩联合作用下的强度；④轴封处允许的径向位移。考虑上述因素计算所得的轴径是指危险截面处的直径。确定轴的实际直径时，通常还得考虑腐蚀裕量，最后把直径圆整为标准轴径。

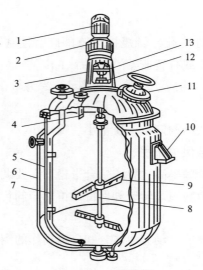

图 10 - 40 搅拌釜

1—电机；2—减速机；3—机座；4—加料管；5—内筒；6—夹套；7—出料管；
8—搅拌轴；9—搅拌桨；10—支座；11—人孔；12—轴封装置；13—联轴器

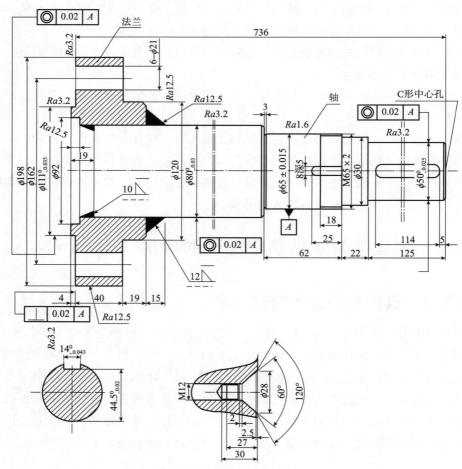

图 10 - 41 搅拌轴零件图

1. 搅拌轴的力学模型

对搅拌轴设定：①刚性联轴器联接的可拆轴视为整体轴；②搅拌器及轴上的其他零件(附件)的重力、惯性力、流体作用力均作用在零件轴套的中部；③除轴受的扭矩作用；还考虑搅拌器上流体的径向力以及搅拌轴和搅拌器(包括附件)在组合重心处质量偏心引起的离心力的作用。因此将悬臂轴和单跨轴的受力简化为如图 10 – 42(悬臂轴)和图 10 – 43(单跨轴)所示的模型。图中 a 指悬臂轴两支点之间距离；D_j 指搅拌器直径；F_e 指搅拌轴及各层圆盘组合重心处质量偏心引起的离心力；F_h 指搅拌器上流体径向力；L_e 指搅拌轴及各层圆盘组合重心离轴承(对悬臂轴为搅拌侧轴承，对单跨轴为传动侧轴承)的距离。

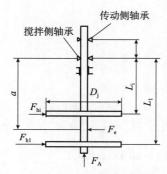

图 10 – 42　悬臂轴受力模型

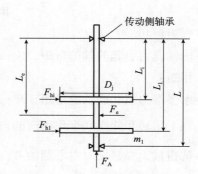

图 10 – 43　单跨轴受力模型

2. 搅拌轴的轴径计算

(1)按扭转变形计算搅拌轴的轴径(刚度问题)

搅拌轴受扭矩和弯矩的联合作用，扭转变形过大会造成轴的振动，使轴封失效，因此应将轴单位长度最大扭转角 γ 限制在允许范围内。轴扭矩的刚度条件为

$$\gamma = \frac{583.6 M_{nmax}}{G d^4 (1 - \alpha^4)} \leqslant [\gamma] \tag{10 – 17}$$

式中　d——搅拌轴直径，m；

　　　G——轴材料剪切弹性模量，Pa；

　M_{nmax}——轴传递的最大扭矩，$M_{nmax} = 9553 \dfrac{P_n}{n} \eta$，N·m；

　　　n——搅拌轴转速，r/min；

　　P_n——电机功率，kW；

　　　α——空心轴内径和外径的比值；

　　　η——传动装置效率；

　$[\gamma]$——许用扭转角，对于悬臂梁 $[\gamma] = 0.35(°)/m$，对于单跨梁 $[\gamma] = 0.7(°)/m$；对

　　　　　于精密稳定的传动中 $[\gamma]$ 取 $\dfrac{1}{4} \sim \dfrac{1}{2}(°)/m$；在一般传动和搅拌轴的计算中可取

　　　　　$\dfrac{1}{2} \sim 1(°)/m$；对精度要求低的传动可取 $[\gamma] > 1(°)/m$。

故搅拌轴的直径为

$$d = 4.92 \left[\frac{M_{\text{nmax}}}{[\gamma] G (1 - \alpha^4)} \right]^{\frac{1}{4}} \qquad (10-18)$$

(2)按强度计算搅拌轴的直径(强度问题)

对于搅拌轴承受扭转和弯曲联合作用,其中以扭转作用为主,工程应用中常用近似方法进行强度计算,既假定轴只承受扭矩的作用,然后用增加安全系数以降低材料的许用应力来弥补由于忽略受弯曲作用所引起的误差。

搅拌轴的强度条件是:

$$\tau_{\text{max}} = \frac{M_{\text{te}}}{W_{\text{P}}} \leqslant [\tau] \qquad (10-19)$$

式中　M——弯矩,$M = M_R + M_A$;

　　　M_A——由轴向力引起的轴的弯矩,N·m;

　　　M_n——扭矩;

　　　M_R——水平推力引起的轴的弯矩,N·m;

　　　M_{te}——轴上扭转和弯矩联合作用时的当量扭矩,$M_{\text{te}} = \sqrt{M_n^2 + M^2}$,N·m;

　　　W_P——抗扭截面模量,对空心圆轴 $W_P = \dfrac{\pi d^3}{16} (1 - \alpha^4)$,m³;

　　　$[\tau]$——轴材料的许用切应力,$[\tau] = \dfrac{\sigma_b}{16}$,Pa;在静载荷作用下 $[\tau] = (0.5 \sim 0.6)[\sigma]$;

　　　τ_{max}——截面上最大切应力,Pa;

　　　σ_b——轴材料的抗拉强度,Pa。

则搅拌轴的直径为

$$d = 1.72 \left[\frac{M_{\text{te}}}{[\tau] (1 - \alpha^4)} \right]^{\frac{1}{3}} \qquad (10-20)$$

由强度和刚度条件计算出轴径后,在确定轴的结构尺寸时,还必须考虑到轴上开键槽或孔等会引起横截面局部削弱。因此轴的直径应按计算直径给予适当增大。

(3)按临界转速校核搅拌轴的直径

当搅拌轴的转速达到轴自振频率时会发生强烈振动,并出现很大弯曲,这个转速称为临界转速,记作 n_c,见表 10-7。在靠近临界转速运转时,轴常因强烈振动而损坏,或破坏轴封而停产。因此工程上要求搅拌轴的工作转速避开临界转速,工作转速低于第一临界转速的轴称为刚性轴,要求,$n \leqslant 0.7 n_c$;工作转速大于第一临界转速的轴称为柔性轴,要求,$n \geqslant 1.3 n_c$。一般搅拌轴的工作转速较低,大都为低于第一临界转速下工作的刚性轴。

表 10－7 搅拌轴临界转速的选取

搅拌介质	刚性轴		柔性轴
	搅拌器（叶片式搅拌器除外）	叶片式搅拌器	高速搅拌器
气体		$n/n_c \leqslant 0.7$	不推荐
液体—液体 液体—固体	$n/n_c \leqslant 0.7$	$n/n_c \leqslant 0.7$ 和 $n/n_c \neq (0.45 \sim 0.55)$	$n/n_c = 1.3 \sim 1.6$
液体—气体	$n/n_c \leqslant 0.6$	$n/n_c \leqslant 0.4$	不推荐

注：叶片式搅拌器包括桨式、开启涡轮式、圆盘涡轮式、三叶后掠式、推进式，不包括锚式、框式、螺带式。

对于小型的搅拌设备，由于轴径细，长度短，轴的质量小，往往把轴理想化为无质量的带有圆盘的转子系统来计算轴的临界转速。随着搅拌设备的大型化，搅拌轴直径变粗，如忽略搅拌轴的质量将引起较大的误差。此时一般采用等效质量的方法，把轴本身的分布质量和轴上各个搅拌器的质量按等效原理，分别转化到一个特定点上（如对悬臂轴为轴末端 S），然后累加组成一个集中的等效质量。这样就把原来复杂多自由度转轴系统简化为无质量轴上只有一个集中等效质量的单自由度问题。临界转速与支承方式、支承点距离及轴径有关，不同型式支承轴的临界转速的计算方法不同。

按上述方法，具有 z 个搅拌器的等直径悬臂轴可简化为如图 10－44 所示的模型，其一阶临界转速 n_c 为

$$n_c = \frac{\pi}{30} \sqrt{\frac{3EI(1 - \alpha^4)}{L_1^2(L_1 + a)m_S}} \qquad (10-21)$$

式中　a——悬臂轴两支点间距离，m；

　　　E——轴材料的弹性模量，Pa；

　　　I——轴的惯性矩，m^4；

　　　L_1——第 1 个搅拌器悬臂长度，m；

　　　n_c——临界转速，r/min；

　　　m_S——轴及搅拌器有效质量在 S 点的等效质量之和，kg。

等效质量 m_S 的计算公式为：

$$m_S = m + \sum_{i=1}^{z} m_i \qquad (10-22)$$

式中　m——悬臂轴 L_1 段自身质量及附带液体质量在轴末端 S 点的等效质量，kg；

　　　m_i——第 i 个搅拌器自身质量及附带液体质量在轴末端 S 点的等效质量，kg；

　　　z——搅拌器的数量。

10.6.2　搅拌器中传动装置的设计

搅拌反应釜的传动装置包括电动机、减速器、搅拌轴和联轴器及机架，通常设置在反应釜的顶盖（上封头）上，一般采取立式布置，如图 10－44 所示。电动机经减速器将转速减至工艺要求的搅拌转速，再通过联轴器带动搅拌轴旋转，从而带动搅拌器转动。电动机与减速器配套使用。减速器下设置一机座，安装在反应釜的封头上。考虑到传动装置与轴封装置安装时要求保持一定的同心度以及装卸检修的方便，常在封头上焊一个底座。整个

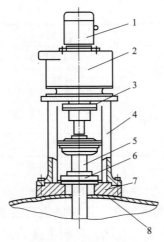

图 10-44 传动装置

1—电动机；2—减速机；3—联轴器；
4—支架；5—搅拌轴；6—轴封装置；
7—凸缘；8—上封头

传动装置连同机座及轴封装置都一起安装在底座上。

搅拌反应釜传动装置的设计内容主要包括电动机、减速器和联轴器的选用。

搅拌反应釜用的电动机绝大部分与减速器配套使用，只有在搅拌转速很高时，才不经减速器而直接驱动搅拌轴。一般电动机与减速器配套供应，设计时可根据选定的减速器选用配套的电动机。选用电动机主要是确定电动机系列、功率、转速以及安装形式和防爆要求等。搅拌反应釜常用的电动机系列有 Y 系列三相异步电动机、YE 系列隔爆型三相异步电动机、YF 系列防腐型三相异步电动机、YXJ 系列摆线针轮减速异步电动机等。电动机的功率主要根据搅拌所需的功率及传动装置的传动效率等而定。

常用减速器的类型有齿轮减速器、蜗轮减速器、三角皮带减速器、摆线针齿行星减速器、谐波减速器等。选用减速器时应考虑其使用特性，如减速比范围、输出轴转速范围、功率范围以及效率等参数。选用标准减速器时与其相匹配的电动机、联轴器、机座等均为标准型号，配套供应。

联轴器是连接轴与轴并传递运动和扭矩的零件。在搅拌传动装置中采用的有凸缘联轴器、夹壳联轴器和块式弹性联轴器。

(1) 电动机的选型

由搅拌功率计算电动机的功率 P_e。

$$P_e = \frac{P + P_s}{\eta} \tag{10-23}$$

式中　P_s——轴封消耗功率，kW；

　　　η——传动系统的机械效率。

电动机的型号应根据功率、工作环境等因素选择。工作环境包括防爆、防护等级、腐蚀环境等。

(2) 减速机选型

搅拌反应器往往在载荷变化、有振动的环境下连续工作，选择减速机的形式时应考虑这些特点。常用的减速机有摆线针轮行星减速机、齿轮减速机、三角皮带减速机以及圆柱蜗杆减速机，其传动特点见表 10-8。一般根据功率、转速选择减速机。选用时应优先考虑传动效率高的齿轮减速机和摆线针轮行星减速机。

表 10-8　四种常用减速机的基本特性

特性参数	减速机类型			
	摆线针轮行星减速机	齿轮减速机	三角皮带减速机	圆柱蜗杆减速机
传动比 i	87~9	12~6	9.53~2.96	80~15
输出轴转速/(r/min)	17~160	65~250	200~500	12~100

特性参数	减速机类型			
	摆线针轮行星减速机	齿轮减速机	三角皮带减速机	圆柱蜗杆减速机
输入功率/kW	0.04～55	0.55～315	0.55～200	0.55～55
传动效率	0.9～0.95	0.95～0.96	0.95～0.96	0.80～0.93
传动原理	利用少齿差内啮合行星传动	两级同中距并流式斜齿轮传动	单级三角皮带传动	圆弧齿圆柱蜗杆传动
主要特点	传动效率高，传动比大，结构紧凑，拆装方便，寿命长，质量小，体积小，承载能力高，工作平衡。对过载和冲击载荷有较强的随能力，允许正、反转，可用于防爆要求	在相同传动比范围内具有体积小，传动效率高，制造成本低，结构简单，装配检修方便，可以正反转，不允许承受外加轴向载荷等特点可用于防爆要求	结构简单，过载时能打滑，可起安全保护作用，但传动比不能保持精确，不能用于防爆要求	凹凸圆弧齿廓啮合，磨损小，发热低，效率高，承载能力高，体积小，质量小，结构紧凑，广泛用于搪玻璃反应罐，可用于防爆要求

10.7　例题与解

例 1　有一圆截面轴，材料为 45 钢，正火处理，$[\tau]=40\mathrm{MPa}$，承受转矩 $T=100\mathrm{N\cdot mm}$，试按转矩求轴的直径。

解：按强度要求，应使

$$\tau=\frac{T}{0.2d^3}\leqslant[\tau]$$

故轴的直径为

$$d\geqslant\sqrt[3]{\frac{T}{0.2[\tau]}}=\sqrt[3]{\frac{100}{0.2\times40}}=2.32\mathrm{mm}$$

圆整后可取 $d=3\mathrm{mm}$。

注：计算后轴的直径应按国家标准圆整为标准尺寸。

例 2　有一辆汽车传动轴，传递最大功率为 $P=51.47\mathrm{kW}$，转速 $n=400\mathrm{r/min}$，传动轴采用空心轴，轴外径 $d=70\mathrm{mm}$，轴内径 $d_0=55\mathrm{mm}$，轴材料的 $[\tau]=30\mathrm{MPa}$。

试求：

(1)按扭转强度校核空心轴的强度；

(2)若材料不变，采用实心轴时，其直径应是多少？

解：

(1)校核空心轴的强度。空心轴的抗扭截面模量为

$$W_T=\frac{\pi d^3}{16}\left[1-\left(\frac{d_0}{d}\right)^4\right]=\frac{3.14}{16}\times70^3\left[1-\left(\frac{55}{70}\right)^4\right]=41680\mathrm{mm}^3$$

则 $\tau=\dfrac{T}{W_\mathrm{T}}=\dfrac{9.55\times10^6P}{41680n}=\dfrac{9.55\times10^6\times51.47}{41680\times400}=29.48\mathrm{MPa}\leqslant[\tau]=30\mathrm{MPa}$

故扭转强度足够。

(2)若采用实心轴,则其轴径为

$$d \geqslant \sqrt[3]{\frac{9.55 \times 10^6 P}{0.2[\tau]n}} = \sqrt[3]{\frac{9.55 \times 10^6 \times 51.47}{0.2 \times 30 \times 400}} = 58.9 \text{mm}$$

圆整后取实心轴的直径为 $d = 60 \text{mm}$。

注:在满足扭转强度的条件下,同样长度的实心轴的质量是空心轴质量的1.92倍。

例3 已知一传动轴的材料为40Cr钢调制,$C = 97 \sim 112$,$G = 8.1 \times 10^4 \text{MPa}$,轴的长度 $l = 1700 \text{mm}$,传递功率 $P = 12 \text{kW}$,转速 $n = 80 \text{r/min}$。

试求:

(1)按扭转强度计算轴的直径;

(2)按扭转刚度计算轴的直径(轴在全长上的扭转角 φ 不得超过 $1°$)。

解:

(1)按扭转强度条件计算。由式(10-5)可知,轴的直径为

$$d \geqslant C\sqrt[3]{\frac{P}{n}} = (97 \sim 112) \times \sqrt[3]{\frac{12}{80}} = 51.5 \sim 59.5 \text{mm}$$

(2)按扭转刚度条件计算,则有

$$\varphi = \frac{32Tl}{G\pi d^4} \leqslant [\varphi]$$

按题意 $l = 1700 \text{mm}$,在轴的全场上,$[\varphi] = 1° = \frac{\pi}{180} \text{rad}$,故

$$d \geqslant \sqrt[4]{\frac{32Tl}{\pi G[\varphi]}} = \sqrt[4]{\frac{32 \times 9550 \times 12 \times 10^3 \times 1700 \times 180}{3.14 \times 8.1 \times 10^4 \times 80 \times 3.14}} = 64.7 \text{mm}$$

注:由计算结果可知,按扭转刚度条件计算出的轴径较大。

例4 已知一容器的内径 $D_i = 2.0 \text{m}$;搅拌器叶轮直径 $d = 0.67 \text{m}$;液体的相对密度 $\rho = 1200 \text{kg/m}^3$;液体黏度 $\mu = 0.5 \text{Pa} \cdot \text{s}$;搅拌器叶轮转速 $n = 2.5 \text{r/s}$;试确定该搅拌器的型式并计算搅拌轴功率。

解:

(1)搅拌液体流动的雷诺准数:$Re = d^2 n\rho/\mu = 0.67^2 \times 2.5 \times 1200/0.5 = 2693.4$;

(2)查询机械设计手册得知:当 $Re = 2693.4 \text{s}$ 时,3型搅拌器的搅拌轴功率准数最小,所需功率最低。其拌轴功率准数为:$N_p = 1$;

(3)搅拌轴功率:$P = N_p \rho n^3 d^5 = 1 \times 1200 \times 2.5^3 \times 0.67^5 = 2530 \text{W} = 2.53 \text{kW}$。

例5 一搅拌设备的电机功率 $P_n = 2.5 \text{kW}$;传动装置的效率 $\eta = 0.95$;搅拌轴为实心35钢悬臂轴,其转速 $n = 150 \text{r/min}$;35钢的力学性能:$\sigma_b = 530 \times 10^6 \text{Pa}$,$[\tau] = 33.1 \times 10^6 \text{Pa}$,$G = 8.1 \times 10^{10} \text{Pa}$;试按扭转变形计算轴的直径。

解:

(1)对于实心悬臂搅拌轴:$\alpha = 0$,$[\gamma] = 0.35°/\text{m}$;

(2)轴传递的最大扭矩:$M_{n\max} = 9553\frac{P_n}{n}\eta = 9553 \times \frac{2.5}{150} \times 0.95 = 151.3 \text{N} \cdot \text{m}$;

（3）搅拌轴直径：$d = 4.92\left(\dfrac{M_{\mathrm{nmax}}}{[\gamma]G(1-\alpha^4)}\right)^{\frac{1}{4}} = 4.92 \times \left(\dfrac{151.3}{0.35 \times 8.1 \times 10^{10} \times (1-0^4)}\right)^{\frac{1}{4}} = 0.042\mathrm{m}$

取 $d = 0.05\mathrm{m}$（搅拌轴标准值）。

（4）搅拌轴实际转角：$\gamma = \dfrac{583.6M_{\mathrm{nmax}}}{Gd^4(1-\alpha^4)} = \dfrac{583.6 \times 151.3}{8.1 \times 10^{10} \times 0.05^4 \times (1-0^4)} = 0.174°/\mathrm{m}$

$\gamma \leqslant [\gamma]$，满足要求。

例 6　该齿轮轴系结构存在以下几方面错误，如图 10-45 所示。

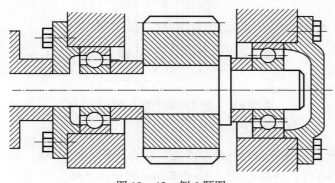

图 10-45　例 6 题图

（1）轴上零件的固定与定位方面：①联轴器轴向未定位，周向未固定；②齿轮周向未固定；③套筒对齿轮的轴向固定不可靠。

（2）转动件与静止件的关系方面：①联轴器与轴承盖接触；②轴与轴承透盖接触。

（3）零件的结构工艺性方面：①箱体两端面与轴承盖接触处无凸台，使端面加工面积过大；②轴承盖外端面加工面积过大；③轴承盖上缺转角槽；④轴的两端均伸出过长，增加了加工和装配长度。

（4）装拆与调整方面：①轴上还缺台阶，轴承装配不方便；②套筒过高，轴承无法拆卸；③箱体两端面与轴承盖间缺少调整垫片，无法调整轴承间隙；④整体式箱体，不便于轴系装拆。

（5）润滑与密封方面：①轴与轴承透盖间缺密封措施；②缺挡油环。

解：改正后如图 10-46 所示。

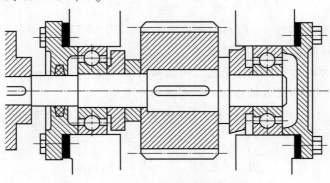

图 10-46　例 6 题答案

例7 设计单级斜齿圆柱齿轮减速器的输出轴(图10-47)。已知传递功率 $P=22kW$,输出轴转速 $n_2=277r/min$,斜齿轮分度圆直径 $d_2=299.116mm$,螺旋角 $\beta=8.277°$,齿宽 $b_2=94mm$。轴端装弹性柱销联轴器。

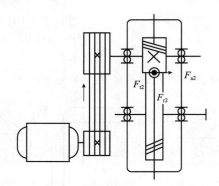

图10-47 减速器输出轴上斜齿轮受力

解:

(1)选择轴的材料,确定轴的外伸段直径。轴的材料选用45钢,正火处理(200HBS),按照表10-2取 $C=112$。按照式(10-5)计算轴的外伸段直径。

$$d=C\sqrt[3]{\frac{P}{n}}=112\times\sqrt[3]{\frac{22}{277}}=48.1mm$$

考虑轴的外伸段上开有键槽(安装联轴器),将计算轴径加大3%~5%后,参照联轴器标准,取标准直径 $d=50mm$。

(2)输出轴的结构设计略。

(3)输出轴上斜齿轮的受力分析。计算从动斜齿轮传递的转矩

$$T=9.55\times10^6\frac{P}{n_2}=9.55\times10^6\times\frac{22}{277}=758484N\cdot mm$$

计算从动斜齿轮的圆周力、径向力和轴向力

$$F_{t2}=\frac{2T_2}{d_2}=\frac{2\times758484}{299.116}=5072N$$

$$F_{t2}=\frac{F_{t2}\tan\alpha_2}{\cos\beta}=\frac{5072\times\tan20°}{\cos8.277°}=1865N$$

$$F_{a2}=F_{t2}\tan\beta=5072\times\tan8.277°=738N$$

(4)计算输出轴的支座反力和弯矩。

图10-48(a)为轴的空间受力简图,输出轴支承跨度 $l=136mm$,左、右两个支座分别为 A 与 B,斜齿轮对称布置在输出轴支承跨度的中点 C。

①斜齿轮圆周力 F_{t2} 作用于水平面上(使轴在 H 面上产生弯曲变形),因此水平面的支座反力为:

$$R_{AH}=R_{BH}=\frac{F_{t2}}{2}=\frac{5072}{2}=2536N$$

②水平弯矩图10-48(c)中 C 处弯矩(在集中力作用处,弯矩图发生转折)为

$$M_{CH} = R_{AH} \frac{l}{2} = 2536 \times \frac{136}{2} = 172448 \text{N} \cdot \text{mm}$$

③斜齿轮径向力 F_{r2} 和轴向力 F_{a2} 作用于垂直面上(使轴在 V 面上产生弯曲变形),根据轴系力矩的平衡条件(顺时针的力矩为负,逆时针的力矩为正),有:

$$\sum M_B = -R_{AV} l - F_{a2} \frac{d_2}{2} + F_{r2} \frac{l}{2} = 0$$

得到垂直面支座反力:

$$R_{AV} = \frac{F_{r2} \frac{l}{2} - F_{a2} \frac{d_2}{2}}{l} = \frac{1865 \times \frac{136}{2} - 738 \times \frac{299.116}{2}}{136} = 121 \text{N}$$

由轴系力的平衡条件 $\sum Y = R_{AV} + R_{BV} - F_{r2} = 0$,得到:

$$R_{BV} = F_{r2} - R_{AV} = 1865 - 121 = 1744 \text{N}$$

④垂直弯矩图 10-48(e) 中 C 处左侧弯矩为

$$M'_{CV} = R_{AV} \frac{l}{2} = 121 \times \frac{136}{2} = 8228 \text{N} \cdot \text{mm}$$

垂直弯矩图 C 处右侧弯矩为

$$M''_{CV} = R_{BV} \frac{l}{2} = 1744 \times \frac{136}{2} = 118592 \text{N} \cdot \text{mm}$$

注:在集中力偶作用的 C 处,弯矩图发生突变,弯矩图突变值为

$$M''_{CV} - M'_{CV} = 118592 - 8228 = 110364 \text{N} \cdot \text{mm}$$

集中力偶为

$$F_{a2} \frac{d_2}{2} = 738 \times \frac{299.116}{2} = 110374 \text{N} \cdot \text{mm}$$

可见弯矩突变值等于集中力偶的大小(其中微小的差别是由于计算过程中的舍入误差造成的),说明垂直面的计算结果是正确的。

⑤计算 C 处左、右两侧的合成弯矩:

$$M'_C = \sqrt{M^2_{CH} + M'^2_{CV}} = \sqrt{172448^2 + 8228^2} = 172644 \text{N} \cdot \text{mm}$$

$$M''_C = \sqrt{M^2_{CH} + M''^2_{CV}} = \sqrt{172448^2 + 118592^2} = 209290 \text{N} \cdot \text{mm}$$

可见 C 处右侧的合成弯矩 M''_C 较大,合成弯矩图见图 10-48(f)。

(5)输出轴在 CD 段承受的扭矩等于它传递的转矩 $T_2 = 758484 \text{N} \cdot \text{mm}$,扭矩图见图 10-48(g)。

(6)计算危险截面的当量弯矩。由当量弯矩图,如图 10-48(h)所示,C 处是危险截面(其上的内力最大),计算该处的当量弯矩(对一般转轴可视其扭矩为脉动循环性质,取扭矩校正系数 $a = 0.6$):

$$M_e = \sqrt{M^2_C + (\alpha T_2)^2} = \sqrt{209290^2 + (0.6 \times 758484)^2} = 500909 \text{N} \cdot \text{mm}$$

垂直弯矩图 C 处右侧弯矩为

$$M''_{CV} = R_{BV} \frac{l}{2} = 1744 \times \frac{136}{2} = 118593 \text{N} \cdot \text{mm}$$

(7)计算 C 处的需要轴径 d_c。45 钢正火(200HBS)的轴在对称循环状态下的许用弯曲

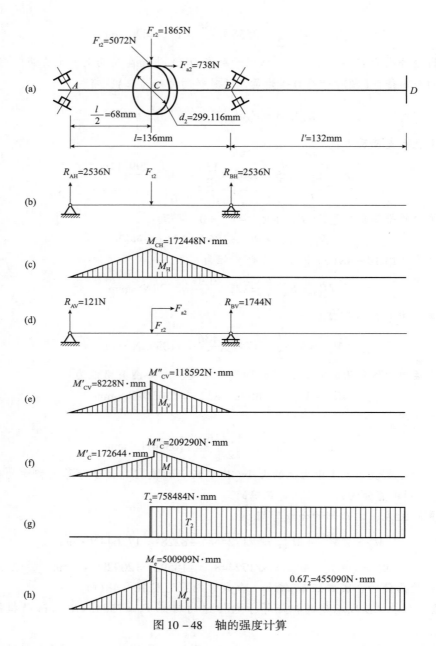

图 10-48　轴的强度计算

应力 $[\sigma_{-1}]_w = 54\text{MPa}$，有：

$$d_c = \sqrt[3]{\frac{M_e}{0.1\,[\sigma_{-1}]_w}} = \sqrt[3]{\frac{500909}{0.1 \times 54}} = 45.3\text{mm}$$

　　由于 C 处开有一个键槽（安装斜齿轮），故将直径增大 5% 后得到 $d_c = 47.6\text{mm}$，它小于该处实际直径 66mm，故轴的弯扭组合强度足够。

　　虽然从上面的强度核算结果来看，输出轴的强度余度较大，但是从轴的结构设计和满足外伸段强度考虑，并不能因此而减少轴径。另外，轴径稍大可以提高轴的刚度，有利于保证轴系的正常工作。

（8）输出轴工作图如图 10 – 49 所示。

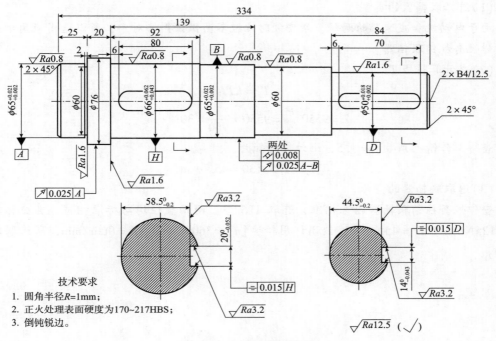

图 10 – 49　输出轴工作图

技术要求
1. 圆角半径 $R=1\mathrm{mm}$；
2. 正火处理表面硬度为 170~217HBS；
3. 倒钝锐边。

例 8　两轴对中准确、载荷平稳、要求有较长寿命时，应用（A）；两轴中心线有一定的偏移，载荷平稳而冲击不大时一般选用（B）；载荷变化且有较大冲击时，一般应选用（C）。

A. 固定式刚性联轴器　　B. 可移式刚性联轴器　C. 弹性联轴器

例 9　有良好的综合位移补偿能力的联轴器是（B）。

A. 凸缘联轴器　　　　　B. 齿式联轴器　　　　　C. 弹性柱销联轴器　　D. 滑块联轴器

例 10　滑块联轴器主要用于补偿两轴的（C）。

A. 综合位移　　　　　　B. 轴向位移　　　　　　C. 径向位移　　　　　　D. 角度位移

例 11　有一传动系统电动机—齿轮减速器—刮板运输机。电机转速为 970r/min，实际输出功率为 20.8kW，工作机转速为 40r/min，载荷中等冲击。试选取高、低速轴用联轴器。

解：由于高速轴转速高、载荷小，且有中等冲击，可选用传递转矩不大的弹性套柱销联轴器。低速轴转速低、载荷大，与工作机相连时轴线偏移的可能性大，可选用齿式联轴器。

例 12　一电动机经一齿轮减速器驱动带式运输机。电动机额定功率 $P=3\mathrm{kW}$，转速 $n=960\mathrm{r/min}$，电动机外伸轴直径 $d=32\mathrm{mm}$，外伸长度 $L_1=80\mathrm{mm}$，减速器输入轴的直径 $d_2=28\mathrm{mm}$，外伸长度 $L_2=60\mathrm{mm}$。电动机和减速器输入轴的轴端均为圆柱形，试选择电动机和减速器之间的联轴器。

解:

(1) 选择联轴器的类型

由于电动机和减速器的两轴,在安装时比较不易保证严格对中,所以选用应用十分广泛的弹性套柱销联轴器。

(2) 求计算转矩 T_c

$$T_c = KT$$

$$T = 9550\frac{P}{n} = 9550 \times \frac{3}{960} = 30\text{N} \cdot \text{m}$$

查得工作情况系数 $K = 1.5$,则计算转矩为

$$T_c = 1.5 \times 30 = 45\text{N} \cdot \text{m}$$

(3) 选取联轴器的型号

查弹性套柱销联轴器国家标准,选取 TL5 型,两轴直径均与标准相符,其公称转矩 $T_n = 125\text{N} \cdot \text{m} > T_c = 45\text{N} \cdot \text{m}$,最高许用转速 $[n] = 3600\text{r/min} > n = 960\text{r/min}$,所选联轴器合用。

第11章 螺纹联接、键联接、销联接与法兰联接

联接是利用不同方式把机械零件联成一体的技术。机器由许多零部件所组成，这些零部件需要通过联接来实现机器的职能，因而联接是构成机器的重要环节。联接种类很多，根据被联接件之间的相互关系可分为动联接和静联接两类。

（1）动联接。被联接件的相互位置在工作时可以按需要变化的联接，如轴与滑动轴承、变速器中齿轮与轴的联接等。

（2）静联接。被联接件之间的相互位置在工作时不能也不允许变化的联接，如蜗轮的齿圈与轮心、减速器中齿轮与轴的联接等。动联接的采用是由机器内部的运动规律决定的，而静联接的采用则是由于结构、制造、装配、运输、安装和维护等方面的要求决定的。本章联接主要介绍的是螺纹联接、键联接、销联接与法兰联接。

11.1　螺纹联接的基本参数与类型

螺纹联接和螺旋传动都是利用螺纹来工作的，但两者的工作性质不同，在技术要求上也有所差别。前者作为紧固件用，要求保证联接强度，有时还要求紧密性；后者则作为传动件用，要求保证螺旋副的传动精度、效率和磨损寿命等。螺纹联接是由螺纹联接件（紧固件）与被联接件构成。联接特点是结构简单、装拆方便、联接可靠。

11.1.1　螺纹联接类型

常用螺纹类型有普通螺纹、梯形螺纹、锯齿螺纹、矩形螺纹和圆弧螺纹，如图11－1所示。

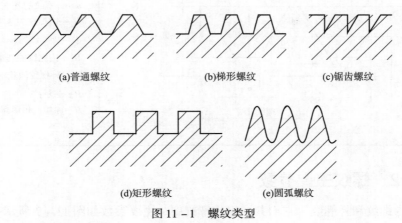

(a)普通螺纹　　　　　(b)梯形螺纹　　　　　(c)锯齿螺纹

(d)矩形螺纹　　　　　(e)圆弧螺纹

图11－1　螺纹类型

联接螺纹类型及特点见表11－1。

表 11 −1　联接螺纹类型及特点

螺纹类型		牙 型 图	特 点 和 应 用
联接螺纹	普通螺纹	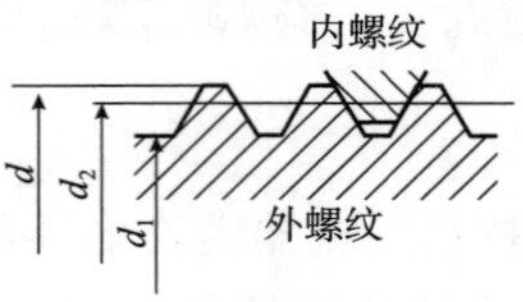 内螺纹 外螺纹	牙型为等边三角形，牙型角 $\alpha = 60°$，内、外螺纹旋合后留有径向间隙。外螺纹牙根允许有较大的圆角，以减小应力集中。同一公称直径按螺距大小，分为粗牙和细牙。细牙螺纹的牙型和粗牙相似，但螺距小、升角小、自锁性好、强度高，因牙细部耐磨，容易滑扣。 一般联接多用粗牙螺纹，细牙螺纹常用于细小零件，薄壁管件或受冲击、震动和变载荷的联接中，也可作为微调机构的调整螺纹
	非螺纹密封的管螺纹	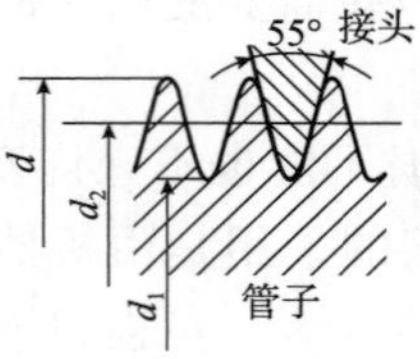 55° 接头 管子	牙型为等腰三角形，牙型角 $\alpha = 55°$，牙顶有较大的圆角，内、外螺纹旋合后无径向间隙，管螺纹为英制细牙螺纹，尺寸代号为管子的内螺纹大径。适用于接头、旋塞、阀门及其他附件。若要求联接后具有密封性，可压紧被联接件螺纹副外的密封面，也可在密封面添加密封物
	用螺纹密封的管螺纹	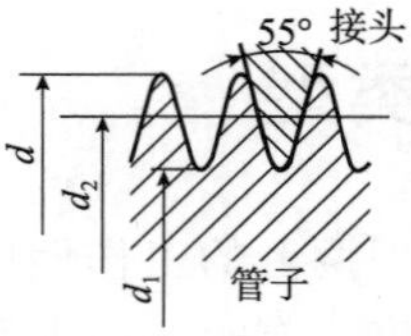 55° 接头 管子	牙型为等腰三角形，牙型角 $\alpha = 55°$，牙顶有较大的圆角，螺纹分布在锥度为 1：16（$\phi = 1°47'24''$）的圆锥管上。它包括圆锥内螺纹和圆锥外螺纹和圆柱内螺纹与圆锥外螺纹两种联接形式。螺纹旋合后，利用本身的变形就可以保证联接的紧密性，不需要任何填料，密封简单。适用于管子、管接头、旋塞、阀门和其他螺纹联接的附件

螺纹联接一般采用牙形角 $\alpha = 60°$ 的普通螺纹，其基本尺寸见表 11 − 2。

表 11 −2　普通螺纹基本尺寸（摘录 GB/T 196—2003）

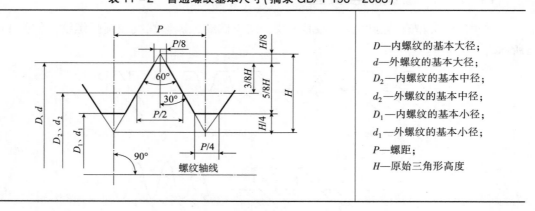

D—内螺纹的基本大径；

d—外螺纹的基本大径；

D_2—内螺纹的基本中径；

d_2—外螺纹的基本中径；

D_1—内螺纹的基本小径；

d_1—外螺纹的基本小径；

P—螺距；

H—原始三角形高度

11.1.2　螺纹主要参数

螺纹有内螺纹和外螺纹，它们共同组成螺旋副。主要参数如图 11 −2 所示。

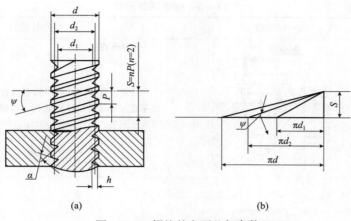

图 11-2　螺纹的主要几何参数

（1）大径 d：螺纹的最大直径，即与螺纹牙顶相重合的假想圆柱面的直径，在标准中定为公称直径。

（2）小径 d_1：螺纹的最小直径，即与螺纹牙底相重合的假想圆柱面的直径，在强度计算中常作为螺杆危险截面的计算直径。

（3）中径 d_2：通过螺纹轴向截面内牙型上的沟槽和凸起宽度相等处的假想圆柱面的直径，近似等于螺纹的平均直径，$d_2 \approx \frac{1}{2}(d + d_1)$。中径是确定螺纹几何参数和配合性质的直径。

（4）螺纹线数 n：螺纹的螺旋线数目。沿一根螺旋线形成的螺纹称为单线螺纹；沿两根以上的等距螺旋线形成的螺纹称为多线螺纹。常用的联接螺纹要求自锁性，故多用单线螺纹；传动螺纹要求传动效率高，故多用双线或三线螺纹。为了便于制造，一般用线数 $n \leqslant 4$。

（5）螺距 P：螺纹相邻两个牙型上对应点间的轴向距离。

（6）导程 S：螺纹上任一点沿同一条螺旋线转一周所移动的轴向距离。单线螺纹 $S = P$；多线螺纹 $S = nP$。

（7）螺纹升角 ψ：螺旋线的切线与垂直于螺纹轴线的平面间的夹角。在螺纹的不同直径处，螺纹升角各不相同，其展开形式如图 11-2（b）所示。通常按螺纹中径 d_2 处计算，即

$$\psi = \arctan \frac{S}{\pi d_2} = \arctan \frac{nP}{\pi d_2} \tag{11-1}$$

8. 牙型角 α：螺纹轴向截面内，螺纹牙型两侧边的夹角。螺纹牙型的侧边与螺纹轴线的垂直平面的夹角称为牙侧角，对称牙型的牙侧角 $\beta = \alpha/2$。

9. 接触高度 h：内、外螺纹旋合后接触面的径向高度。

11.1.3　螺纹联接形式

螺纹联接形式见表 11-3。

表 11 - 3　螺纹联接形式

联接形式	联接结构图	特点及应用
双头螺柱联接	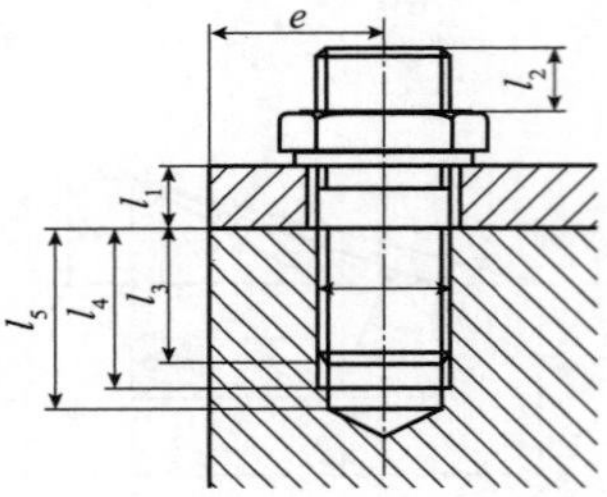	一端旋入并紧定在较厚被联接件的螺纹孔中，另一端穿过较薄被联接件的通孔，与螺母组合使用，用于结构受限制、不能用螺栓联接且需经常装拆的场合
螺钉联接	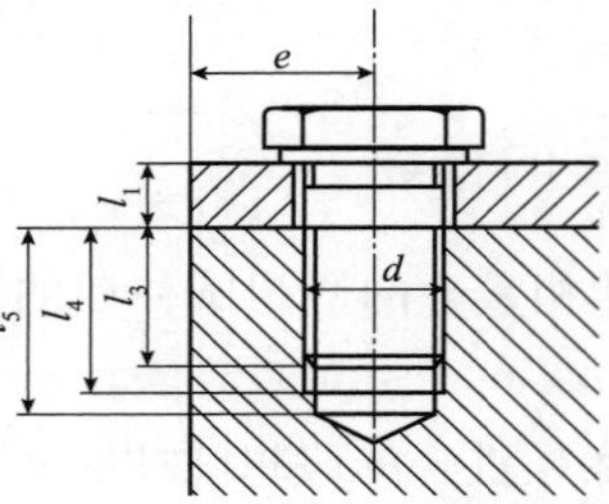	应用与双头螺柱联接相似，但不能受力过大或经常装拆，以免损伤被联接件的螺纹孔。由于不用螺母，结构上比双头螺柱联接更简单、紧凑
紧定螺钉联接	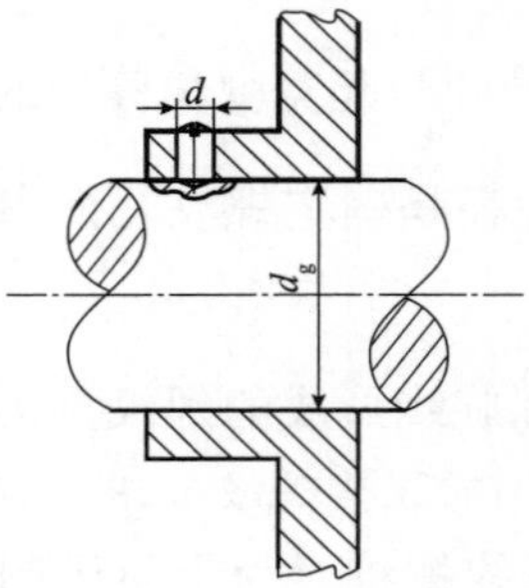	紧定螺钉旋入被联接件之一的螺纹孔中，其末端顶住另一被联接件表面的凹坑中，以固定两个零件的相对位置，并可传递不大的力或力矩
等长双头螺柱联接	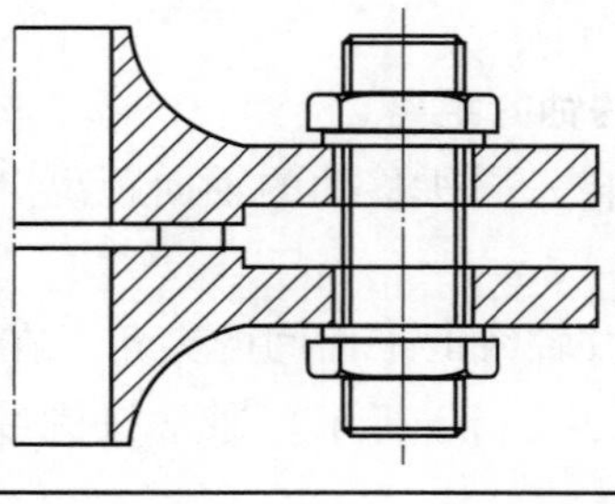	由法兰、垫片、螺柱组成的法兰联接结构。等长双头螺柱减少螺柱应力集中，并且结构简单、拆装方便、密封可靠，常用于压力容器联接

11.1.4　螺纹联接的力学分析

拧紧(或升举重物)、松开(或降落重物)螺纹联接时的受力关系。

1. 圆周力

拧紧时：

$$p = Q\tan(\psi + \varphi) \tag{11-2}$$

松开时：

$$p = Q\tan(\psi - \varphi) \tag{11-3}$$

2. 效率

拧紧时：

$$\eta = \frac{升举重物的有效力（无摩擦）}{螺纹总的圆周力} = \frac{Q\tan\psi}{Q\tan(\psi+\varphi)} = \frac{\tan\psi}{\tan(\psi+\varphi)} \tag{11-4}$$

松开时：

$$\eta = \frac{有阻止下滑摩擦力是圆周力}{无摩擦力时圆周力} = \frac{Q\tan(\psi-\varphi)}{Q\tan\psi} = \frac{\tan(\psi+\varphi)}{\tan\psi} \tag{11-5}$$

自锁条件 $\eta \leqslant 0$，即 $\psi \leqslant \varphi$。

式中　Q——轴向力；

　　　f——实际摩擦系数；

　　　f_v——当量摩擦系数，$f_v = \dfrac{f}{\cos\beta}$；

　　　φ——当量摩擦角，$\varphi = \arctan\left(\dfrac{f}{\cos\alpha}\right)$。

11.2　螺纹联接的预紧与防松

11.2.1　螺纹联接预紧力

预紧力即螺纹联接在装配时要拧紧螺母，使联接在承受工作载荷之前，预先受到力的作用。拧紧螺母时，需要克服螺纹副的螺纹力矩 T 和螺母的支承面力矩。在螺纹力矩的影响下螺纹副间有圆周力 P 的作用。从而螺栓受到轴向预紧力 Q_P，而被联接件受到轴向预紧压力 $Q_P{}'$。

如图 11-3 所示，拧紧力矩 T 等于螺纹副间的摩擦阻力矩 T_1 和螺母环形面和被联接件(或垫圈)支承面间的摩擦阻力矩 T_2 之和，即

$$T = T_1 + T_2 \tag{11-6}$$

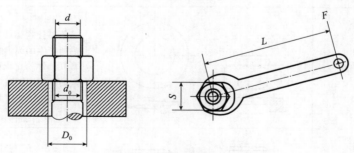

图 11-3　螺纹副的拧紧力矩

螺纹副间的摩擦力矩为

$$T_1 = Q_P \frac{d_2}{2}\tan(\psi+\varphi) \tag{11-7}$$

螺母与支承面之间的摩擦力矩为

$$T_2 = \frac{1}{3}f_c Q_P \frac{D_0^3 - d_0^3}{D_0^2 - d_0^2} \tag{11-8}$$

将式(11-7)、式(11-8)代入式(11-6),可得:

$$T = \frac{1}{2}\left[d_2 \tan(\psi + \varphi_v) + \frac{2}{3}f_c \frac{D_0^3 - d_0^3}{D_0^2 - d_0^2} \right] \tag{11-9}$$

式中,f_c 为螺母与被联接件支承面之间摩擦系数。

对于 M10~M64 粗牙普通螺纹的钢制螺栓,螺纹升角 $\alpha = 1°42' \sim 3°2'$;螺纹中径 $d_2 \approx 0.9d$;螺旋副的当量摩擦角 $\varphi_v \approx \arctan 1.55f$($f$ 为摩擦系数,无润滑时 $f \approx 0.1 \sim 0.2$);螺栓孔直径 $d_0 \approx 1.1d$;螺母环形支承面的外径 $D_0 \approx 1.5d$;螺母与支承面之间的摩擦系数 $f_c = 0.15$。将上述各参数代入式(11-9)整理后,可得:

$$T \approx 0.2 Q_P d \tag{11-10}$$

对于一定公称直径 d 的螺栓,当所要求的预紧力 Q_P 已知时,即可按式(11-10)确定扳手的拧紧力矩 T。一般标准扳手的长度 $L \approx 15d$,若拧紧力为 F,则 $T = FL$。

11.2.2 螺纹联接的防松

在静载荷作用下,在螺纹联接件中当螺纹升角小于螺旋副的当量摩擦角 φ_v 时,螺纹联接用螺纹标准件能满足自锁的条件,拧紧螺母后螺母和螺栓头与被联接件的支承面之间的摩擦力有助于防止螺母的松脱。所以,一般在静载荷作用下,且温度变化不大时,联接是可靠的,不会松动。但是在冲击振动和变载的作用下,或是温度变化较大时,预紧力可能在某一瞬间消失,联接仍有可能松脱,因此设计时必须考虑防松。

防松的根本问题在于防止螺旋副在受载时发生相对转动。具体预防的办法有很多,就其工作原理来说可分为三类:摩擦防松、机械防松、破坏螺纹副放松。表 11-4 对这三类防松措施做了说明。

表 11-4 螺纹联接防松措施

类型	防松方式	防松装置结构图	防松原理及应用
摩擦防松	弹簧垫圈		依靠拧紧螺母把弹簧垫圈压平之后所产生的纵向弹力及弹簧垫圈与被联接件的支承面之间的摩擦力来起防松作用。该防松方法结构简单、成本低廉、使用方便
	双螺母		两个螺母对顶拧紧,使螺栓在旋合段内受拉而螺母受压,构成螺纹联接副的纵向压紧。该方法结构简单、成本低廉、重量大,多用于低速重载或载荷平稳的场合

类型	防松方式	防松装置结构图	防松原理及应用
摩擦防松	金属锁紧垫圈	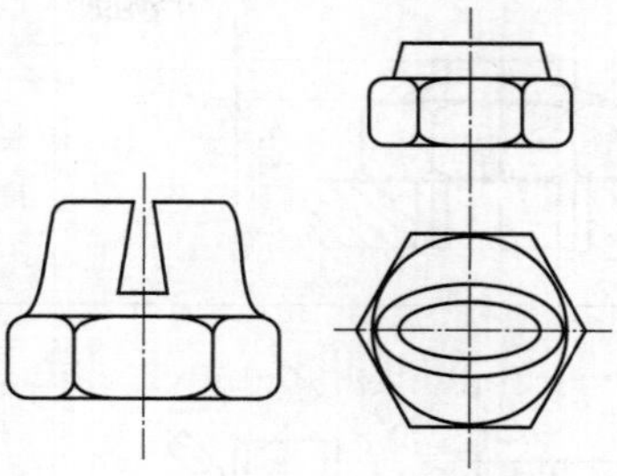	螺母一端具有非圆形收口或开缝后径向收口，拧紧后张开，利用相旋合螺纹副段的径向回弹力来锁紧。该方法简单、可靠，且可多次装拆，可用于较重要的联接
	尼龙圈锁紧螺母	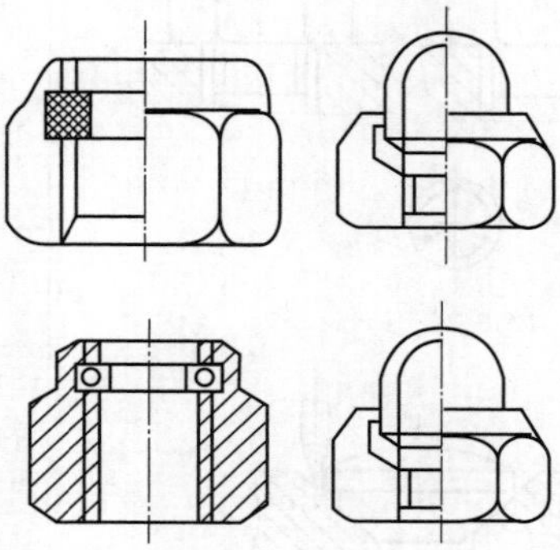	尼龙圈锁紧螺母是将尼龙圈或块嵌装在螺母体上。没有内螺纹的尼龙圈，当外螺纹杆件拧入后，由于尼龙材料良好的弹性产生锁紧力，达到锁紧目的。该类螺母受尼龙熔点的限制，用于工作温度低于100℃的联接处。 尼龙怕酸性物质的腐蚀，在装尼龙圈之前可电镀，之后不可电镀
用机械固定件锁紧防松	螺栓杆带孔和开槽螺母配开口销	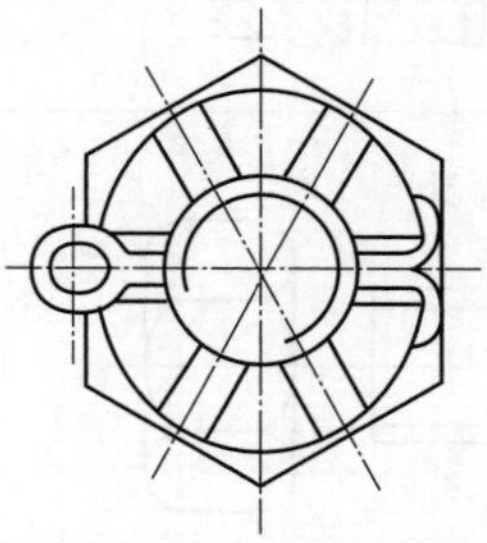	防松可靠。螺杆上的销孔位置不宜与螺母最佳锁紧位置的槽口吻合，装配较难。用于变载、有振动场合的重要联接处的防松
	止动垫圈	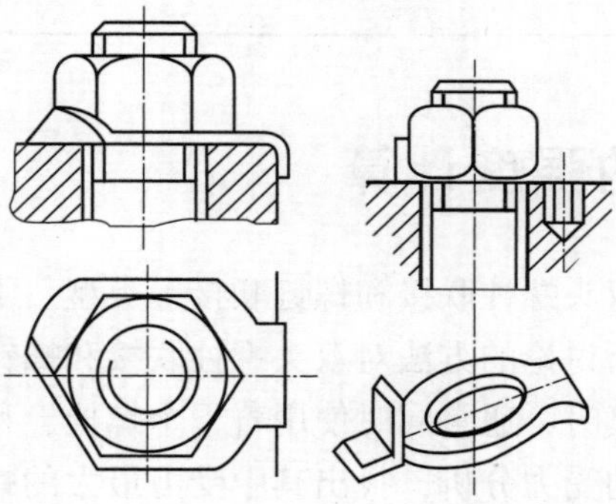	利用单耳或双耳止动垫圈把螺母或钉头锁紧。防松可靠。只能用于联接部分有容纳弯耳的场合
	钢丝串接	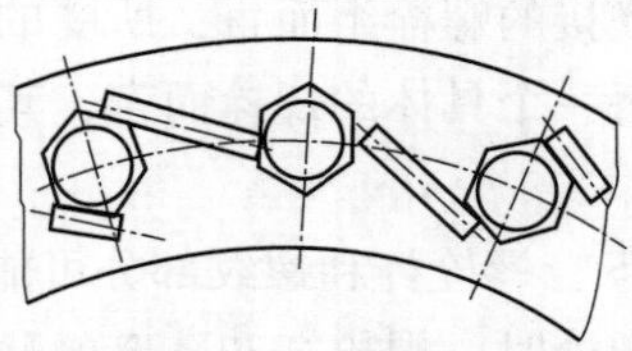	用低碳钢丝穿入一组螺栓头部的专用孔后使其相互制约。防松可靠。钢丝的缠绕方向必须正确(图中为右旋螺纹螺栓的缠绕绕向)

类型	防松方式	防松装置结构图	防松原理及应用
破坏螺纹运动副关系防松	铆接	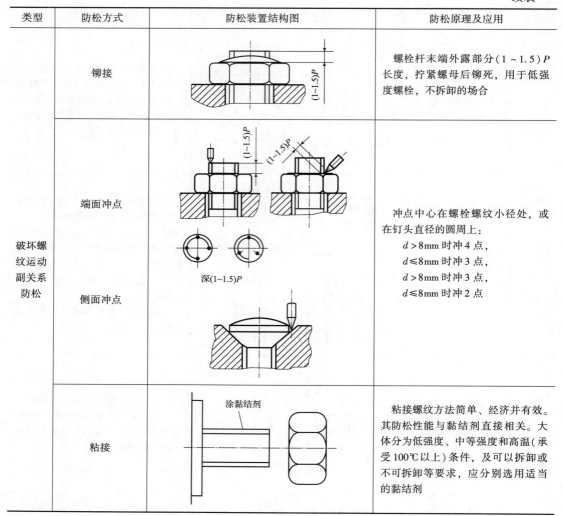	螺栓杆末端外露部分$(1 \sim 1.5)P$长度,拧紧螺母后铆死,用于低强度螺栓,不拆卸的场合
	端面冲点 侧面冲点		冲点中心在螺栓螺纹小径处,或在钉头直径的圆周上: $d > 8mm$ 时冲4点, $d \leqslant 8mm$ 时冲3点, $d > 8mm$ 时冲3点, $d \leqslant 8mm$ 时冲2点
	粘接		粘接螺纹方法简单、经济并有效。其防松性能与黏结剂直接相关。大体分为低强度、中等强度和高温(承受100℃以上)条件,及可以拆卸或不可拆卸等要求,应分别选用适当的黏结剂

11.3 螺纹联接的强度计算

螺纹联接包括螺栓联接、双头螺柱联接和螺钉联接等类型。下面以螺栓联接为代表讨论螺纹联接的强度计算方法。所讨论的方法对双头螺柱联接和螺钉联接也同样适用。

当两个零件用螺栓进行联接时,通常同时使用若干个螺栓,称为螺栓组。在开始进行强度计算前,先要进行螺栓组的受力分析,找出其中受力最大的螺栓及其所受的力,作为进行强度计算的依据。对构成整个联接的螺栓组而言,所受的载荷可能包括轴向载荷、横向载荷、弯矩和转矩等。但对其中每一个具体的螺栓而言,其受载的形式不外乎是受轴向力或受横向力。

在轴向力(包括预紧力)的作用下,螺栓杆和螺纹部分可能发生塑性变形或断裂;而在横向力的作用下,当采用铰制孔用螺栓时,螺栓杆和孔壁的贴合面上可能发生压溃或螺栓杆被剪断等。根据统计分析，在静载荷下螺栓联接是很少发生破坏的，只有在严重过载的情况下才会发生。就破坏性质而言，约有90%的螺栓属于疲劳破坏。而且疲劳断裂常发生在螺纹根部，即截面面积较小并有缺口应力集中的部位(约占其中的85%)，有时也发生在螺栓头与光杆的交接处(约占其中的15%)。

综上所述，对于受拉螺栓，其主要破坏形式是螺栓杆螺纹部分发生断裂，因而其设计准则是保证螺栓的静力或疲劳拉伸强度；对于受剪螺栓，其主要破坏形式是螺栓杆和孔壁的贴合面上出现压溃或螺栓杆被剪断，其设计准则是保证联接的挤压强度和螺栓的剪切强度，其中联接的挤压强度对联接的可靠性起决定性作用。

螺栓联接的强度计算，首先是根据联接的类型、联接的装配情况(预紧或不预紧)、载荷状态等条件，确定螺栓的受力；其次按相应的强度条件计算螺栓危险截面的直径(螺纹小径)或校核其强度。螺栓的其他部分(螺纹牙、螺栓头、光杆)和螺母、垫圈的结构尺寸，是根据等强度条件及使用经验规定的，通常都不需要进行强度计算，可按螺栓螺纹的公称直径由标准中选定。

11.3.1　松螺栓联接强度计算

松螺栓联接装配时，螺母不需要拧紧。在承受工作载荷之前，螺栓不受力。这种联接应用范围有限，如拉杆、起重吊钩等的螺纹联接均属此类。现以起重吊钩的螺纹联接为例(图11-4)，说明松螺栓联接的强度计算方法。当联接承受工作载荷 Q 时，螺栓所受的工作拉力 Q，则螺栓危险截面的拉伸强度条件为

$$\sigma = \frac{Q}{\frac{\pi}{4}d_1^2} \leqslant [\sigma] \qquad (11-11)$$

或

$$d_1 \geqslant \sqrt{\frac{4F}{\pi[\sigma]}} \qquad (11-12)$$

式中　F——工作拉力，N；

　　d_1——螺栓危险截面的直径，mm；

　　$[\sigma]$——螺栓材料的许用拉应力，MPa。

螺栓材料的许用应力可由表11-5计算获得。国家标准规定螺纹联接件按材料的力学性能划分等级(简示于表11-5、表11-6，详见 GB/T 3098.1—2010 和 GB/T 3098.2—2015)。螺栓、螺柱、螺钉的性能等级分为9级自4.6至12.9。性能等级的代号是由点隔开的两部分数字组成，点左边的数字表示公称抗拉强度的1/100($\sigma/100$)，点右边的数字表示屈服强度或规定非比例延伸0.2%的公称应力(σ_1 或 σ_2)与公称抗拉强度(σ)之

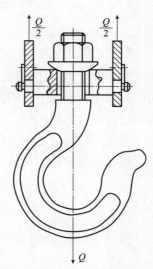

图11-4　起重吊钩的
松螺栓联接

比值(屈强比)的10倍($10\sigma_s/\sigma_s$)。如性能等级4.6，其中4表示紧固件的公称抗拉强度为400MPa，6表示屈服强度与公称抗拉强度之比为0.6。螺母的性能等级分为7级，用螺栓性能等级标记的第一部分数字标记，4~12，数字表示与该螺母相配的螺栓中性能等级最

高的，也近似表示螺母最小保证应力 σ_{min} 的 $1/100$。选用时，须注意所用螺母的性能等级应不低于与其相配螺栓的性能等级。

表 11 -5　螺栓、螺钉和螺柱的性能等级和推荐材料

性能等级	3.6	4.6	4.8	5.6	5.8	6.8	8.8	9.8	10.9	12.9
抗拉强度 $\sigma_b/$ MPa	400			500		600	800	900	1000	1200
屈服极限 $\sigma_s/$ MPa	180	240	320	300	400	480	640	720	900	1080
推荐材料	低碳钢		低碳钢、中碳钢				中碳钢、低碳钢、合金钢、淬火、回火		中碳钢、低碳钢、合金钢、淬火、回火	中碳合金钢、淬火、回火

表 11 -6　螺母性能等级和推荐材料

性能等级	4	9	10	12
相配螺栓等级	3.6　4.6　4.8 （$d > 16$）	9.8	10.9	12.9
推荐材料	中碳钢	中碳钢、合金钢、淬火回火		

11.3.2　紧螺栓联接强度计算

1. 仅承受预紧力的紧螺栓联接

紧螺栓联接装配时，螺母需要拧紧，在拧紧力矩作用下，螺栓除受预紧力 Q_P 的拉伸而产生拉伸应力，还受螺纹摩擦力矩 T_1 的扭转而产生扭转切应力，使螺栓处于拉伸与扭转的复合应力状态下。因此，进行仅承受预紧力的紧螺栓强度计算时，应综合考虑拉伸应力和扭转切应力的作用。

因此，螺栓处于拉、扭复杂应力状态，其危险截面为 d_1 处。

螺栓危险截面的拉伸应力

$$\sigma = \frac{Q_P}{\frac{\pi}{4} d_1^2} \qquad (11 - 13)$$

螺栓危险截面的扭转切应力为

$$\tau = \frac{M}{\omega_n} = \frac{P \frac{d_2}{2}}{\frac{\pi}{16} d_1^3} = \frac{Q_P \tan(\psi + \varphi_v) \frac{d_2}{2}}{\frac{\pi}{16} d_1^3} = \frac{\tan\psi + \tan\varphi}{1 - \tan\psi\tan\varphi} \cdot \frac{2d_2}{d_1} \cdot \frac{Q_P}{\frac{\pi}{4} d_1^2} \qquad (11 - 14)$$

对于 M10 ~ M64 普通螺纹的钢制螺栓，可取 $\tan\varphi_v = 0.17$，$\dfrac{d_2}{d_1} = 1.04 \sim 1.08$，$\tan\psi = 0.05$，则：

$$\tau \approx 0.5\sigma \qquad (11 - 15)$$

由于螺栓材料是塑性的，故可根据第四强度理论的强度条件：

$$\sigma_{ca} = \sqrt{\sigma^2 + 3\tau^3} = \sqrt{\sigma^2 + 3(0.5\sigma)^2} \approx 1.3\sigma = \frac{1.3Q_P}{\frac{\pi}{4}d_1^2} \leq [\sigma] \qquad (11-16)$$

式中，σ_{ca} 为当量应力。

由此可见，对于 M10～M64 普通螺纹的钢制紧螺栓联接，在拧紧时虽是同时承受拉伸和扭转的联合作用，但在计算时可以只按拉伸强度计算，并将所受的拉力（预紧力）增大 30%来考虑扭转的影响。

这种靠摩擦力抵抗工作载荷的紧螺栓联接，要求保持较大的预紧力（使联接接合面不滑移的预紧力 $F_0 \geq F/f$，若 $f=0.2$，则 $F_0 \geq 5F$），会使螺栓的结构尺寸增加。此外，在振动、冲击或变载荷下，由于摩擦系数 f 的变动，将使联接的可靠性降低，有可能出现松脱。为了避免上述缺陷，可以考虑用各种减载零件来承担横向工作载荷，如图 11-5(a)所示的套筒减荷和图 11-5(b)所示的销钉减荷。这种具有减载零件的紧螺栓联接，其联接强度按减载零件的剪切、挤压强度条件计算，而螺纹联接只是保证联接，不再承受工作载荷，因此预紧力不必很大。但这种联接增加了结构和工艺上的复杂性。

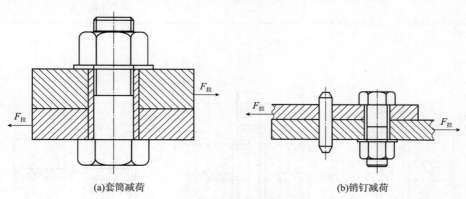

(a)套筒减荷　　　　(b)销钉减荷

图 11-5　减荷装置

2. 承受预紧力和工作拉力的紧螺栓联接

这种受力形式在紧螺栓联接中比较常见，压力容器中的连接螺栓就是这种连接形式，在压力容器中，如图 11-6 所示，在内压 P 的作用下，螺栓联接承受轴向拉伸工作载荷。由于螺栓和被联接件的强度变形，螺栓所受的总压力并不等于预紧力和工作拉力之和，螺栓的总压力 Q 和预紧力 Q_P 和工作拉力 F 有关，还受到螺栓刚度 C_b 及被联接件刚度 C_m 等因素的影响。因此，应从受力和变形两个方面研究螺栓受力状态，见表 11-7。下面分析螺栓联接的状态、受力、变形，如图 11-7 所示。

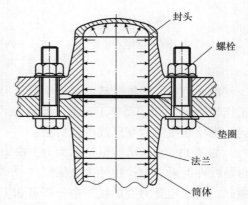

图 11-6　压力容器中螺栓受力情况

表 11 -7 工作载荷作用下螺栓联接状态受力和变形

用途	状态		受力	变形
(a)螺母未拧紧	螺母未拧紧,即螺母刚好拧到和被联接件相接触		螺栓和被联接件都不受力	不产生变形
(b)螺母已拧紧	螺母已拧紧,但未承受工作载荷,即在预紧力作用下		螺栓受预紧力 Q_P 的拉伸作用,被联接件受预紧力 Q_P 的压缩作用	螺栓伸长量 λ_b 被联接件压缩量 λ_m
(c)已承受工作载荷	承受工作载荷	螺栓	螺栓和被联接件材料在弹性变形范围内,受力和变形符合胡克定律,当螺栓承受工作载荷后,拉力由 Q_P 增加至 Q	伸长量增加 $\Delta\lambda$ 总伸长量为 $\lambda_b + \Delta\lambda$
		被联接件	由于变形的原因,被联接件的压缩力由 Q_P 减至 Q_P', Q_P' 为残余预紧力	被联接件原来被压缩,而因螺栓伸长而放松,压缩量也随之减小。根据变形协调条件被联接件压缩变形等于螺栓拉伸变形的增加量 $\Delta\lambda$ 总压缩量为 $\lambda_m' = \lambda_m - \Delta\lambda_m$

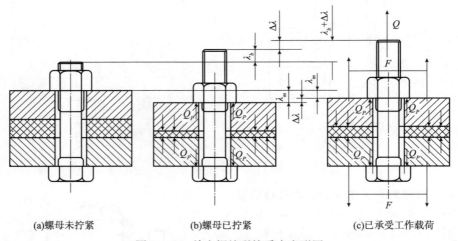

(a)螺母未拧紧   (b)螺母已拧紧   (c)已承受工作载荷

图 11 -7 单个螺栓联接受力变形图

由此可见,联接受载后,由于预紧力的变化,螺栓的总拉力 Q 并不等于预紧力 Q_P 与工作拉力 F 之和,而等于残余预紧力 Q_P' 与工作拉力 F 之和。

螺栓联接受力变形线图分析法。

如图 11 -8 所示,纵坐标为力,横坐标为变形,根据胡克定律在弹性范围内受力与变形是线性关系。螺栓拉伸由坐标原点 O_b 向右量起,被联接件压缩变形由坐标原点 O_m 向左量起,从螺栓受力变形线图中分析可知:

(1)联接未承受工作拉力 F 时,螺栓拉力与被联接件的压缩力都等于预紧力 Q_P;

(2)当联接承受工作载荷 F 时,螺栓的总拉力为 Q,相应的总伸长量为 $\lambda_b + \Delta\lambda$,被联接件的压缩力等于残余预紧力 Q_P',相应的总压缩量为 $\lambda_m' = \lambda_m - \Delta\lambda$,由图 11 -8 可见,

螺栓的总拉力 Q 等于残余预紧力 Q_P' 与工作拉力 F 之和，即

$$Q = Q_P' + F \qquad\qquad (11-17)$$

为了保证联接的紧密性，以防止联接受载后结合面间产生缝隙，应使 $Q_P' > 0$。推荐采用 Q_P' 为：对于有密封性要求的联接，$Q_P' = (1.5 \sim 1.8)F$；对于一般联接，工作载荷稳定时，$Q_P' = (0.2 \sim 0.6)F$；工作载荷不稳定时，$Q_P' = (0.6 \sim 1.0)F$；对于地脚螺栓联接，$Q_P' \geqslant F$。

螺栓的预紧力 Q_P 与残余预紧力 Q_P'、总拉力 Q 的关系，可由图 11-8 中几何关系得出。

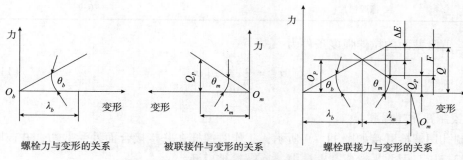

螺栓力与变形的关系　　　被联接件与变形的关系　　　螺栓联接力与变形的关系

图 11-8　螺栓受力变形线图

$$\frac{Q_P}{\lambda_b} = \tan\theta_b = C_b$$

$$\frac{Q_P}{\lambda_m} = \tan\theta_m = C_m \qquad\qquad (11-18)$$

式中，C_b、C_m 分别表示螺栓和被联接件的刚度，均为定值。

$$Q_P = Q_P' + (F - \Delta F) \qquad\qquad (\text{a})$$

按图中的几何关系，得

$$\frac{\Delta F}{F - \Delta F} = \frac{\Delta\lambda \tan\theta_b}{\Delta\lambda \tan\theta_m} = \frac{C_b}{C_m}$$

或

$$\Delta F = \frac{C_b}{C_b + C_m}F \qquad\qquad (\text{b})$$

将式(b)代入式(a)得螺栓的预紧力为

$$Q_b = Q_P' + \left(1 - \frac{C_b}{C_b + C_m}\right)F = Q_P' + \frac{C_m}{C_b + C_m}F \qquad\qquad (11-19)$$

螺栓的总拉力为：

$$Q = Q_P + \Delta F$$

或

$$Q = Q_P + \frac{C_b}{C_b + C_m}F \qquad\qquad (11-20)$$

式(11-20)中，$\dfrac{C_b}{C_b + C_m}$ 称为螺栓的相对刚度，其大小与螺栓和被联接件的结构尺寸、

材料以及垫片、工作载荷的作用位置等因素有关，其值在 $0 \sim 1$ 之间变动。$\dfrac{C_b}{C_b + C_m}$ 值可通过计算或实验确定，见表 $11-8$。

表 11 -8　螺栓的相对刚度

被联接钢板间所用垫片类别	$\dfrac{C_b}{C_b + C_m}$
金属垫片(或无垫片)	$0.2 \sim 0.3$
皮革垫片	0.7
铜皮石棉垫片	0.8
橡胶垫片	0.9

螺栓危险截面的拉伸强度条件为

$$\sigma_{ca} = \frac{1.3Q}{\frac{\pi}{4}d_1^2} \leqslant [\sigma] \tag{11-21}$$

3. 铰制孔用螺栓联接

铰制孔用螺栓联接如图 $11-9$ 所示，工作时螺杆在联接接合面处受剪切，并被联接件孔壁互相挤压，因此易造成孔壁压溃，或螺栓被剪断。

螺栓所受的剪力为 R_s，则螺栓的抗剪切强度条件为：

$$\tau = \frac{4R_s}{\pi d^2 m} \leqslant [\tau] \tag{11-22}$$

螺栓杆与被联接件孔壁的抗挤压强度条件为：

$$\sigma_p = \frac{R_s}{dh} \leqslant [\sigma_p] \tag{11-23}$$

式中　d——螺栓抗剪面直径，mm；

$\quad\quad R$——单个螺栓的工作剪力，N；

$\quad\quad m$——螺栓抗剪面数目；

$\quad\quad h$——螺栓杆与孔壁挤压面最小高度，mm；

$\quad[\tau]$——螺栓的许用切应力，MPa；

$\quad[\sigma_p]$——螺栓杆或孔壁材料中强度弱者的许用挤压应力，MPa，见表 $11-9$。

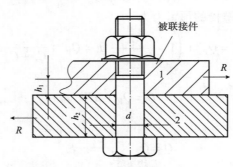

图 11 -9　铰制孔用螺栓联接

表 11 -9 螺栓联接的强度计算

螺栓类型	联接和受力形式		强度计算公式		参数说明
			强度校核	设计计算	
普通螺栓联接	松联接		$\sigma = \dfrac{Q}{\pi d_1^2/4} \leqslant [\sigma]$	$d_1 \geqslant \sqrt{\dfrac{4Q}{\pi[\sigma]}}$	Q 为轴向拉力，N； d_1 为螺纹小径，mm； $[\sigma]$ 为松螺纹联接的许用应力
	紧联接	只受预紧力	$\sigma = \dfrac{1.3Q_0}{\pi d_1^2/4} \leqslant [\sigma]$	$d_1 \geqslant \sqrt{\dfrac{5.2Q_0}{\pi[\sigma]}}$	Q_0 为预紧力，N； Q 为螺栓所受总的轴向拉力，N； $[\sigma]$ 为紧联接螺栓许用应力，MPa
		受预紧力和工作拉力	$\sigma = \dfrac{1.3Q}{\dfrac{\pi}{4}d_1^2} \leqslant [\sigma]$	$d_1 \geqslant \sqrt{\dfrac{5.2Q}{\pi[\sigma]}}$	
配合螺栓联接	螺栓与孔壁的挤压强度		$\sigma_p = \dfrac{F}{d_0 L_{min}} \leqslant [\sigma_p]$	$d_0 \geqslant \dfrac{F}{L_{min}[\sigma_p]}$	F 为螺栓所受的工作剪力，N； d_0 为螺栓剪切面的直径（可取螺栓孔直径），mm； L_{min} 为螺栓杆与孔壁挤压面最小高度，mm，应使 $L_{min} \geqslant 1.25d_0$； $[\sigma_p]$ 为螺栓或孔壁材料的许用挤压应力，MPa； $[\tau]$ 为螺栓材料的许用剪切应力，MPa
	螺栓杆的剪切强度		$\tau = \dfrac{F}{\dfrac{\pi}{4}d_0^2} \leqslant [\tau]$	$d_0 \geqslant \sqrt{\dfrac{4F}{\pi[\tau]}}$	

11.4 螺栓组联接

大多数机械中的螺栓是成组使用的，在设计螺栓组结构时，应该首先考虑的是结构简单、使用合理，使每个螺栓受力小而且均匀，避免螺栓承受各种附加载荷，而且要有利于加工，使装配和被联接件的机体完整。对螺栓组联接主要考虑的因素有：①结构设计，按联接的需要和被联接件的结构，选定螺栓的大小、数目和布置形式；②受力分析，根据联接布置形式和载荷情况，求得受力最大的螺栓所受力；③强度计算，按最大受力的螺栓进行单个螺栓的强度计算校核。

11.4.1 受轴向载荷的螺栓组联接

螺栓组联接承受轴向载荷 Q 的作用时，不宜采用配合螺栓联接。如图 11 -10 所示的压力容器与上盖采用一组 z 个对称均布的普通螺栓联接，为了保证联接可靠，螺栓组必须预紧。螺栓组中各个螺栓工作时，除了承受容器压强 P 通过上盖施加在螺栓上的平均工作拉力 $Q_z = \dfrac{P\pi D^2}{4z}$，还承受预紧力 Q_P。

此螺栓组为受外载荷的紧螺栓联接。

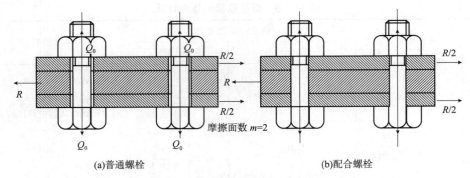

图 11 – 10　受横向载荷的螺栓组联接

11.4.2　受横向载荷 R

作用线垂直于螺栓轴线，并通过螺栓组对称中心；螺栓组联接承受横向载荷 R 时，可以采用普通螺栓联接，或配合螺栓联接（也称为铰制孔用螺栓联接）。

1. 普通螺栓联接

采用普通螺栓联接时，由于螺栓杆与被联接件的螺栓孔之间有间隙，螺栓不能直接承受横向载荷。所以在装配时必须拧紧螺母螺栓，利用被联接件接合面之间压力产生的摩擦力来传递横向载荷 R，工作时螺栓受到预紧力 Q_P 的作用。应保证联接预紧后，接合面之间所产生的最大摩擦力必须大于或等于横向载荷 R，即

$$Q_P f m z \geqslant KR \tag{11-24}$$

式中　R——横向载荷，N；

　　　K——过载系数，一般取 $1.1 \sim 1.3$；

　　　m——接合面数；

　　　z——螺栓的数目；

　　　f——被联接件表面的摩擦系数。

2. 铰制孔用螺栓联接

采用配合螺栓联接时，螺栓杆与被联接件的孔壁之间没有间隙，这种联接是利用配合螺栓抗剪和接触表面受挤压来承受横向外载荷的，因此无须预紧（但要安装到位），可认为每个螺栓承受平均横向力 $F = R/z$ 的作用。

此螺母无须拧紧，靠光杆截面受剪力平衡横向载荷。

11.4.3　受旋转力矩的螺栓组联接

螺栓组联接承受转矩 T 的作用时，也可以采用普通螺栓联接或配合螺栓联接，螺栓的受力情况与横向载荷 F 情况类似。

如图 11 – 11 所示，采用普通螺栓联接时，转矩 T 是靠预紧后接合面之间产生的摩擦力对 O 点的力矩来平衡的。因此，螺栓组各螺栓对接合面形心 O 点的力矩代数和必须大于或等于转矩 T，即

$$f Q_P r_1 + f Q_P r_2 + \cdots + f Q_P r_z \geqslant KT \tag{11-25}$$

$$Q_{\mathrm{P}} = \frac{K_s T}{f(r_1 + r_2 + \cdots + r_z)} = \frac{K_s T}{f\sum\limits_{i=1}^{z} r_i} \tag{11-26}$$

式中，r_1，r_2，$\cdots$，r_z 为各螺栓中心到接合面形心 O 点的距离，mm。

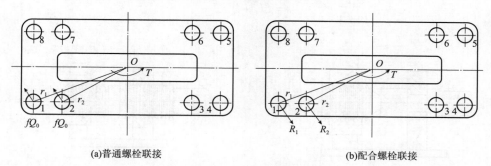

(a)普通螺栓联接　　　　　　　　　　　　　(b)配合螺栓联接

图 11-11　受转矩的螺栓组联接

采用配合螺栓联接时，转矩 T 也是靠配合螺栓抗剪和接触表面受挤压来承受转矩 T 的。根据螺栓组的力矩平衡条件 $R_1 r_1 + R_2 r_2 + \cdots + R_z r_z = T$ 和变形协调条件(各螺栓所受到的剪切力与其中心到接合面形心 O 的距离成正比)$\dfrac{R_1}{r_1} = \dfrac{R_2}{r_2} = \cdots = \dfrac{R_z}{r_z}$，两式联立，得到螺栓组中离接合面形心 O 点距离最远的螺栓承受的最大剪切力，受力最大螺栓：

$$F_{\max} = \frac{T r_{\max}}{r_1^2 + r_2^2 + \cdots + r_z^2} \tag{11-27}$$

11.5　螺纹传动

螺纹传动是利用螺杆和螺母组成的螺旋副来实现传动的。主要用于将回转运动转为直线运动，同时传递运动和动力。

11.5.1　螺纹传动原理

如图 11-12 所示为简单的螺旋机构。当螺杆 1 转过角 φ 时，螺母 2 将沿螺杆的轴向移动一段距离 s，其值为

$$s = l \frac{\varphi}{2\pi} \tag{11-28}$$

式中　l——螺旋的导程，mm。

又设螺杆的转速为 $n(\mathrm{r/min})$，则螺母移动的速度为：

$$v = \frac{nl}{60} \tag{11-29}$$

如图 11-13 所示的螺旋机构中，螺杆 1 的 A 段螺旋在固定的螺母中转动，而 B 段螺旋在不能转动但能移动的螺母 2 中转动。设 A、B 段的螺旋导程分别为 l_A、l_B，如果这两段螺旋的旋向相同(同为左旋或同为右旋)，则根据式(11-28)可求出当螺杆 1 转动角 φ 时，螺母 2 移动的距离为：

$$s = (l_A - l_B)\frac{\varphi}{2\pi} \qquad (11-30)$$

若图 11 – 13 中两段螺旋的螺纹旋向相反，则螺母 2 的位移为

$$s = (l_A + l_B)\frac{\varphi}{2\pi} \qquad (11-31)$$

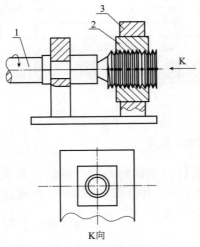

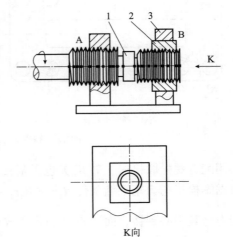

图 11 – 12　简单的螺旋机构

1—螺杆；2—螺母；3—机架

图 11 – 13　螺旋机构

1—螺杆；2—螺母；3—机架

11.5.2　传动螺纹类型及特点

传动螺纹类型及特点见表 11 – 10。

表 11 – 10　传动螺纹类型及特点

传动螺纹类型	结构图	特点
矩形螺纹	内螺纹　外螺纹	牙型为正方形，牙型角 $\alpha = 0°$。其传动效率较其他螺纹高，但牙根强度弱，螺旋副磨损后，间隙难以修复和补偿，传动精度降低。为了便于铣、磨削加工，可制成 $10°$ 的牙型角。矩形螺纹尚未标准化，推荐尺寸：$d = \frac{5}{4}d_1$，$p = \frac{1}{4}d_1$。目前已逐渐被梯形螺纹所代替
梯形螺纹	内螺纹　外螺纹	牙型为等腰梯形，牙型角 $\alpha = 30°$。内、外螺纹一锥面贴紧不易松动。与矩形螺纹相比，其传动效率略低，但工艺性好，牙根强度高，对中性好。如用剖分螺母，还可以调整间隙。梯形螺纹是最常用的传动螺纹

续表

传动螺纹类型	结构图	特点
锯齿形螺纹	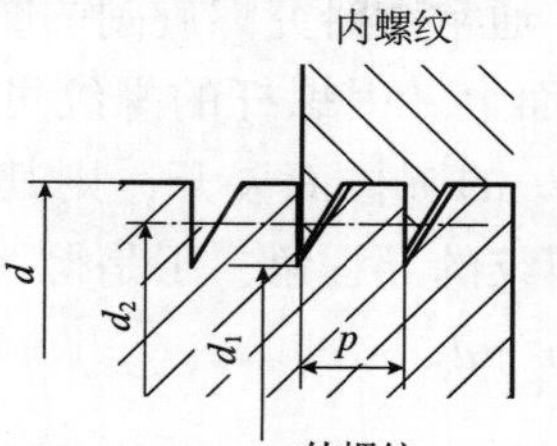 内螺纹 d　d_2　d_3　p 外螺纹	牙型为不等腰梯形，工作面的牙侧角为 3°，非工作面的牙侧角为 30°。外螺纹牙根有较大的圆角，以减小集中应力。内、外螺纹旋合后，大径处无间隙，便于对中。这种螺纹兼有矩形螺纹传动效率高、梯形螺纹牙根强度高的特点，但只能用于单向受力的螺纹联接或螺纹传动中，如螺旋压力机

11.5.3　摩擦轮传动

摩擦轮传动靠两摩擦轮互相压紧所产生的摩擦力来传递转矩和运动。工作时，弹簧 4 推动滑块 3 左移，进而使主动轮 1 压紧从动轮 2 来实现传动，如图 11 - 14 所示。

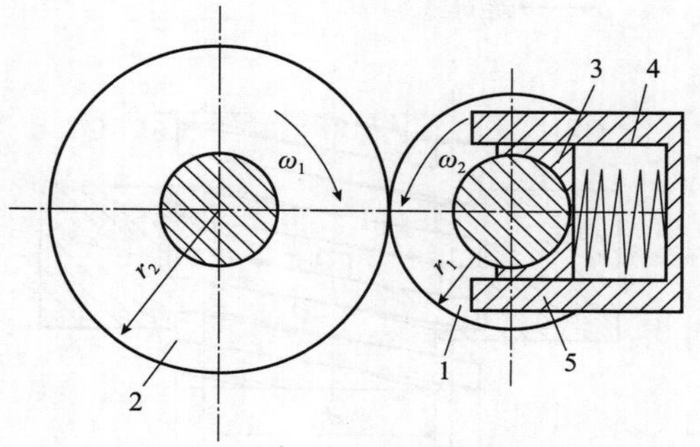

摩擦轮传动的摩擦力的大小为

$$F_f = fF_Q \qquad (11-32)$$

式中　F_f——摩擦力，N；

　　　f——动摩擦因数（见表 11 - 11）；

　　　F_Q——两轮接触处的压紧力，N。

从动轮 2 处产生的摩擦力矩 M_f（N·mm）为

$$M_f = F_f r_2 = fF_Q r_2 \qquad (11-33)$$

式中　r_2——从动轮半径，mm。

图 11 - 14　外界圆柱摩擦轮转动
1—主动轮；2—从动轮；3—滑块；4—弹簧；5—机架

表 11 - 11　动摩擦因数 f 和许用单位压力 $[q]$

轮面材料	工作条件	f	$[q]/(\text{N·mm})$
钢与钢或铸铁	在油润滑下	0.05 ~ 0.10	—
铸铁与钢或铸铁	在干燥条件下	0.10 ~ 0.15	—
钢与加布胶木	在干燥条件下	0.20 ~ 0.25	—
铸铁与塑料	在干燥条件下	0.10 ~ 0.18	3.92 ~ 7.85
铸铁与纤维制品	在干燥条件下	0.15 ~ 0.30	24.5 ~ 44.1
铸铁与皮革	在干燥条件下	0.15 ~ 0.30	29.4 ~ 34.3
铸铁与压纸板	在干燥条件下	0.15 ~ 0.40	—
铸铁与特殊橡胶	在干燥条件下	0.50 ~ 0.75	2.45 ~ 4.00

正常工作时，应保证摩擦力矩不小于工作所需要的力矩。否则，就会出现打滑，使传动失效。为了使传动可靠，引入可靠系数 K（$K = 1.25 ~ 3$），则摩擦轮传动的计算压紧力 F_{QC} 为

$$F_{QC} = \frac{KM_F}{fr_2} \qquad (11-34)$$

11.5.4 矩形螺纹螺旋副中的摩擦

如图 11 – 15 所示，其中 2 为螺杆，1 为螺母。通常在研究螺旋副的摩擦时都假定螺母与螺杆间的作用力系集中作用在其中径 d_2 的圆柱面上。因螺杆的螺纹可以设想是由斜面卷绕在圆柱体上形成的。因此，如将螺杆沿中径 d_2 的圆柱面展开，则其螺纹将展成一个斜面，该斜面的升角 ψ 即为螺杆在其中径 d 上的螺纹的导程角，于是得：

$$\tan\psi = l/\pi d_2 = zp/\pi d_2 \tag{11-35}$$

式中　l——螺纹的导程；

　　　z——螺纹头数；

　　　p——螺距。

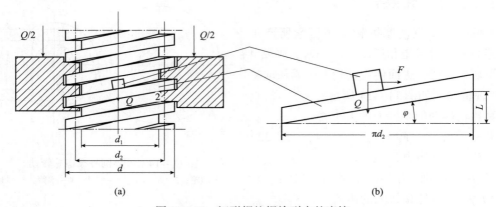

图 11 – 15　矩形螺纹螺旋副中的摩擦

同时，再假定螺母与螺杆间的作用力系集中作用在一小段螺纹上，这样就把对螺旋副中摩擦的研究，简化为对滑块与斜平面的摩擦来研究了。

如图 11 – 15（a）所示，螺母 2 上受轴向载荷 Q，现如在螺母上加一力矩 M，使螺母旋转并逆着 Q 力等速向上运动（对螺纹联接来说，这时为拧紧螺母），则如图 11 – 15（b）所示，就相当于在滑块 1 上加一水平力 P，使滑块 1 沿着斜面等速向上滑动。于是得

$$p = Q\tan(\psi + \varphi) \tag{11-36}$$

P 相当于拧紧螺母时必须在螺纹中径处施加的圆周力，其对螺杆轴心线之矩即为拧紧螺母时所需的力矩 M，故

$$M = Pd_2/2 = Qd_2\tan(\psi + \varphi)/2 \tag{11-37}$$

当螺母顺着 $\vec{Q}$ 力的方向等速向下运动时（对螺纹联接来说，即放松螺母），相当于滑块 1 沿着斜面等速下滑，于是可求得必须在螺纹中径处施加的圆周力为

$$P' = Q\tan(\psi - \varphi) \tag{11-38}$$

而放松螺母所需的力矩为

$$M' = P'd_2 = Qd_2\tan(\psi - \varphi)/2 \tag{11-39}$$

应当注意，当 $\psi > \varphi$ 时，M 为正值，其方向与螺母运动的方向相反，所以是一阻抗力矩，它的作用是阻止螺母的加速松退；$\psi < \varphi$ 时，M' 为负值，其方向和预先假定的方向相反，即与螺母运动方向相同，所以这时 M 将是放松螺母所需的外加驱动力矩。

11.5.5　三角形螺纹螺旋副中的摩擦

对于矩形螺纹，如图 11 – 16(a)所示，在忽略螺纹升角的条件下，矩形螺纹上各个点所受的正压力 ΔN 均铅直向上。于是，根据力的平衡条件，整个螺纹上的各点所受正压力的总和 $\sum \Delta N = Q$。

对于三角形螺纹，如图 11 – 16(b)所示，三角螺纹上的个点所受的正压力 ΔN_Δ 均与铅直方向呈一夹角 β，而各点正压力在铅垂方向上的分量为 $\Delta N_\Delta \cos\beta$。于是由力的平衡条件得 $\sum \Delta N \cos\beta = Q$。

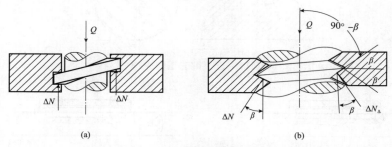

图 11 – 16　三角形螺纹螺旋副中的摩擦

所以两者比较，在其他参数完全相同的条件下：

$$\sum \Delta N_\Delta = \frac{\sum \Delta N}{\cos\beta} \tag{11 – 40}$$

式中，β 为三角形的牙形半角。由于正压力不同，所以两者螺纹之间产生的摩擦力不同。但是根据当量摩擦的概念，只要引入当量摩擦系数和当量摩擦角，则关于矩形螺纹螺旋副的计算式便适用于三角形螺纹螺旋副。设三角形的槽形半角为 $90° \sim \beta$ (β 为螺纹工作面的牙形斜角)，则其当量摩擦系数为 $f_v = f/\sin(90° - \beta) = f/\cos\beta$，当量摩擦角为 $\varphi_v = \arctan f_v$，得三角形螺纹副在拧紧和放松螺母时所需的力矩分别为

$$M = d_2 Q \tan(\psi + \varphi_v)/2 \tag{11 – 41}$$
$$M' = d_2 Q \tan(\psi_v - \varphi_v)/2 \tag{11 – 42}$$

11.6　单键联接

键主要用来实现轴和轴上的零部件之间的周向固定，以传递转矩(如电动机、联轴器、齿轮、皮带轮、凸轮等)。

11.6.1　平键联接

平键的侧面是工作面，工作时，靠键与键槽的互压传递扭矩(图 11 – 17)。按用途通常分为普通平键，导向平键和滑键三种(图 11 – 18)。

特点：

(1)平键联接。

①普通平键主要用于静联接。不能承受轴向力，因而对轴上的零件不能起到轴向固定

的作用。用指状铣刀铣出，两端具有与键相同的形状，使键能牢固地卧于键槽中，键在键槽中轴向固定良好。但键的头部侧面与轮毂上的键槽并不接触，键的圆头部分不能充分利用，且轴上键槽端面部的应力集中较大。

②平头平键是放在用盘铣刀铣出的键槽中。对于尺寸大的键用紧定螺钉压紧在键槽中，以防止松动。

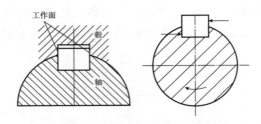

图 11-17　键的工作原理

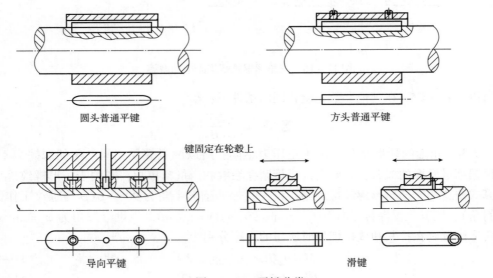

圆头普通平键　　　　　　　　方头普通平键

键固定在轮毂上

导向平键　　　　　　　　　　滑键

图 11-18　平键分类

（2）导向平键与滑键主要用于动联接。轮毂与轴在轴向方向上可做相对滑移运动。

①导向平键是固定在轴上，毂可以沿键移动。当导向平键较大时，用螺钉将键紧固在轴上。键的中部常设有起键螺钉孔。

②滑键是固定在毂上而随毂一同沿轴上键槽移动，一般当移动距离较大时，常采用滑键。

11.6.2　半圆键联接

键用圆钢切割或冲压后磨制。轴上键槽用半径与键相同的盘状铣刀铣出，因而键在槽中能绕其几何中心摆动以适应毂上键槽的斜度，如图 11-19 所示。

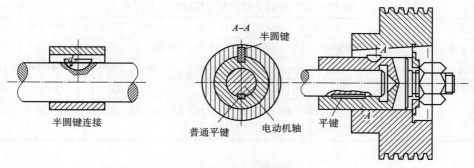

图 11－19　半圆键联接

半圆键用于静联接。键的侧面是工作面，主要用于载荷较轻或位于轴端的联接，但其轴向键槽较深，不能实现轴上零件的轴向固定，不能传递轴向力。

11.6.3　楔键联接

楔键的上下两面是工作面，分别与毂和轴上键槽的底面贴合。键的上表面具有 1∶100 的斜度。装配后，键楔紧在轴毂之间，如图 11－20 所示。

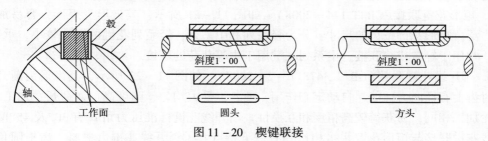

图 11－20　楔键联接

特点：楔键用于静联接工作时，靠键、轴和毂之间的摩擦力和由于轴与毂有相对转动的趋势而使键受到的偏压来传递扭矩；也能传递单向的轴向力。

11.6.4　键的选择和键联接的强度校核

1. 键联接的类型选择

键的类型应根据键联接结构、使用特性及工作条件来选择，应根据需要传递的转矩大小、载荷性质、转速高低、联接于轴上的零件是否需要沿轴线作轴向滑动、滑动距离的长短、对中性要求及键是否需要具有轴向固定等因素进行选择。

2. 键联接的尺寸选择

键联接的截面尺寸(键宽 b、键高 h、轴槽深 t 及轮毂槽深 t_1)一般根据轴的直径依据国家标准选择，键的长度根据与之匹配的轮毂宽度确定，一般略短于轮毂宽度。导向平键的长度应考虑键或零件的移动距离，并应符合国家标准规定的长度系列。

3. 平键联接的强度校核计算

键联接的主要失效形式是在工作面上的压溃和磨损，如平键静联接失效在于键槽的压溃，而对于导向平键联接和滑键联接，其主要失效形式是工作面的过度磨损。

表 11−12　普通平键和普通楔键的主要尺寸　　　　　　　　　　　　mm

轴的直径 d	6 ~ 8	>8 ~ 10	>10 ~ 12	>12 ~ 17	>17 ~ 22	>22 ~ 30	>30 ~ 38	>38 ~ 44
键宽 b × 键高 h	2 × 2	3 × 3	4 × 4	5 × 5	6 × 6	8 × 7	10 × 8	12 × 8
轴的直径 d	>44 ~ 50	>50 ~ 58	>58 ~ 65	>65 ~ 75	>75 ~ 85	>85 ~ 95	>95 ~ 110	>110 ~ 130
键宽 b × 键高 h	14 × 9	16 × 10	18 × 11	20 × 12	22 × 14	25 × 14	28 × 16	32 × 18
键的长度系列 L	6, 8, 10, 12, 14, 16, 18, 20, 22, 25, 28, 32, 36, 40, 45, 50, 56, 63, 70, 80, 90, 100, 110, 125, 140, 180, 200, 220, 250, …							

11.7　花键联接

花键联接由多个键齿和键槽构成，均匀分布在轴和轮毂孔的圆周上，花键的齿侧面为工作面，花键联接适用于静、动联接。花键联接因多齿接触传递载荷，所以承载能力大，齿槽浅，齿根应力集中小，亦就对轴的削弱程度小，具有定心精度高和导向性能好的特点。

花键联接分为矩形花键联接和渐开线花键联接两种。

1. 矩形花键联接（GB/T 144—2008）。如图 11−21 所示，其齿形为矩形，容易加工，应用广泛。矩形花键按齿的尺寸，分为轻系列和中系列，轻系列花键的键高较小，承载能力小，常用于轻载或静联接，中系列花键用于中等载荷的联接。

2. 渐开线花键联接（GB/T 3478.1 ~ 2—2008）。如图 11−22 所示，其齿形为渐开线，受载时齿上有径向力，能起自动定心作用，使各齿受力均匀、强度高、寿命长，加工工艺与齿轮加工相同，易获得较高精度和互换性。渐开线花键标准压力角 α 有 30° 及 45° 两种。渐开线花键联接与矩形花键联接相比具有以下特点：①渐开线花键齿根厚，齿根圆角大，强度高，因此承载能力比矩形花键要高；②渐开线花键加工工艺性好，无须用专门设备加工；③渐开线花键联接靠齿面接触定心，定心精度高，各齿之间载荷均匀；④因压力角大，不根切的最少齿数较小。

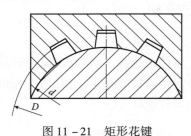

图 11−21　矩形花键　　　　　　　　图 11−22　渐开线花键

11.8　销联接

销主要用于固定零件之间的相对位置，起定位作用（图 11−23），也可用于轴与轮毂的联接，传递不大的载荷，还可作为安全装置中的过载剪断元件。销的常用材料为 35 号、45 号钢。销按以上三种作用的要求可分为定位销、联接销和安全销。

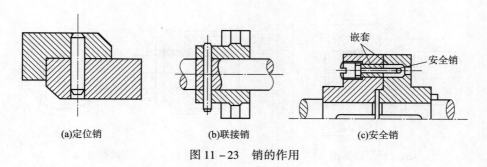

(a)定位销　　　　　(b)联接销　　　　　(c)安全销

图 11－23　销的作用

1. 按用途分

（1）定位销：主要用来固定零件之间的相对位置。特点：一般不承受载荷或只承受很小的载荷。

（2）联接销：主要用于联接。特点：可传递不大的载荷。

（3）安全销：用作安全装置中的过载剪断元件，安全销的直径按销的抗剪强度计算。

2. 按形状分

销按其形状可分为圆柱销、圆锥销和异形销。圆柱销和圆锥销已标准化，如图 11－24 所示，圆柱销利用微量过盈固定在销孔中，经过多次装拆后，联接的紧固性及精度降低，故只适用于不经常拆卸处。圆锥销有 1∶50 的锥度，装拆比圆柱销方便，多次装拆对联接的紧固性及定位精度影响较小，因此应用广泛。

销有很多特殊形式，如图 11－25（a）所示是在大端具有外螺纹的圆锥销，可用于盲孔，图 11－25（b）所示是小端带外螺纹的圆锥销，可用螺母锁紧，适用于有冲击的场合，图 11－26（a）所示是带槽圆锥销，槽销压入销孔后，它的凹槽即产生收缩变形。利用材料的变形固定在销孔中，销孔无须铰光，可以多次装拆，适用于承受振动和变载荷的联接。开尾圆锥销（见图 11－27）的销尾可分开，能防止松脱，多用于振动冲击场合。弹性圆柱销（见图 11－28）用弹簧钢带卷制成，具有一定的弹性，用于冲击振动场合。开口销（见图 11－29）主要用来防止一种松动的零件，用于锁紧其他紧固零件，其使用相当广泛，既经济又方便。

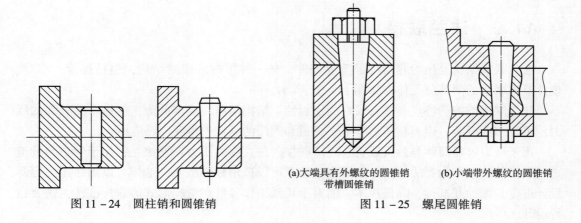

　　　　　　　　　　　　　(a)大端具有外螺纹的圆锥销　(b)小端带外螺纹的圆锥销
　　　　　　　　　　　　　带槽圆锥销

图 11－24　圆柱销和圆锥销　　　图 11－25　螺尾圆锥销

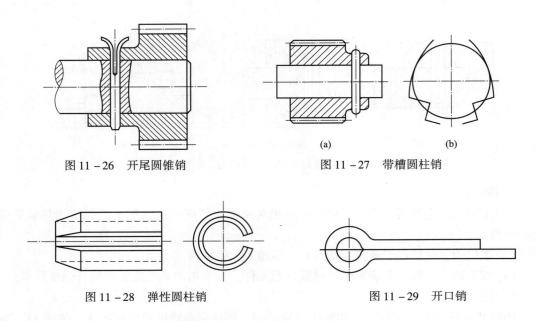

图 11 – 26　开尾圆锥销　　　　　　　　　图 11 – 27　带槽圆柱销

图 11 – 28　弹性圆柱销　　　　　　　　　图 11 – 29　开口销

图 11 – 30 所示为联轴器连接的两根轴用到的销。

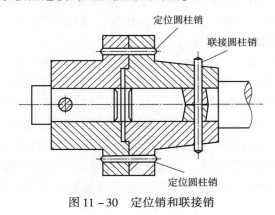

图 11 – 30　定位销和联接销

11.9　法兰联接

法兰联接结构是压力容器中的重要部件，是一种可拆的密封结构，包括螺栓、法兰、垫片及被联接的两部分壳体，如图 11 – 31 所示。

法兰联接结构的特点是具有较好的密封性，结构简单，成本低廉，能够承受较高的压力，可以多次拆装，因而在压力容器、管道和阀门的联接中得到广泛应用。

用于压力容器筒体与封头或管板之间联接的法兰称为压力容器法兰；用于管道与管道之间联接的法兰称为管法兰。一般操作条件下可以选用标准法兰，这样可以加快压力容器设计进度，增加互换性，降低成本。而对于特殊工作参数和结构形式的非标准法兰需要自行设计。

法兰密封机理见腐蚀与密封章节。

法兰标准有管法兰和压力容器法兰两大类。

法兰选用参照相应的国家标准和行业标准：国家标准（GB）包括 GB/T 9124.1—2019《钢制管法兰　第 1 部分：PN 系列》、GB/T 13402—2019《大直径钢制管法兰》等。行业标准包括 HG/T 20592—2009《钢制管法兰 PN 系列》、SH/T 3406—2022《石油化工钢制管法兰技术规范》、JB/T 74—2015《钢制管法兰　技术条件》NB/T 47020—2012《压力容器法兰分类与技术条件》等。

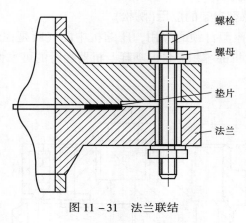

图 11-31　法兰联结

11.10　过程装备中联接件的应用

1. 螺杆泵中联轴器和螺旋机构的应用

螺杆泵有单螺杆泵（如图 11-32 所示）、双螺杆泵（如图 11-33 所示）和三螺杆泵。

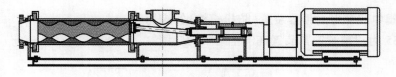

图 11-32　单螺杆泵

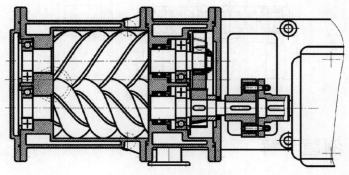

图 11-33　双螺杆泵

单螺杆泵工作时，液体被吸入后就进入螺纹与泵壳所围的密封空间，当螺杆旋转时，密封容积在螺牙的挤压下提高其压力，并沿轴向移动。由于螺杆按等速旋转，所以液体出口流量是均匀的。

双螺杆泵是通过转向相反的两根单头螺纹的螺杆挤压输送介质的。一根是主动的，另一根是从动的，它通过齿轮联轴器驱动。螺杆用泵壳密封，相互啮合时仅有微小的齿面间隙。由于转速不变，螺杆输送腔内的液体限定在螺纹槽内均匀地沿轴向向前移动，因而泵提供的是一种均匀的体积流量。

2. 压缩机中螺栓摩擦型自锁的应用(防松)

图 11 – 34 为螺旋摩擦型自锁的应用，压缩机中的气阀是控制气体进出气缸的部件，它的好坏直接影响到压缩机的容积流量、功耗及机器运行的可靠性。气阀是压缩机中易损部件之一。

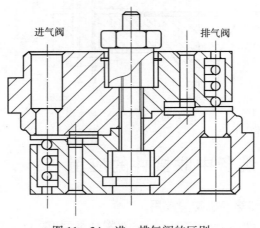

图 11 – 34　进、排气阀的区别

3. 气垫阀中双螺母的锁紧装置(防松机构)的应用

图 11 – 35 为双螺纹锁紧装置在气垫阀中的应用。

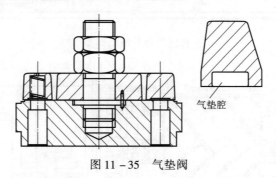

图 11 – 35　气垫阀

11.11　例题与解

例1　为什么螺母的螺纹圈数不宜大于10圈？通常采用哪些结构可使螺纹牙间的载荷趋于均匀？

解：螺栓联接中采用普通螺母时，轴向载荷在旋合螺纹各圈之间的分布是不均匀的，靠近支承面的第1圈受载最大，以后逐圈递减，到第10圈后，螺纹几乎不承受载荷，所以螺母的螺纹圈数不宜大于10圈。采用悬置螺母或环槽螺母，有助于减少螺母与螺栓杆的螺距变化差异，从而使螺纹牙间的载荷分布比较均匀。

例2 螺纹联接预紧的目的是什么？

解：螺纹联接预紧的目的是增加螺纹联接的可靠性、紧密性，以防止螺纹联接的松动或出现缝隙。

例3 螺纹联接为什么要防松？防松措施有哪些？

解：用于联接的普通螺纹一般都具有自锁性，在静载荷作用下不会自动松脱。但在冲击、振动或变载荷下，螺纹副和支承面之间的摩擦力会下降；在温度变化中，联接件与被联接件之间的温度变形有差异，或发生蠕变，使预紧力或摩擦力减小甚至松脱。因此在设计时就应注意螺纹联接的防松问题。防松的根本问题是阻止螺纹副的相对转动。具体防松措施有三种：①摩擦防松(弹簧垫圈、双螺母、尼龙圈锁紧螺母等)；②机械防松(开口销与槽形螺母、止动垫片等)；③破坏性防松(冲击、黏合等)。

例4 如图11-36所示，刚性凸缘联轴器用六个普通螺栓联接。螺栓均分布在 $D = 100\text{mm}$ 的圆周上，接合面摩擦因数 $f = 0.15$，可靠性系数取 $C = 1.2$。若联轴器的转速 $n = 960\text{r/min}$、传递的功率 $P = 15\text{kW}$，载荷平稳；螺栓材料为45号钢，$\sigma_S = 480\text{MPa}$，不控制预紧力，安全因数取 $S = 4$，试计算螺栓的最小直径。

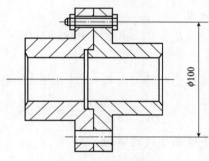

图11-36 例4题图

解：由图11-36可知，此联接为普通螺栓联接，靠接合面间的摩擦传递扭矩 T。

(1)联轴器传递的扭矩为

$$T = 9.55 \times 10^6 \frac{P}{n} = 9.55 \times 10^6 \times \frac{15}{960} = 15 \times 10^4 \text{N} \cdot \text{mm}$$

(2)螺栓所需预紧力为：

因 $zF_a f \dfrac{D}{2} \geq CT$，故 $F_a \geq \dfrac{CT}{zfD/2} = \dfrac{1.2 \times 15 \times 10^4}{6 \times 0.15 \times 100/2} = 4000\text{N}$

许用应力为 $[\sigma] = \dfrac{\sigma_S}{S} = \dfrac{480}{4} = 120\text{MPa}$

(3)所需螺栓的最小直径为 $d_1 = \sqrt{\dfrac{4 \times 1.3 F_a}{\pi[\sigma]}} = \sqrt{\dfrac{4 \times 1.3 \times 4000}{3.14 \times 120}} = 7.43\text{mm}$

过程装备机械设计基础

例5 一机架由四个铰制孔螺栓组成联接，几何尺寸如图 11 – 37 所示。已知 $R_1 = 4000N$，$R_2 = 1000N$，螺栓材料的许用剪应力 $[\tau] = 100MPa$，试按剪切强度确定所需螺栓的最小直径。

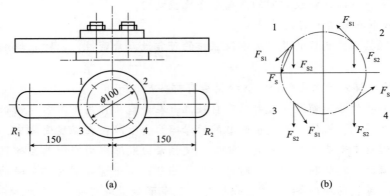

(a)   (b)

图 11 – 37 例5 题图

解:

(1) 螺栓组的受力分析:

螺栓联接承受的扭矩为

$$T = (R_1 - R_2) \times 150 = (4000 - 1000) \times 150 = 450000 N \cdot mm$$

螺栓联接承受的横向载荷为

$$F = R_1 + R_2 = 4000 + 1000 = 5000N$$

(2) 单个螺栓的受力分析:

由于扭矩的作用，每个螺栓受到的切向载向力[见图 11 – 37(b)]，其大小为

$$F_{S1} = \frac{T}{zD/2} = \frac{450000}{4 \times 100/2} = 2250N$$

由于横向力的作用，每个螺栓受到的横向力为

$$F_{S2} = \frac{F_R}{4} = \frac{5000}{4} = 1250N$$

(3) 受力最大的螺栓为 1、4，其最大横向力为

$$F_S = \sqrt{F_{S1}^2 + F_{S2}^2 - 2F_{S1}F_{S2}\cos 135°} = \sqrt{2250^2 + 1250^2 - 2 \times 2250 \times 1250 \times \cos 135°} = 3500N$$

(4) 螺栓杆的最小直径为

$$d_0 \geqslant \sqrt{\frac{4 \times F_S}{m\pi[\tau]}} = \sqrt{\frac{4 \times 3500}{1 \times 3.14 \times 100}} = 6.67mm$$

注: 载荷作用位置不在螺栓联接的几何中心处，其作用效果有两个：一是产生扭矩，每个螺栓所受的工作剪力和该螺栓轴线到螺栓组形心的连线相垂直；二是产生横向载荷，每个螺栓所受的工作剪力与横向载荷方向相同。这样每个螺栓都受到两个剪力，且方向不同，所以应找出其中受力最大的螺栓，根据强度条件，计算出此螺栓所需的直径，并作为整个螺栓组所有螺栓的直径。

· 240 ·

例 6 如图 11-38 所示，一钢制液压油缸，油压 $p = 3\text{MPa}$，油缸内径 $D = 160\text{mm}$。为保证气密性要求，螺栓间距不得大于 $4.5d$（d 为螺柱大径），试着计算此油缸的螺柱联接和螺柱分布圆直径 D_0。选取螺柱材料为 45 号钢，屈服极限 $\sigma_s = 355\text{MPa}$；当不能严格控制预紧力时，暂时取安全因数 $S = 3$。

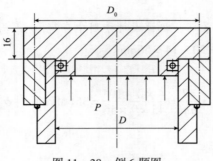

图 11-38　例 6 题图

解：

（1）初选螺柱个数 $z = 8$。

（2）每个螺柱的工作载荷为

$$F_E = \frac{p\pi D^2/4}{z} = \frac{3 \times 3.14 \times 160^2/4}{8} = 7536\text{N}$$

（3）螺柱联接有紧密性要求，取残余预紧力为

$$F_R = 1.8F_E = 1.8 \times 7536 = 13565\text{N}$$

（4）螺柱总拉力为

$$F_a = F_E + F_R = 7536 + 13565 = 21101\text{N}$$

（5）确定螺柱直径

许用应力为 $[\sigma] = \dfrac{\sigma_s}{S} = \dfrac{355}{3} = 118\text{MPa}$

螺栓小径为 $d_1 \geqslant \sqrt{\dfrac{4 \times 1.3F_a}{\pi[\sigma]}} = \sqrt{\dfrac{4 \times 1.3 \times 21101}{3.14 \times 118}} = 17.2\text{mm}$

查表，取 M20 螺栓（$d_1 = 17.294\text{mm}$），取安全因数 $S = 3$ 是合适的。

（6）确定螺柱分布圆直径，即 $D_0 = D + 2e = 160 + 2 \times (20 + 3 \sim 6) = 206 \sim 212\text{mm}$，取 $D_0 = 210\text{mm}$。

（7）验证螺柱间距，则有

$$l = \frac{\pi D_0}{z} = \frac{3.14 \times 210}{8} = 825\text{mm} < 4.5d = 4.5 \times 20 = 90\text{mm}$$

所选螺柱的个数和螺柱的直径均合适。

例 7 试选择一铸铁齿轮与钢轴的平键联接。已知传递的转矩 $T = 2 \times 10^5\text{N} \cdot \text{mm}$，载荷有轻微冲击，与齿轮配合处的轴径 $d = 45\text{mm}$，轮毂长度 $L_1 = 80\text{mm}$。

解：

（1）尺寸选择

为了便于装配和固定，选用圆头平键（A 型）。根据轴的直径 $d = 45\text{mm}$ 由查机械设计手册得：键宽 $b = 14\text{mm}$；键高 $h = 9\text{mm}$；根据轮毂长度取键长 $L = 70\text{mm}$。

（2）强度校核

联接中轮毂材料的强度最弱，机械设计手册中查得 $[\sigma_p] = 50 \sim 60\text{MPa}$。

键的工作长度 $l = L - b = 70 - 14 = 56\text{mm}$。

校核键联接的强度

$$\sigma_p = \frac{4T}{dhl} = \frac{4 \times 2 \times 10^5}{45 \times 9 \times 56} = 35(\text{MPa}) < [\sigma_p]$$